砂砾石垫层地基研究与工程应用

刘志伟　杨生彬　程东幸　鄢治华　陈亚明　著

中国建筑工业出版社

图书在版编目（CIP）数据

砂砾石垫层地基研究与工程应用/刘志伟等著．—北京：中国建筑工业出版社，2020.1

ISBN 978-7-112-24788-2

Ⅰ.①砂…　Ⅱ.①刘…　Ⅲ.①砂垫层加固-地基-基础（工程）-研究　Ⅳ.①TU47

中国版本图书馆CIP数据核字（2020）第018064号

砂砾石垫层相对其他地基处理方法其工艺简单且质量容易控制，可提供较高的地基承载力、地基变形均匀等优点，对需要处理的软弱土层厚度不大和材料来源可靠的场地，该地基处理方法具有较大优势。本书重点阐述了砂砾石垫层材料、垫层设计与原体试验、施工工艺与质量控制、垫层工程性能和受力性状三维数值模拟等内容，并结合工程实践对砂砾石垫层地基方案的选用、施工工艺确定、现场原体试验、检测结果、工程应用和效果进行了总结，可以为相似工程提供参考和指导。

本书不仅可供岩土工程勘察设计人员使用，也可供项目管理、工程施工、监理人员使用，亦可供高等院校相关专业的师生参考。

责任编辑：杨　允
责任设计：李志立
责任校对：李美娜

砂砾石垫层地基研究与工程应用

刘志伟　杨生彬　程东幸　鄢治华　陈亚明　著

*

中国建筑工业出版社出版、发行(北京海淀三里河路9号)
各地新华书店、建筑书店经销
北京鸿文瀚海文化传媒有限公司制版
北京建筑工业印刷厂印刷

*

开本：787×1092毫米　1/16　印张：15¾　字数：390千字
2020年4月第一版　2020年4月第一次印刷
定价：**68.00**元
ISBN 978-7-112-24788-2
(35020)

序

土木工程建设活动中，时常会遇到地下的地基不能满足上部建筑的功能需求而需要进行人工改良处理的情况，砂砾石垫层地基便是经常得到采用的一种人工地基形式。作为地面所见的上部结构和地下不可见岩土支撑体之间的一道联系层和转换层，砂砾石垫层可以有效的传递和疏解上部荷载，与下伏岩土体共同支撑建筑物的长期安全使用。概略的看，砂砾石垫层具有材料广泛、设备常见、过程可视、施工易控、性能稳固的特点，在提高地基承载力、减小沉降性、消纳膨胀量、增强水稳性等方面都能发挥较显著的作用。

砂砾石垫层地基在我国有着上千年的应用历史，但系统性的研究尚不充分，工程界还存在一些认识偏差，在一些砂砾石垫层地基具有明显技术经济比较优势的场合，出现了不敢用、不会用、打折用的情况。砂砾石垫层地基看似简单，在实际应用中会涉及原料选择、碾压工艺、参数取值、强度确定、变形验算等一系列技术问题，对此，本书都一一进行了详细论述解答，从工程初始的垫层地基分析论证、方案设计、施工管理、质量检测，到经验指标、受力性状、变形机理、设计取值、运行监测、工程案例等展开全流程、全要素的梳理与分析，提出了系统性的见解和实操经验，相信读者认真阅读之后会有知其然还知其所以然的感受。

本书的作者是一群长期工作在岩土工程勘察设计一线的资深工程师和高学历技术骨干，他们具有丰富的工程实践经验，还有不断探索的科研收获，更有系统性的思考和总结。反映到书中，一方面对砂砾石垫层地基的基础知识和研究成果作了全面阐述；另一方面还从企业几十年的工程积累中，挑选了多个典型案例进行详细介绍，这些案例工程既有国内也有国外，既有现场勘察数据也有室内试验分析结果，既有施工检测成果也有运行监测验证，具备了较强的系统性、代表性和可信度，其中在材料级配、强度极限、厚度上限、应用对象等方面较国内传统的认识与经验都有一定的突破和拓展，可以为同行们提供有益的参考和借鉴。

地基勘察论证是岩土工程的核心内容之一，而岩土工程是一门实践性、经验性和探索性均很强的学科，以大量工程实际资料为依托，深入分析研究其中的规律和机理，不断提升学术认识和技术水平，无疑是岩土工程发展进步的重要途径，因此，当为该书的出版鼓与呼，并乐意为之推介作序。

全国工程勘察设计大师

2019.12.25

前　　言

随着重型工业建筑、高层及超高层民用与公共建筑日趋增多，建筑物的荷载越来越大。当天然地基不能满足支撑上部荷载和控制建筑物变形时，需要进行人工改良处理或采用桩基础。砂砾石属粗粒土，在自然界分布广泛、储量丰富，其具有压实性能好、透水性强、填筑密度大、抗剪强度高、沉降变形小、承载力高等工程特性，是一种性能良好的天然建筑材料。砂砾石垫层属于换填垫层地基处理方法中的一种，工程中利用的砂砾石垫层承载力不高，一般在200～400kPa。近十几年来，我国的电力事业发展迅速，火力发电厂总体向大机组、大容量、高参数发展，对地基的承载力要求越来越高、变形控制严格。火力发电厂的建（构）筑物类型多、结构差异大，包括热机、电气、水工、输煤、脱硫、除灰、化水及附属等60余座建（构）筑物，高、大、重、深为火力发电厂主要建（构）筑物的明显特点：①建筑物体型大，如主厂房、锅炉房；②建筑物高度大，如烟囱高度达240m；③建筑物重量大且荷载集中，锅炉房基底压力超过400kPa，桩基础单桩承载力特征值要求不小于4000kN；④建筑物深度大，翻车机室深度超过20m。火力发电厂的建（构）筑物对变形和不均匀沉降要求严格，对地基基础设计提出了更加严格的要求。砂砾石垫层从原料采购—现场拌合—机械碾压到施工检测，全过程可视，相对其他地基处理方法其工艺简单且质量容易控制。砂砾石垫层地基可以提供较高的地基承载力、控制建（构）筑物变形，其地基变形均匀，对需要处理的软弱土层厚度不大和材料来源可靠的场地，将其应用于600MW、1000MW大容量发电厂的地基处理，对提高地基承载力、降低软弱下卧层附加应力、减少沉降等取得了很好的效果。

本书砂砾石垫层地基研究部分，重点阐述了砂砾石垫层材料、垫层设计与原体试验、施工工艺与质量控制、垫层工程性能和受力性状三维数值模拟等内容。

在原体试验方面，本书以回填材料选择的重要性为关注焦点，尤其在缺乏天然砂砾石料的地区，如何利用人工碎石料经人工进行配比获得合理的级配，以达到工程应用预期目的作了详细的论述。在施工过程中，本书则以确定合理的施工工艺重要性为关注焦点，着重从单层虚铺厚度、砂砾石的含水量、碾压遍数的确定、密度测试和质量控制标准等方面进行了研究和论述。

在工程性能研究方面，采用静载荷试验、循环荷载板试验、波速测试、模型基础动力参数测试、基础摩擦试验、动力触探试验等手段，以翔实的试验资料为基础，通过对一些砂砾石垫层试验结果的分析、对比和研究，总结并得出一些规律性的结论和建议，以期达到对实际工程中砂砾石垫层应用的指导和示范作用，同时为进一步推广应用提供理论和技术依据。

建筑物的沉降与变形特征研究方面，以典型工程建（构）筑物沉降观测数据为基础，进行了三维数值模拟分析，数值模拟结果很好地反映了垫层地基的变形和受力特征。砂砾石填料在经过充分的分层碾压后，其自身的变形很小，包括工后沉降在内的总体沉降中垫层下卧层的变形占有很大的比重。

在砂砾石垫层地基应用方面，西北电力设计院有限公司有着三十多年、数十个大型工程应用经验，具体总结为：项目地点包括从北到南、从东到西全国各地，也覆盖“一带一路”沿线国家；电厂装机单机容量 100 ～1000MW 各种机型；应用于主厂房、冷却塔、烟囱等主要建（构）筑物和辅助附属建（构）筑物地基处理；垫层材料包括天然砂砾石和人工级配碎石；场地地貌包括冲洪积扇、阶地、平原、荒漠戈壁和热带雨林；垫层下卧层涵盖粉土、黏性土、砂土、盐渍土、卵石、基岩等地层条件；施工的垫层处于地下水位以上或地下水位以下。本书选择 9 项重大电力工程砂砾石垫层地基的工程实践进行了工程实录，对砂砾石垫层地基方案的选用、施工工艺确定、现场原体试验、检测结果、工程应用和效果进行了总结，可以为相似工程提供参考和指导。

本书由刘志伟统稿，并负责第 1 章、第 2 章、第 3 章、第 4 章、第 5 章、第 7 章、第 8 章、第 10 章、第 11 章、第 12 章、第 15 章和附录的编写，杨生彬负责第 6 章的编写，程东幸负责第 13 章、第 14 章的编写，鄢治华负责第 9 章的编写，陈亚明进行了全书文稿校审。

本书编写过程中得到中国电力工程顾问集团西北电力设计院有限公司领导和同事的支持和帮助，建设方、业主单位、设计、施工、监理等单位提供了支持和相关资料。对于本书编写过程中参考的文献作者们和项目报告的完成者们致谢。

本书不仅可供岩土工程勘察设计人员使用，也可供项目管理、工程施工、监理人员使用，亦可供高等院校相关专业的师生参考。

由于水平有限，书中难免有不妥之处，敬请读者批评指正！

目　录

上篇：砂砾石垫层地基研究

下篇：砂砾石垫层地基工程应用

上篇：砂砾石垫层地基研究

第1章　概　述

1.1　砂砾石垫层的概念

随着重型工业建筑、高层及超高层民用与公共建筑日趋增多，建筑物的荷载越来越大，当天然地基不能满足支撑上部荷载和控制建筑物变形时，需要进行人工改良处理，形成人工地基，或者采用桩基础。人工地基从处理深度上可分为浅层处理和深层处理。当软弱地基或不均匀土层的承载力和变形满足不了建（构）筑物的要求，而且软弱土层或不均匀土层的厚度又不很大时，可以采取浅层处理，将基础底面下处理范围内的软弱土层部分或全部挖去，代之以分层换填强度较大、性能稳定的其他材料，并压实至要求的密实度为止，这种地基处理方法称为换填垫层法。换填垫层法适用于浅层软弱地基及不均匀地基的处理。换填不同材料形成的垫层，命名为该材料的垫层。砂砾石垫层属于换填垫层地基处理方法中的一种，一般用碎石、卵石、角砾、圆砾、砾砂、粗砂、中砂或石屑等坚硬、较粗粒径的材料回填，并夯压密实形成。砂砾石垫层具有压实性能好、透水性强、填筑密度大、抗剪强度高、沉降变形小、承载力高等工程特性。

砂砾石垫层主要有以下作用：

（1）提高地基承载力。通过在基础下设置强度高的垫层可以提高地基的承载力，同时通过应力扩散，使垫层下的软弱下卧层的附加应力大幅度减少，控制在允许范围之内，避免地基的破坏。

（2）减少沉降量。建筑物的沉降变形多集中在基础下不太深的范围内（主要持力层），用模量高的垫层代替模量低的软弱土，其沉降必然减少。由于砂砾石垫层对应力的扩散作用，使作用在下卧层土上的压力较小，这样也会相应减少下卧层上的沉降量，故设置垫层将减少建筑物的沉降。山区或洪积扇地区基岩起伏往往较大，基础下出露石芽及大块漂石等形成不均匀岩土地基，可通过将凸起的岩块去掉，基底铺垫适当厚度（通常300～500mm）的松散材料并压实，使地基沉降相对均匀，此法又称回填“褥垫”法。

（3）加速软弱土层的排水固结。建筑物的不透水基础直接与软弱土层接触时，在荷载的作用下，软弱地基中的水不易排出，因而使基底下的软弱土不易固结，且形成较大的孔隙水压力，可能导致地基强度降低而破坏。砂砾石垫层透水性好，软弱土层受压后，垫层可以作为良好的排水面，使基础下面的孔隙水压力迅速消散，加速垫层下软弱土的固结和强度提高，避免地基土破坏。

（4）防止冻胀。采用粗颗粒大孔隙垫层材料，不易产生毛细管水上升现象，因此可以防止寒冷地区土中结冰所造成的冻胀，这时垫层的底面应满足当地冻结深度要求。在多年冻土区，建筑物基底采用粗颗粒土换填天然地基冻胀性土，可有效地减小冻胀作用。

（5）消除膨胀土的胀缩作用。如果膨胀土厚度不大，可将其挖除后采用垫层的方法，以免因膨胀土地基膨胀和收缩造成荷重小的建筑物开裂而破坏。

（6）消能减震作用。在地震作用下，通过砂砾石垫层吸收地震波传到基础底下的能量，减弱地震作用引起的破坏。

1.2 砂砾石垫层的研究与应用现状

1.2.1 砂砾石垫层的研究

利用垫层法处理地基是一种古老而传统的地基处理方法，在我国应用比较广泛，并且积累了丰富的经验，如灰土垫层的应用，在我国已有千余年历史，全国各地都积累了丰富的经验。砂砾石属粗粒土，粗粒土在自然界分布广泛、储量丰富，由于其具有压实性能好、透水性强、填筑密度大、抗剪强度高、沉降变形小、承载力高等工程特性，是一种性能良好的天然建筑材料，因此在工程建设中得到了广泛的应用。目前，广泛应用于建筑土石坝、铁路路基、桥梁墩台及建（构）筑物处理软弱地基等方面。随着我国近几十年来大型水利水电、铁路、公路项目的建设，砂砾石作为土石坝、铁路、公路路基主要建筑材料，对其压实特性、抗剪强度、应力应变特性、渗透特性等进行了深入研究，积累了许多工程经验，提出了许多有实用价值的成果。

砂卵石、砾石类等粗粒土的研究和垫层设计理论取得了以下一些主要成果。郭庆国[1]全面、系统地论述了粗粒土的工程性质，包括粗粒土的工程分类与命名、压实特性及压实方法、抗剪强度特性及其测试方法、应力应变特性及其参数、渗透特性及渗流规律；马凌云[2]对砂石垫层材料的工程特性及不同级配下的垫层施工方法进行了研究，提出要使砂石垫层具有较高的压实密度和承载力，填料应满足的要求，并结合工程实例对天然级配和人工级配砂石垫层的施工做法进行了探讨；冯忠居等[3]对粗粒土路基压实厚度、压实机械及压实遍数等影响压实效果因素进行了试验研究；程纪敏[4]等分析和论述了含水率、压实机械、碾压层的厚度和碾压遍数、碾压速度的控制、碾压方式、路基材料类型以及地基的强度等因素对路基压实的影响，并提出了相关的施工控制方法；梁旭等[5]建立了一维固结的软土地基砂石垫层剪切层模型，利用有限差分方法进行求解，研究了在轴对称荷载的作用下，砂石垫层的半径、剪切模量和厚度对沉降的影响；周小文等[6]针对高面板堆石坝中混凝土面板与砾石垫层料的特性有较大差异，且两者之间接触面的力学特性对于面板的应力与变形具有重要影响，进而研制了一套大型叠环式单剪仪，对面板与砾石垫层间接触面的力学特性进行了试验研究；吴迈等[7]针对换填垫层设计，提出了一种简化的换填垫层设计方法，可以简化计算过程，减小计算工作量，并通过算例说明了该算法的适用性；胡孝平等[8]提出一种利用 MATLAB 求解换填垫层厚度的方法，经算例验证该法能很好地确定最佳垫层厚度，且计算简洁；郭秋生等[9]通过建立对比模型和实例研究的方式，提出了弹性理论法进行换填垫层厚度的计算，并将计算结果与扩散角法进行比较，得出弹性理论方法较扩散角法所求得的垫层厚度大得多，建议对于需计算地基变形的建筑，采用弹性理论方法计算换填垫层厚度；李传勋等[10]针对浅基础换土垫层设计过程进行探讨，同时给出了针对桥梁浅基础垫层厚度直接进行计算的算法，简化了设计过程；王国强等[11] 对条形基础和矩形基础换土垫层厚度的简化计算方法进行了探讨，并主要针对矩形基础换土垫层厚度的简化计算方法提出了修正方法；刘稚媛、赵少伟及邹颖娴等[12-14] 进行了砂砾石垫层的减震隔震性能研究。

利用砂卵石、砾石类粗粒土作为砂砾石压实垫层地基在工程也得到了广泛的应用。李惠芳[15] 在软弱地基上多层楼房采用 1m 厚碎石垫层进行地基处理，压实系数 0.94～0.97，地基承载力取 160kPa。碎石垫层使基础下的孔隙水压力消散，避免产生地基土的塑性破坏，还可加速碎石垫层下软土层的固结及强度的提高；周宗勇[16] 进行了饱和黄土地基上砂石垫层的设计，实践表明砂石垫层承载力可达到 400kPa 以上；王明芳[17] 在膨胀土地基上的多层砖砌体房屋采用砂垫层消除膨胀土的胀缩作用，减少地基的沉降量；黄质宏等[18] 用碎石垫层处理岩溶区上部软弱地基，提高地基承载力，同时采用不同的垫层厚度来调整基础的不均匀沉降；王德斌等[19] 在下伏基岩起伏较大、土层厚度极不均匀的复杂岩溶地区，采用 0.75～2.40m 的碎石垫层处理上部软弱地基，调整基础的不均匀沉降，提高地基承载力；吴国信[20] 进行了地上总高 47.70m 高层建筑筏板底采用换填级配砂石垫层处理，换填垫层底面达到卵石层，平均厚度 1.5m，承载力特征值不小于 400kPa，变形模量大于 70MPa；叶洪东等[21] 进行了粗粒级配碎石垫层处理高层建筑地基工程的应用，证明在一定条件下，级配碎石垫层具有相当高的承载力和变形模量，且工期短、造价低、施工质量容易控制；李小华等[22,23] 在寒冷地区采用碎石垫层、砂砾石垫层有效防止冻胀对建（构）筑物造成的危害。

以上研究主要是针对不同类型工程换填垫层法的设计及计算方法进行了优化和改进，具有一定的适用性，工程中利用的砂砾石垫层承载力不高，一般在 200～400kPa；对于砂砾石垫层的工程性能、垫层材料的工程特性等均缺乏系统、深入的研究；对其实际的承载能力、强度与变形破坏特性、动力特性以及与基础之间的抗剪性能等方面研究较少；对确定合理的施工工艺缺乏系统的研究。尤其在缺乏天然砂砾石料的地区，如何利用人工碎石料经人工进行配比获得合理的级配，以达到工程应用的预期目的需开展深入地研究。

1.2.2　砂砾石垫层在电力工程中的应用

火力发电厂的建（构）筑物类型多、结构差异大，占地面积 20～40hm²，主要建（构）筑物普遍具有基础埋藏深、荷重大，且荷载分布不均匀，对地基承载力要求较高及地基差异沉降十分敏感等特点。近十几年来，我国的电力事业发展迅速，火力发电厂总体向大机组、大容量、高参数发展，对地基的承载力要求越来越高、变形控制更为严格。以大型火力发电厂为例，主厂房体量大，厂房高度大，设备的荷重大，主厂房单根柱底竖向荷载数千吨很常见，塔式锅炉单柱荷载一般可达上万吨；烟囱是典型的高耸构筑物，大容量火力发电厂的烟囱一般高度可达 240m；双曲线自然通风冷却塔上部由外部人字柱支撑的薄壳和内部的淋水支架两部分组成，下部是由人字柱基础和圆形水池底板共同组成的一个集水池，水池底板、淋水支架基础和人字柱基础的尺寸和作用于地基上的均布荷载相差较大，造成这三者间的沉降差异较为明显；建筑物深度大，如翻车机室深度超过 20m。因此，高、大、重、深为火力发电厂主要建（构）筑物的明显特点，一般情况下，一些主要建（构）筑物地基基础的设计条件见表 1-1。

火力发电厂主要建（构）筑物地基基础设计条件一览表　　表 1-1

建(构)筑物名称	常见结构类型	基础形式及尺寸	基础荷重(kN)	基础埋深(m)
汽机房	框架、排架结构	单独基础、筏形基础	约 11000/汽机房柱	约 4.0
除氧煤仓间	框架、排架结构	单独基础、筏形基础	约 27000/煤仓间柱	约 4.5
锅炉	—	板式基础、筏形基础	约 110000/塔式炉柱	约 6.0
汽轮发电机	—	筏形基础	—	约 5.5
烟囱	筒体结构	板式基础、筏形基础	约 230000	约 5.0
集控楼	—	单独基础	约 10000/柱	约 3.0
圆形煤场	—	环形基础	约 36m/煤堆顶高	约 3.0
冷却塔	钢混结构	环形基础	—	约 4.0～7.0

注：表中基础荷重为 1000MW 机组发电厂的数据。

从 20 世纪 90 年代以来，西北电力设计院及刘志伟等[24-34] 在砂砾石垫层地基方面做了大量的试验研究，工程项目遍及我国西北五省区及山西、山东、内蒙古、河南、安徽等地及印尼、沙特、巴基斯坦等“一带一路”沿线国家，工程应用方面积累了丰富的经验。在大型发电厂地基处理中，砂砾石垫层地基承载力达到 500～700kPa，如在陕北神木 4×600MW 电厂砂砾石垫层地基承载力特征值达 600kPa（图 1-1），山东邹县 2×1000MW 电

图 1-1　陕北神木 4×600MW 机组主厂房砂砾石垫层地基

厂砂砾石垫层地基承载力特征值达700kPa（图1-2），主厂房及烟囱、冷却塔等高耸建（构）筑物的倾斜控制在允许范围内。工程实践证明，砂砾石垫层从原料采购—现场拌合—机械碾压到施工检测，全过程可视，相对其他地基处理方法其工艺简单且质量容易控制。砂砾石垫层地基可以提供较高的地基承载力、控制建（构）筑物变形，其地基变形均匀，对需要处理的软弱土层厚度不大和材料来源可靠的场地，将其应用于600MW、1000MW大容量发电厂的地基处理，对提高地基承载力、降低软弱下卧层附加应力、减少沉降等取得了很好的效果。

图1-2 山东邹县2×1000MW机组主厂房砂砾石垫层地基

第2章　砂砾石垫层材料

2.1　颗粒粒组的划分

颗粒组成是决定工程特性的主要因素，颗粒级配及含泥量对其压实性能、工程特性影响较大，粗粒含量对工程特性的影响敏感，因此，将砂砾石所含颗粒分为粗粒与细粒。粗粒土是由大小不等、性质不一的无黏性砂、砾、石等机械组合成粒状结构的散粒体，粗粒土颗粒分布范围宽，粒径较大，亲水性弱，水分子对工程特性影响小。细粒土颗粒分布范围较窄，颗粒细小，在同体积或同重量的土料中颗粒数量多，比表面积大，亲水性强，水分子对工程特性的影响甚为明显。

粗粒与细粒的分界，即砂与砾的分界粒径，美国的统一分类标准采用4.75mm，其他国家采用2mm。建筑材料规程中细骨料与粗骨料的分界粒径为5mm，即采用5mm作为砂与砾的分界粒径，和美国采用的4.75mm接近，与美国ASTM标准基本一致。在我国水利水电建设项目的砂砾石料研究中，一般将粗粒与细粒的分界定为5mm。在砂砾石垫层的研究中，将粗粒与细粒的分界定为5mm，通过许多工程实践证明也是合理和有效的。

土与砂的分界粒径，美国采用0.075mm相对最大；英、法、德、日、瑞典等国采用0.06mm居中；我国一直沿用苏联的标准采用0.05mm相对最小，在20世纪80年代修订有关规范时改为0.075mm，但在砂土的分类中将0.05～0.1mm的颗粒称为极细砂。对反滤料和混凝土粗、细骨料中小于0.1mm的颗粒含量统称为含泥量，并且要求其含量应小于5%。在渗流时，小于0.1mm的颗粒在渗透水流作用下，易变为半流体状态，而形成流砂。在粗粒土中，小于0.1mm颗粒的增加，将引起强度降低、透水性减小等工程特性的变化。因此，砂砾石料的研究中，含泥量指小于0.1mm的颗粒含量，一般要求含泥量不超过5%。在选择砂砾石料时，对含泥量也提出要求。

2.2　砂砾石材料的一般要求

砂砾石材料的级配对碾压后所能达到的密实度有明显影响，垫层材料要求级配良好。实践证明，均匀颗粒的砂及单一尺寸的砾石和碎石，都难于碾压密实。同时，材料颗粒应该具有必要的硬度，颗粒过软，在压路机碾压过程中易被压碎，从而破坏材料本身的级配，影响材料能达到的密实度和强度。

《建筑地基处理技术规范》JGJ 79—2012规定：在选择砂砾石料时，宜选用碎石、卵石、角砾、圆砾、砾砂、粗砂、中砂或石屑，并应级配良好，不含植物残体、垃圾等杂质。当使用粉细砂或石粉时，应掺入不少于总重量30%的碎石或卵石。砂石的最大粒径不宜大于50mm。

电力工程地基处理实践经验表明，砂石料可选择中砂、粗砂、砾砂、角砾、圆砾、碎石、卵石等，并应符合下列要求：

(1) 砂石料应质地坚硬，具抗风化和抗浸水软化的能力；

(2) 砂石料中不应含有耕（植）土、淤泥质土和其他杂物。有机质含量不应大于4%。含盐量不应大于0.5%；

(3) 当用作透水垫层时，砂石料中含黏粒和粉粒量不宜超过4%；

(4) 地下水位以下的砂石垫层，黏粒含量（粒径d<0.075mm）不应超过5%；

(5) 对粗颗粒垫层材料应对最大粒径、颗粒级配、含泥量提出要求并进行控制。

砂垫层材料应选用级配良好的中粗砂，含泥量不超过5%，并应除去树皮、草皮等杂质。

当天然砂石级配不良时，可采用添加人工砂料、石料的方式进行改良。当天然砂石料含泥量、含盐量超标时，通过冲洗的办法也是可行的。目前盐渍土的评价方法，对粗颗粒土具有放大作用。对于新疆、甘肃等地的戈壁卵石、砾石料，可根据含盐量、颗粒粒径等因素，进行专门试验研究作为垫层材料、基坑回填料的可行性及回填方案。

在缺乏天然砂砾石的地区，而分布有硬质石料且开采方便时，可将石料经机械粉碎成碎石料进行人工级配。当碎石料中细颗粒含量偏少时，可掺入一定量的石粉或中粗砂等，使其级配达到合理，最大干密度增加，对提高垫层地基的承载特性将更为有利。目前，人工石料多采用30～70mm的骨料再加上石粉拌合后使用，拌合比例应能确保级配良好，以便达到最佳的压实效果。

2.3　砂砾石材料最大干密度及相对密度

土的最大干密度的确定采用室内击实试验，分为轻型击实试验和重型击实试验。轻型击实试验适用于粒径小于5mm的黏性土，重型击实试验适用于粒径不大于20mm的土，按3层击实试样允许达到40mm。

无黏性粗粒土的密实度不能用某一密度或某一孔隙比来表示，而是采用相对密度这一指标，相应试验称为相对密度试验。相对密度试验的目的就是研究颗粒可能达到的最紧密排列（最大密度）与最疏松排列（最小密度）时的孔隙比与天然孔隙比三者的相对关系，以确定其实际的紧密程度。相对密度试验中的最小干密度试验，多采用徐徐灌注法（松填法）。最大密度试验，多采用振动法，采用振动法测定自由排水无黏性粗粒土最大干密度的方法，已被许多国家列入国家标准或部级标准。

相对密度由土压实后的孔隙比与最大、最小孔隙比的相对关系确定，见式(2-1)、式(2-2)：

$$D_r=\frac{e_{max}-e_0}{e_{max}-e_{min}} \tag{2-1}$$

或

$$D_r=\frac{\rho_{dmax}(\rho_{d0}-\rho_{dmin})}{\rho_{d0}(\rho_{dmax}-\rho_{dmin})} \tag{2-2}$$

式中　e_{max}——最大孔隙比；

e_{min}——最小孔隙比；

e_0——土的孔隙比；

ρ_{dmax}——最大干密度（g/cm^3）；

ρ_{dmin}——最小干密度（g/cm^3）；

ρ_{d0}——土干密度（g/cm^3）；

D_r——相对密度。

2.4 影响最大干密度的因素

2.4.1 细粒含量与干密度的关系

砂砾石颗粒组成分为细粒含量（粒径<5mm 颗粒含量）和粗粒含量（粒径>5mm 颗粒含量）。一般认为粗粒形成骨架，细粒充填孔隙，充填越好，土体密度越大，抗剪强度越高，沉陷变形愈小。为了反映细粒含量与干密度的关系，图 2-1 列举了 3 个场地试验细粒含量与干密度实测资料。从图 2-1 中可以看出，随着细粒含量的增加，最大干密度逐渐增加。这是因为细粒含量少时，主要由粗粒起骨架作用，细粒无法填满粗粒间的孔隙，最大干密度较小；随着细粒含量的增加，粗粒骨架间的孔隙逐渐变得充满，最大干密度逐渐增加。但并不是随着细粒含量的增加，最大干密度一直增加。根据郭庆国等人的研究，当粗粒含量在 30%～40%时，粗颗粒有局部接触，开始起骨架作用；当粗粒含量在 65%～75%时，粗颗粒完全形成骨架，细粒又能填满孔隙，干密度达最大值。当粗粒含量超过 70%以后，因粗颗粒形成骨架，压实特性主要决定于粗粒级配和性质，细颗粒只起填充作用。因此，当粗粒含量在 65%～75%时，粗颗粒完全形成骨架，细粒又能填满孔隙，干密度达最大值；当粗粒含量减少，相应细粒含量增加时，最大干密度减小。这是因为粗颗粒大，代替同重量的个数多、比表面积大的细粒，势必形成单位体积土重量大，粗粒含量的减少，伴随着最大干密度的减小。

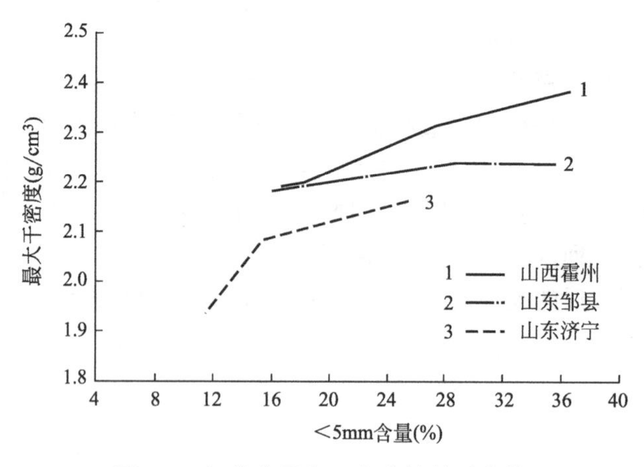

图 2-1 细粒含量与干密度的关系曲线

砂砾石料选择时，细粒含量控制在 25%～35%，这时获得的密度大；粗粒多细粒少时，细粒不足以填满孔隙，粗粒骨架承担了外力，处于粗粒孔隙中的细粒得不到压实，因而密度减小。

2.4.2 颗粒成分、形状对最大干密度的影响

天然砂砾石料的产地不同，其颗粒成分、颗粒性质、颗粒组成不同，决定了最大干密度的差别。人工级配碎石料受母岩成分、颗粒形状等的影响。从陕西神木与陕西府谷机械破碎的碎石料最大干密度试验研究中发现，颗粒母岩成分对最大干密度影响也较大，尽管母岩岩石密度很接近。陕西神木砂岩密度为2.61g/cm^3，陕西府谷灰岩密度为2.62g/cm^3，采用机械破碎后的碎石料进行人工级配试验，当小于5mm含量均为20%时，室内确定的最大干密度分别为1.92g/cm^3、2.30g/cm^3，相差较大。分析原因：主要是神木砂岩以薄至中厚层为主，机械破碎后形成的颗粒片状含量多、棱角多，这样同体积的料中孔隙多，最大干密度就小。陕西府谷灰岩以厚层为主，破碎形成的颗粒片状含量少、棱角少，这样同体积的料中孔隙小，最大干密度就大。陕西神木现场碾压后实测的平均干密度为2.06g/cm^3，压实系数大于1.0，除与现场碾压机械功率较大外，还有一个更重要的原因就是颗粒片状含量多、棱角多的材料在振动碾压作用下，一部分片状颗粒被折断或压碎，棱角减少，颗粒的接触、支撑变得更为稳定（而室内试验采用振动法却做不到），从现场压实程度（碾压下沉量与虚铺厚度的比值）大也说明了这一点。

第 3 章　砂砾石垫层设计与试验

3.1　砂砾石垫层设计

根据工程经验，换填垫层法适用于浅层软弱地层、不良地层或不均匀地层的地基处理，常采用整体换填和局部换填的处理方式。砂砾石垫层适用于对变形和地基承载力要求高的建（构）筑物地基处理和场地，也可在软土层或地下水位以下的地层中用作置换地基，还可用作排水垫层，地下水位以下的垫层地基施工时需采取降排水措施。砂砾石垫层应根据建筑体型、结构特点、荷载性质、场地土质条件、施工机械设备及砂砾石料性质和来源等综合分析后进行设计，基础底面的长度、宽度及砂石垫层厚度的确定，既要考虑砂石垫层地基承载力满足要求，又要满足下卧层地基承载力要求。湿陷性黄土地基和遇水软化地基不应采用砂石、砾石、碎石（卵石）等透水垫层。

3.1.1　垫层厚度的确定

砂砾石垫层的厚度确定一般应遵循以下原则：

（1）下部未处理的土层应满足承载力设计要求；

（2）垫层和下部地基土总的变形量应满足建（构）筑物允许变形要求，包括差异变形；

（3）符合其他工程目的需要，如隔水性、排水性、防冻胀等；

（4）考虑回填材料在铺填后自身稳定的条件，在材料种类、施工方法及工期安排等方面应加以综合考虑；

（5）当软土层较薄时，应予全部挖除置换。

砂砾石垫层底面处土的自重压力与附加压力之和不应大于下卧土层的承载力，如图 3-1 所示，其表达式为式（3-1）。

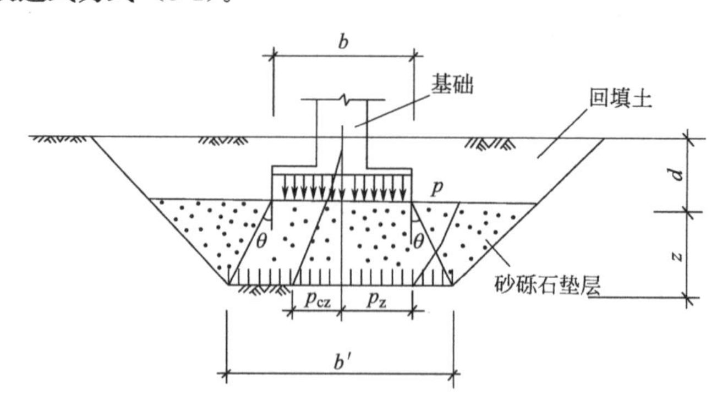

图 3-1　砂砾石垫层内压力的分布

$$p_z + p_{cz} \leqslant f_{az} \tag{3-1}$$

式中 p_z——相应于荷载效应标准组合时，垫层底面处的附加压力值（kPa）；

p_{cz}——垫层底面处的自重压力值（kPa）；

f_{az}——垫层底面处经深度修正后的地基承载力特征值（kPa）。

垫层底面处的附加压力值 p_z 可分别按式（3-2）或式（3-3）计算。

条形基础

$$p_z = \frac{b(p_k - p_c)}{b + 2z\tan\theta} \tag{3-2}$$

矩形基础

$$p_z = \frac{bl(p_k - p_c)}{(b + 2z\tan\theta)(l + 2z\tan\theta)} \tag{3-3}$$

式中 b——矩形基础或条形基础底面的宽度（m）；

l——矩形基础底面的长度（m）；

p_k——相应于荷载效应标准组合时，基础底面处的平均压力值（kPa）；

p_c——基础底面处的自重压力值（kPa）；

z——基础底面下垫层的厚度（m）；

θ——压力扩散角，有试验资料时，按试验数据取值；无试验资料时，$z/b<0.25$ 时取0°，$z/b=0.25$ 时取20°，$z/b\geqslant 0.50$ 时取30°，$0.25<z/b<0.50$ 时内插取值。

《建筑地基处理技术规范》JGJ 79—2012 第 4.1.4 条规定：换填垫层的厚度应根据置换软弱土的深度以及下卧层的承载力确定，厚度宜为 0.5～3.0m。根据电力工程实践，砂砾石垫层的厚度一般 3～4m 为宜，大量工程实际厚度达 6m 甚至更多，持力层埋深 10～12m 时较为经济适用。对下卧层为软土地基时，垫层的承载能力的发挥和施工将受到限制；对有地下水的场地，需考虑垫层细颗粒填料产生潜蚀的可能性；对南方雨季存在施工操作和成品保护的困难。

3.1.2 垫层宽度的确定

垫层底面的宽度应满足基础底面应力扩散的要求，可按式（3-4）确定：

$$b' \geqslant b + 2z\tan\theta \tag{3-4}$$

式中 b'——垫层底面宽度（m）；

θ——压力扩散角，$z/b\leqslant 0.25$ 时取 20°，$z/b\geqslant 0.50$ 时取 30°，$0.25<z/b<0.50$ 时内插取值。

垫层顶面每边超出基础底边缘不应小于 300mm，且从垫层底面两侧向上，按当地基坑开挖的经验及要求放坡。整片垫层底面的宽度可根据施工的要求适当加宽。在电力工程地基处理中，垫层的顶面宽度一般超出基础底边线 400mm，且满足从垫层底面向上开挖放坡的要求。

3.1.3 垫层地基的承载力和变形

砂砾石垫层的承载力宜通过现场静载荷试验确定。当缺乏试验资料时，结合已有工程经验，中粗砂料形成的垫层地基承载力特征值不宜大于 250kPa，圆砾、角砾料形成的垫层地基承载力特征值不宜大于 350kPa，卵石、碎石料形成的垫层地基承载力特征值不宜大于 500kPa。

砂砾石垫层地基的变形由垫层自身变形和下卧层变形组成。砂砾石垫层自身变形一般在施工期间已基本完成，且量值较小，垫层地基的变形可仅考虑其下卧层的变形。对地基沉降有严格限制的建筑，应计算垫层自身的变形。垫层下卧层的变形量可按现行国家标准《建筑地基基础设计规范》GB 50007 的规定进行计算。对于垫层下存在软弱下卧层的建筑，在进行地基变形计算时应考虑邻近建筑物基础荷载对软弱下卧层顶面应力叠加的影响。

3.2 砂砾石垫层原体试验

原体试验可以为岩土工程设计、施工提供准确和必需的参数、适宜的施工工艺，通过对设计的优化、施工工艺的优化，可以节约建设工程投资，确保施工质量，确定合理的施工周期。《建筑地基处理技术规范》JGJ 79—2012 第 4.1.3 条规定：对于工程量较大的换填垫层，应按所选用的施工机械、换填材料及场地的土质条件进行现场试验，确定换填垫层压实效果和施工质量控制标准。砂砾石垫层具有试验周期和施工工期短、造价低等优点，然而有效的控制材料来源、颗粒级配、压实工艺、施工及质量检验是质量保证的关键，施工前的原位试验是必不可少的。砂砾石垫层原体试验需根据试验任务要求进行技术策划、资源准备，现场试验一般包括材料的选择与试验、碾压施工、测试等内容，其一般流程见图 3-2。

3.2.1 技术策划

1. 明确试验任务

砂砾石垫层地基原体试验是验证地基处理的适宜性，获得垫层设计参数、施工质量控制标准及选择适宜的施工机具等，试验内容一般包括：

（1）选择最佳的回填材料，对砂砾石料的不均匀系数、含泥量、颗粒级配、强度等提出要求；

（2）根据试验所采用的材料、承载力要求或铺填厚度，确定适宜的压实设备和施工机具；

（3）确定最佳的施工工艺，为设计、施工和施工质量控制确定合理的技术参数；验证砂砾石垫层换填地基处理方案的适宜性；

（4）通过最大干密度试验确定砂砾石材料的最大干密度；

（5）进行现场静载荷试验，确定垫层的地基承载力特征值，垫层的基床反力系数、变形模量；

（6）根据循环荷载板试验，确定地基静弹性模量、静剪切模量及地基抗压刚度系数等；

（7）测定砂砾石地基与混凝土基础间的摩擦系数；

（8）确定砂砾石地基刚度系数、阻尼比等动力参数；

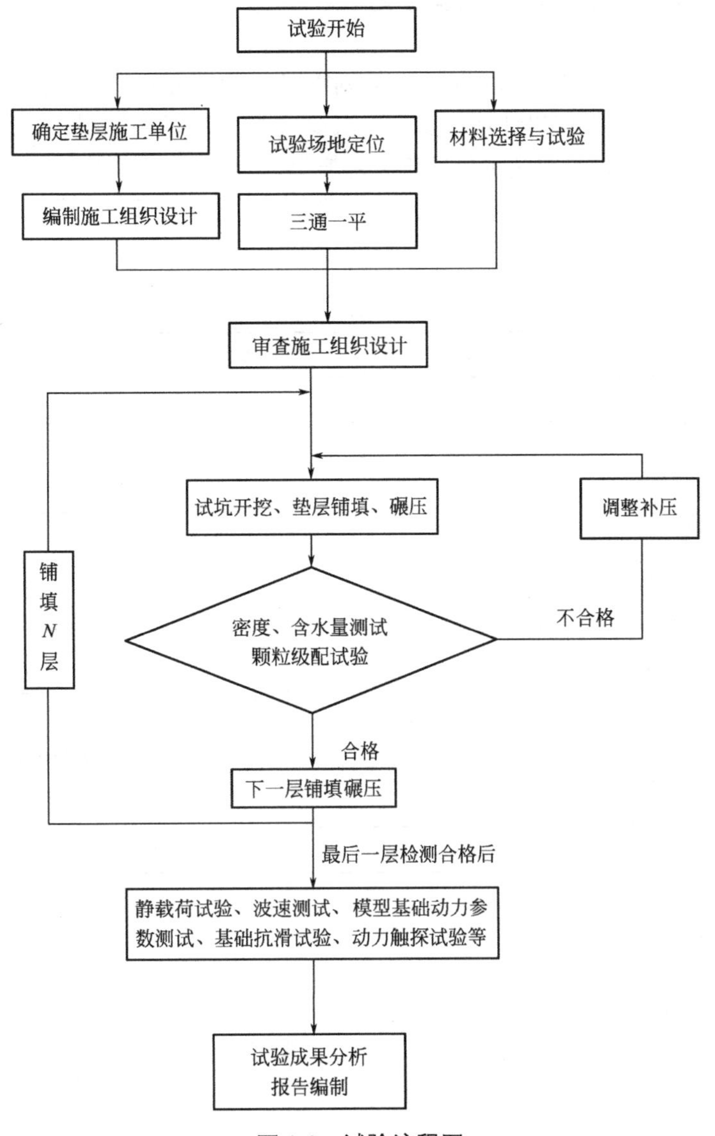

图 3-2　试验流程图

(9) 通过波速测试，确定动弹性模量、动剪切模量、动泊松比；

(10) 通过动力触探试验，建立砂砾石地基承载力与动力触探锤击数之间的关系。

工程中具体的试验任务要求需按照设计单位提出的《垫层试验任务书》进行。对技术内容进行充分的沟通，包括试验项目与工作量、试验场地位置、试验所要达到的效果及其他细节吃透。如有非常规试验项目或技术要求不明的地方，以及其他交代不明的事宜等，通过任务的交底、评审、沟通过程得到明确，必要时形成会议纪要或沟通记录文件等。

2. 资料搜集

(1) 搜集工程相关的岩土工程勘察成品报告；

(2) 搜集工程所在地区天然砂砾石、人工碎石等与垫层材料有关的建材资料与相关信息；

（3）搜集工程相关的地基基础方案审查意见和有关设计资料。

3. 大纲编制

试验任务明确后，需编制《试验大纲》，对参加试验项目的人员、设备、技术、质量、费用、工期、HSE管理等作出计划与安排，试验大纲编制要点见附录A。大纲编制完成后，整理提交试验工程量汇总表进行试验费用概算（表3-1）。根据工程项目安排，《试验大纲》可由业主报有关部门或组织专家进行外部评审，评审意见作为最终试验项目和内容的依据。

试验工作量汇总　　表3-1

项目	单位	数量	备注
试坑开挖	m^3		
垫层施工	m^3		
最大干密度试验	组		特殊试验
筛分试验	组		
密度与含水量试验	组		
静载荷试验	点		压板面积××m^2
循环荷载板试验	点		压板面积××m^2
模型基础动力参数测试	点		制作混凝土模型基础×块
基础抗滑试验	点		制作混凝土模型基础×块
波速测试	孔		
重型/超重型动力触探试验	m		

3.2.2　资源准备

1. 测试仪器设备

准备仪器设备并进行自检、检查。对需要进行标定、率定、鉴定的天平、千斤顶、荷重传感器、位移传感器等，重点检查是否在有效期内。

（1）筛分试验主要仪器设备

① 分析筛规格：孔径为100、60、40、20、10、5、2、1.0、0.5、0.25、0.075mm；

② 称量器具：称量30～50kg，最小分度值小于5g的台秤或电子计量秤；

③ 烘箱：容积不小于350mm×350mm×350mm，工作温度105～110℃；

④ 其他：容器、毛刷等。

（2）密度及含水量试验主要仪器设备

① 储水器具：30～50L水桶或其他容器；

② 称量器具：使用筛分试验称量器具；

③ 烘箱：使用筛分试验烘箱；

④ 其他：容器、塑料薄膜、铁锹、洋镐等。

（3）静载荷试验、循环荷载板试验、基础抗滑试验主要仪器设备

常见的静载荷试验、循环荷载板试验、基础抗滑试验主要仪器设备见表3-2。

静载荷试验、循环荷载板试验、基础抗滑试验主要仪器设备　　表3-2

序号	机器具名称	单位	数量	备注
1	堆载配重			一般用编织袋装砂、土搭载，或用混凝土块或其他重物等配重，根据现场实际情况确定。静载荷试验、循环荷载板试验、基础抗滑试验相同
2	主梁、次梁、基准梁等	套	1	静载荷试验、循环荷载板试验、基础抗滑试验相同
3	100t千斤顶	台	2	
4	静力载荷测试仪	台	2	
5	电动油泵	台	2	
6	油泵控制器	台	2	
7	荷重传感器	个	2	
8	数字百分表、磁力表座	个	8	
9	手动油泵或电动油泵	台	2	
10	荷载板	个	2	静载荷试验压板面积一般为0.5～1.0m^2，循环荷载板试验压板面积一般为0.25m^2
11	其他附属配件			根据试验需要确定

（4）动力触探试验设备

钻机及配套重型动力触探试验或超重型动力触探试验设备。

（5）波速测试

工程检测仪及检波器等。

（6）模型基础动力参数测试

通常可与高校、科研院所合作完成。测试仪器设备一般由激振系统（机械式激振器）、观测系统（拾振器、放大器、记录仪器等）、分析系统（计算机、实时信号分析仪）等组成。

2. 落实施工单位和施工机械

砂砾石垫层施工可由业主方委托施工单位或试验单位组织，就垫层施工工程量、技术要求和质量控制标准等进行交底和落实。施工机械一般包括：

（1）材料运输设备：可采用自卸汽车、人力手推车等，短距离也可用铲车；

（2）混料设备：人工掺合碎石料时采用铲车、挖掘机等；

（3）铺料设备：铲车、挖掘机、推土机等；

（4）碾压设备：常用为徐州、洛阳、柳州等地制造的振动压路机。

3.2.3　施工准备

1. 确定试验场地

试验场地一般由设计单位指定，或由监理、施工、业主与试验单位结合现场实际情况确定。一般选在被处理建筑物附近，地层也应和被处理建筑物的地层相类似，如条件允许也可选择在开挖好的基坑内结合地基处理进行试验。每种试验材料与每种工况（虚铺厚度、碾压遍数）试验场地尺寸不宜小于 10m×15m。试验场地确定后宜测量其坐标、标高。

2. 材料的选择与试验

垫层材料分为天然砂砾石料和人工碎石料，材料按 2.2 节要求进行选择。在试验开始前，一般与业主、设计及施工等有关人员共同对所选定的料场进一步确认，试验用料场应尽量与工程用料相同，储量需满足工程用料要求，便于开采，交通运输方便。

天然砂砾石料一般分布在山前冲洪积扇、河床、漫滩及阶地等，冲洪积形成，其成分、粒径、磨圆和分选、充填物的性质及含量，以及颗粒级配、含泥量、不均匀性等变化很大。一般要求粗颗粒（大于 5mm 的颗粒）含量在 65%～75%，细颗粒（小于 5mm 的颗粒）含量在 25%～35%之间，最大粒径不能大于 200mm，否则应剔除。含泥量一般不大于 5%，对承载力要求不高的垫层，含泥量可以控制在 10%以内。位于地下水位以下的垫层，为防止垫层细颗粒填料产生潜蚀，需对垫层采取封闭措施，如在垫层底部和周边用素混凝土封闭，或采取其他有效的措施，含泥量超标则需用人工方法降低含泥量，如水洗、过筛等。

人工级配碎石料一般采用一次破碎的混料（不过筛），如石料场不能提供混料，可人工混料，一般生产石料规格有：30～70mm、20～40mm、10～30mm、10～20mm、5～10mm、<5mm（石渣），一般可按以下几种比例进行掺合：

① 30～70mm 料 50%、20～40mm 料 20%、5mm 料 10%、<5mm（石渣）料 20%；

② 30～70mm 料 50%、20～40mm 料 30%、<5mm（石渣）料 20%；

③ 40～60mm 料 60%、20～40mm 料 10%、10～30mm 料 10%、<5mm（石渣）料 20%。

试验开始前，需对每种材料采取试样 2～3 组进行筛分试验和相对密度试验，确定颗粒组成和最大干密度。

3. 编制施工组织设计

施工组织设计由施工单位负责编制，试验项目负责人负责审查。施工方案应满足垫层地基试验大纲技术和质量要求，主要内容包括工程概况、场地条件、垫层设计参数、试验场地和材料选择、垫层施工工艺、碾压机械设备、人员组织管理、质量管理体系和关键技术环节控制措施、施工进度计划、施工安全措施和环境保护等。

3.2.4 垫层施工

1. 试坑开挖

① 根据确定的试验场地及试验面积，现场定位并放出开挖线；

② 试坑开挖应根据不同岩性按有关规程规范进行放坡，同时需考虑碾压振动对试坑边坡的影响，试坑开挖将至要求深度，预留 0.3m 厚的土层由人工开挖。如试坑底岩性较软弱，则需预留较厚的土层由人工开挖，采用机械开挖易形成饱和扰动软土或橡皮土等；

③ 试坑开挖深度在地下水水位以下时，则需提前进行基坑降水或排水，确保在垫层施工中地下水位不上升。

2. 垫层铺填

垫层材料一般用推土机、铲车、挖掘机等机械铺填，必要时人工进行整平。垫层分层铺填厚度按《试验大纲》的要求确定，一般为400～600mm。对承载力要求较高时，厚度则小，反之则大。每层铺填厚度偏差小于±50mm，垫层材料在铺填中需防止粗细颗粒分离，如粗细颗粒不均，则需人工掺合，并达到规定的级配要求。

3. 垫层材料含水量

砂砾石材料含水量宜按3%～6%控制。如含水量过低，则需均匀洒水，增加含水量；含水量过高，则需凉晒或采取其他措施，降低含水量。

4. 垫层碾压

① 垫层碾压遍数根据现场试验确定，一般400mm虚铺厚度振动碾压5～7遍，600mm虚铺厚度振动碾压6～9遍，碾压压茬为1/3振动轮宽度，见图3-3；

② 每层虚铺平整后先平碾一遍，而后振动碾压，垫层最后一层施工完后需平碾（不开振动）1遍，使垫层达到一定的平整度；

③ 如垫层下卧层岩性较软弱，第一层不宜用振动碾压，用平碾（不开振动）或低振动力碾压，否则易形成饱和扰动软土或橡皮土等。

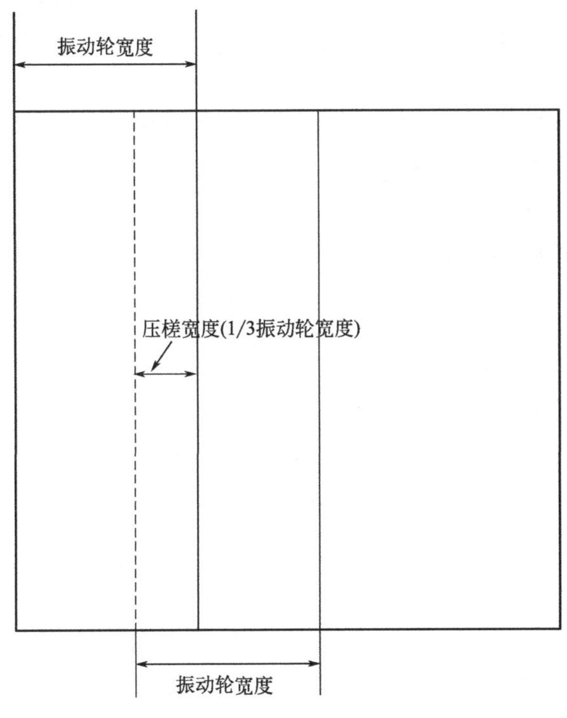

图3-3　碾压压茬示意图

5. 质量控制

每层碾压完成后，测量沉降量，测定该层的密度、含水量、压实系数、颗粒级配等指标，一般要求压实系数不小于0.97，检测合格后，再进行下一层的铺填碾压。

3.2.5　试验项目与方法

1. 垫层压实程度测试

垫层压实程度（亦称夯实度）是采用每层虚铺整平达到要求后，量测垫层顶面高度，一般有两种方法：

① 在垫层四周及中间设置标尺（竹竿、木棍、钢筋等材料均可），做好起始标志，然后开始碾压，该层碾压完成后测量沉降量，此种方法经济、操作简便，但精度较差；

② 用专业测量仪器量测垫层顶面起始和终止高度，即在垫层顶面选 6～10 个点，测量起始高度，碾压完成后测量沉降量，此种方法精度高，但操作较复杂、费时。

2. 筛分试验

① 每层碾压完成后采取有代表性的试样 3～5 件，每件试样约 30～50kg，垫层材料颗粒较粗时采取试样较多，反之则较少；

② 试样可在密度与含水量试验中同步采取；

③ 筛分试验前需将试样烘干或自然凉晒干燥。

3. 密度与含水量试验

① 每层碾压完成后选择有代表性位置 8～10 点进行密度与含水量试验；

② 密度试验一般采用灌水法或灌砂法，气温接近或低于零度时不宜采用灌水法；

③ 含水量试验采用烘箱法，也可采用自然凉晒法（此种方法精度较差）。

4. 静载荷试验

静载荷试验一般采用堆载反力装置，装置示意图见图 3-4。静载荷试验采用相对稳定法加荷，沉降观测、稳定标准按《建筑地基基础设计规范》GB 50007 和《建筑地基处理技术规范》JGJ 79 的试验要点进行。

在每级加载后，按间隔 10min、10min、10min、15min、15min，以后每隔半小时测读一次沉降量，当在连续两小时内，每小时的沉降量小于 0.1mm 时，则认为已趋稳定，可加下一级荷载。当出现下列情况之一时，即可终止加载：

（1）承压板周围的土明显地侧向挤出；

（2）沉降 s 急骤增大，荷载-沉降（p-s）曲线出现陡降段；

（3）在某一级荷载下，24h 内沉降速率不能达到稳定标准；

（4）沉降量与承压板宽度或直径之比大于或等于 0.06。

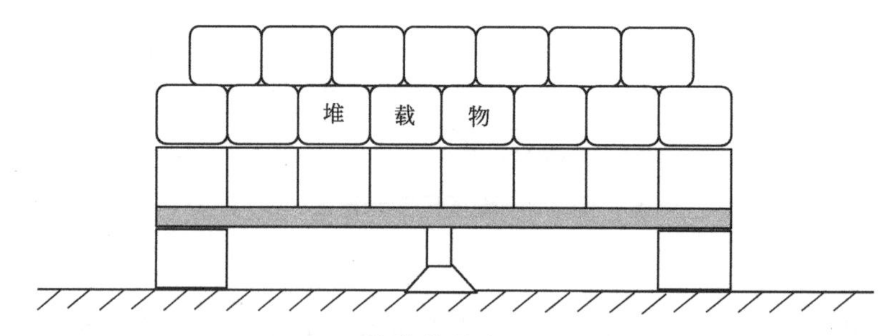

图 3-4　静载荷试验装置示意图

5. 循环荷载板试验

循环荷载板试验装置与静载荷试验相同，按相对稳定法加荷，试验要求如下：

① 循环荷载板试验承压板一般采用面积为 0.25m^2 的圆板；

② 最大加载量一般采用 600kPa，加荷次数不少于 3 次，每次加荷分级不应少于 2 级，

加荷分级宜采用100kPa和200kPa，300kPa和400kPa，500kPa和600kPa，相对应的卸荷宜采用100kPa和0kPa，200kPa和0kPa，400kPa、200kPa和0kPa；

③ 每次每级加载后，按间隔10min、10min、10min、15min、15min，以后为每隔半小时测读一次沉降量，当在连续两小时内，每小时的沉降量小于0.1mm时，则认为已趋稳定，可加下一级荷载；

④ 每次最后一级加荷完成后即卸荷，每级卸荷以后每隔半小时测读一次回弹量，当在连续两小时内，每小时的回弹量小于0.1mm时，则认为已趋稳定，可进行下一级卸荷；

⑤ 每次最后一级卸荷完成后，即重复②～④步骤，直至全部加荷次数完成。

6. 模型基础动力参数测试

模型基础动力参数应在明置和埋置的情况下分别进行振动测试，周期性振动机器的基础应采用强迫振动测试方法，冲击性振动机器的基础应采用自由振动测试方法。在垫层面现浇尺寸一般为2.0m×1.5m×1.0m（长×宽×高）强度等级C15的混凝土模型基础，其四角要预埋吊环（移动试块用）。模型基础达到养护期后，模型基础动力参数测试按照《地基动力特性测试规范》GB/T 50269—2015的规定进行。

图3-5为西安交通大学试验研究的测试系统，竖向和水平采用强迫振动测试方法，激振力由机械式激振器产生，响应信号由加速度传感器拾振，经放大器放大后送入磁带记录仪进行记录，由HP3562A结构动态分析仪对信号进行分析处理。扭转振动采用敲击激励—自由响应振动测试方法，冲击力和响应信号分别由力传感器和加速度传感器拾振，经放大器放大后送入磁带记录仪进行记录，由HP3562A结构动态分析仪对信号进行分析处理。

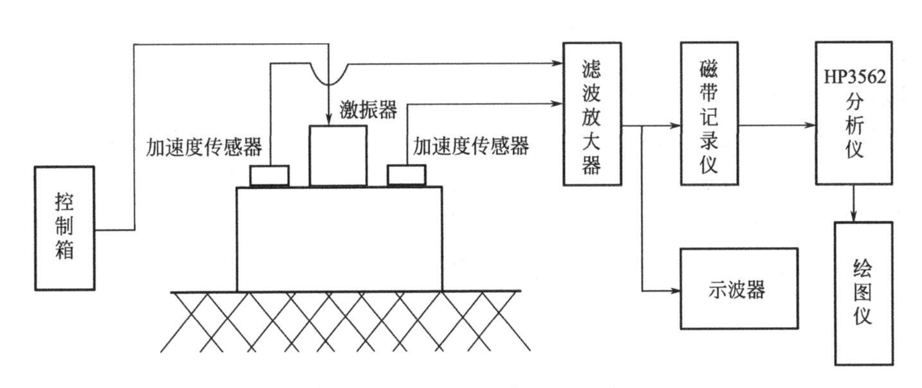

图3-5　模型基础动力参数测试系统流程图

测点和激振点选择如图3-6所示，竖向和水平强迫振动时，测量传感器安装在基础顶面沿长度方向的对称轴上且靠近两边，激振器安装在基础顶面中心位置，见图3-7。扭转振动时，传感器安装位置同上，采用专用测锤敲击试块两侧，使块体产生自由扭转振动，见图3-8。

垂直和水平回转强迫振动测试的步骤相同，即由低到高逐级改变扰力频率，对应频率的响应由拾振器接收，经测震放大器放大后，由光电示波器显示，磁带记录仪记录，数据经计算机处理后绘制出实测的f-A（频率-振幅）曲线。

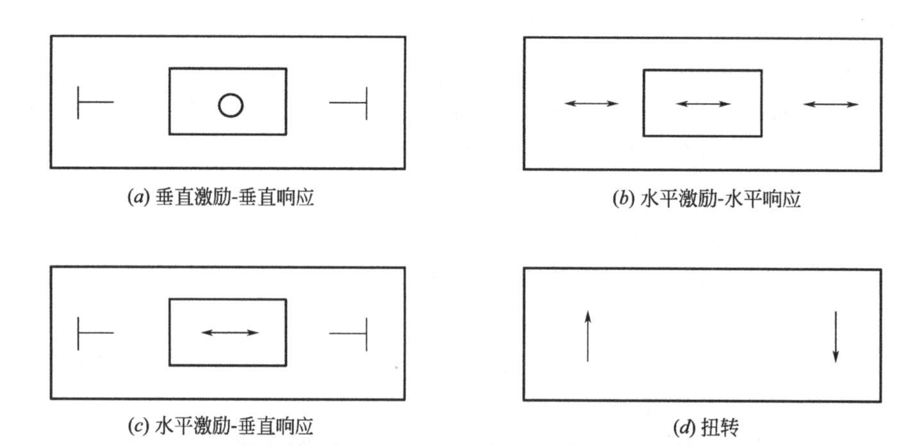

图 3-6 测点和激振点选择

图 3-7 竖向和水平强迫振动测试

图 3-8 扭转振动测试

7. 基础抗滑试验

在垫层面现浇尺寸一般为 1.0m×0.6m×0.5m（长×宽×高）或 0.6m×0.5m×0.5m（长×宽×高）的明置混凝土试块，以及尺寸一般为 0.5m×0.5m×1m（长×宽×高，进入地面下不小于 0.5m）的反力桩，试块与反力桩间距不宜过大，以测力计、千斤顶和立柱之和为宜。一般每种试验材料与每种工况（虚铺厚度、碾压遍数）浇筑 1～2 个试块，试块达到养护期后进行基础抗滑试验，堆载反力装置与静载荷试验相同，其试验装置见图 3-9。

基础抗滑试验采用快剪试验，最大垂直压力一般采用 500～600kPa，分 8～10 级施加，与之配对的水平剪力采用 1/5～1/3。试验步骤是：在试块上分别施加每一级垂直荷载 P，然后逐级施加水平推力 S，测量水平位移 u，直至试块滑动为止。

8. 波速测试

垫层地基波速测试常采用单孔检层法。其原理是在孔口激发，孔中接收，根据激发点至接收点的距离及波的走时分别计算剪切波及压缩波的速度 v_S、v_P 值，具体装置见图 3-10。波速测试按照《地基动力特性测试规范》GB/T 50269—2015 进行，测试要点为：

（1）波的激发。安置激振板水平距离孔口 1m 左右，上压 500kg 重物在木板上，木板

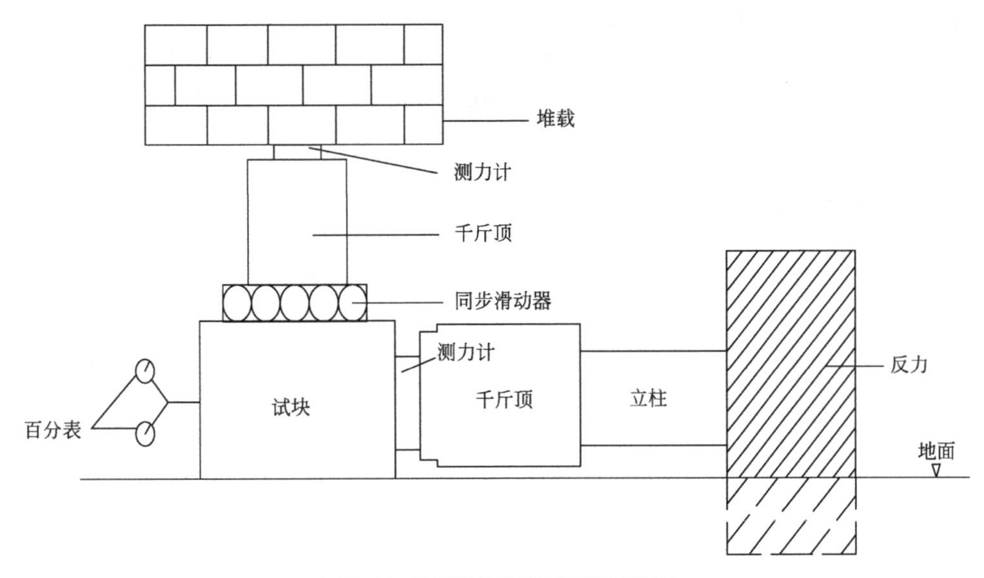

图 3-9　基础抗滑试验装置示意图

规格：长 2～3m，宽 0.3～0.4m，厚 6～10cm。触发检波器放置在木板中心与地面交界处。

（2）孔中测点布置。在孔中自下而上测量，砂砾石垫层测点间距一般为 0.5～1.0m。

（3）钻孔尽量垂直。钻孔一般采用泥浆护壁，不下套管，检波器要与孔壁紧密接触。当下塑料套管时，必须使套管与孔壁紧密接触，必要时需注浆或充填。

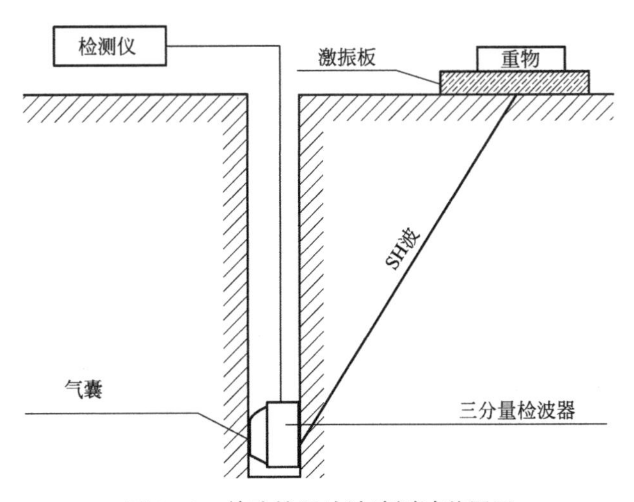

图 3-10　单孔检层法波速测试装置图

9. 动力触探试验

动力触探试验一般采用超重型动力触探试验，也可采用重型动力触探试验（触探深度较小），通常试验 6～8 个孔。重型和超重型动力触探试验要点为：

（1）触探杆应保持竖直，接头连接紧固，避免贯入时晃动剧烈；

（2）重型动力触探试验锤落距 76cm，超重型动力触探试验锤落距 100cm，应使用自动落锤脱钩装置，锤击速率以每分钟 15～30 击为宜；

（3）记录每贯入 10cm 的锤击数 $N_{63.5}$ 或 N_{120}、钻杆型号和长度，用于杆长修正；

（4）如果连续三次每贯入 10cm 的锤击数超过 50 击，即可停止贯入；

（5）试验可自地表连续贯入，也可与钻探配合分段贯入。

3.2.6 试验报告编制

垫层地基试验报告内容包括文字部分、附件、附图等，编制要点见附录 B。

第 4 章　砂砾石垫层施工工艺与质量控制

4.1　砂砾石垫层的压实原理

当土体颗粒受外力作用之后，内部应力发生变化，失去原来的平衡状态，颗粒之间克服摩阻力，彼此移动，互相填充，出现新的排列，即较大颗粒形成的间隙由较小颗粒来填充，孔隙减小，密度增大；施加的外力越大，促使颗粒移动、充填的能量越大，土体越趋密实；被压实材料之间间隙减小使其颗粒间接触面增大，使被压实材料内摩擦阻力增大，其承载力提高。当土体密实至一定程度之后，颗粒间的孔隙甚小，即使增大压实功能，颗粒再要移动、充填是相当不易的，相应干密度的增长率降低，这时再增大压实功能，必然是不经济的。

压实方法不同，施加于土体上的作用力的大小及作用原理不同，压实效果也不同。如采用夯实法时，土体承受的是冲击力；当采用平碾时，土体承受的是碾磙的重力；当采用振动碾时，土体不但承受碾的重力，还要承受振动力。实践证明，对无黏性粗粒土，振动法效果最好，而且工效高。振动压实时，由于振动轮的振动使其对垫层作用一个往复冲击力，振动轮对垫层每冲击一次，被压实材料就产生一个冲击波。振动产生的快速连续冲击力作用于土体表面，被压实材料的颗粒在振动冲击的作用下，由静止的初始状态过渡到运动状态，被压实材料之间的摩擦力也由初始的静摩擦状态逐渐进入到动摩擦状态，使土体颗粒间的摩擦力减小。尤其是对无黏性粗粒土，颗粒间黏结力甚小，振动使颗粒间摩擦力减小，小颗粒易处于运动状态，彼此相互充填，压实效果比较显著。再加上振动碾静压力的作用，进一步促使颗粒的充填，其压实效果更为突出。振动碾使土体压实，实质上是静重产生的静力和振动产生的压力波式的动力联合作用，在土体内产生压应力和剪应力的结果。

4.2　垫层的施工机械

砂砾石垫层的施工机械有材料运输设备、铺料设备、压实机械等，对人工级配材料还需要拌料设备，但主要设备是压实机械。压实机械是一种利用机械自重、振动或冲击的方法，对被压实材料重复加载，排除其内部的空气和水分，使之达到一定密实度和平整度的作业机械。压实机械广泛用于公路路基路面、铁路路基、机场跑道、堤坝及建筑物地基等基本建设工程的压实作业。目前，压实机械的种类很多，按照作用原理，基本上可分为静碾、夯击和振动三大类，选择机械时应考虑机械的工作特性和使用场合。

静力式压实机械沿被压材料表面往复滚动，利用机械自重产生静压力作用，迫使其产生永久变形而达到压实的目的。静碾压路机是依靠自身质量，在相对的铺层厚度上以线载荷、碾压次数和压实速度体现其压实能力的，压实厚度不超过 25cm，碾压速度为 2～4km/h，需要碾压 8～10 遍才可达到要求。

夯击压实机械，是利用夯具多次下落时的冲击作用将材料压实，包括夯锤、夯板及夯实机，常用于振动压路机无法压实的地方。夯具对地表产生的冲击力比静压力大得多，并可传至较深处，压实效果也好，适用于各种性质的土。冲击式压路机又名冲击式压实机，它是利用装载机牵引一个三边形或者五边形非圆滚轮（冲击轮）以一定速度在滚动中冲击拍打地面，利用集中的冲击能量达到压实土石填料的目的。

振动压路机则通过振动轮高频振动产生的冲击力作用于土体，迫使土体内部颗粒排列发生变化，使小颗粒渗入到大颗粒的孔隙中，从而达到压实效果。一般来说，重型压实机械，由于压实能力（自重、线压力、落距、振幅和频率等）大，压实效果好，生产率高，单位压实功小，费用亦低。由于激振力较大，振动压路机的压实厚度可达 50～60cm，某些 20t 级以上重型振动压路机的压实厚度甚至可以超过 1m，在碾压速度为 4～6km/h 的情况下，碾压 4～6 遍就可达到标准要求的密实度，施工效率是静碾压路机的 2～3 倍。为了有效加快施工进度，一些高寒时间较长、施工季节较短的地区应考虑选择振动压路机，而在山区公路或山体土壤疏松的工作场地施工宜选用静碾压路机，这是因为振动压路机产生的激振力容易造成山体塌方、滑坡。

振动压路机通常按质量分类，其分类和适用范围见表 4-1。我国主要的碾压机械制造在徐州、洛阳、柳州等地，截至 2017 年底，在中国生产压实机械的企业约 30 家，工作质量涵盖 0.5～39t。随着实体工程对施工质量、施工效率的要求不断提高，近些年，有些压路机厂家逐渐向大吨位和超大吨位方向发展，并取得了一定的成果。

振动压路机按质量分类　　表 4-1

压路机系列	质量(t)	发动机功率(kW)	适用范围
小型	<1	<10	狭窄地带和小型工程
轻型	1～4	12～34	修补工作，内槽填土等
中型	5～8	40～65	基层、底基层和面层
重型	10～14	78～110	街道、公路、机场等
超重型	16～25	120～188	筑堤、公路、土坝等

振动压路机是一种相对复杂的机械，在钢轮内安装有振动轴，振动轴上安装有偏心块。在振动系统的带动下，振动轴快速旋转，使得钢轮产生振动（图 4-1）。振动轮总作用力为振动轮分配荷载和振动力之和，在振动力的作用下，产生的一系列压力波会传递到被压材料中。在振动压力波的作用下，降低被压材料颗粒间的内摩擦力，铺层中的骨料产生移动，这样有利于骨料的重新定位，而且在振动力的作用下更容易减少骨料之间的空气，达到压实土体的目的。振动压路机特别适宜于压实砂砾料、碎石混合

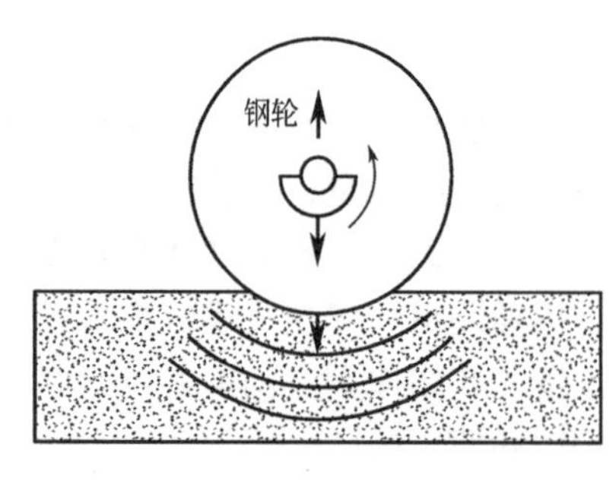

图 4-1　振动压路机对压实层的作用原理图

料。振动压路机依靠机械自身质量及其激振装置产生的激振力共同作用，降低被压颗粒间的内摩擦力，将土粒楔紧，达到压实土体的目的。振动压实具有静载和动载组合压实的特点，同样质量的振动压路机比静作用压路机的压实能力强，压实效果好，生产效率高。当所要求的压实度相同时，振动压路机压实遍数少。振动压路机一般都设有调频调幅装置，可以根据需要调成不振、弱振或强振的不同强度。因而，它兼作轻型、中型、重型压路机使用。

根据砂砾石的压实原理及工程实践，砂砾石垫层地基施工一般选择自重10～18t振动压路机，激振力为240～270kN，频率28～32Hz，额定功率70～92kW。根据现场的调查资料，速度越低，压实效果越好；反之，速度越高，压实效果相对就差，实际填筑时的行驶速度控制在2～4km/h为宜，速度太快则降低碾压效果，特别是单层虚铺厚度大时严重影响每层下部土体的压实。图4-2为YZ18L型振动压路机，图4-3为铺料用装载机。

图4-2　YZ18L型振动压路机

图4-3　铺料用装载机

4.3　单层虚铺厚度

砂砾石的施工中，要获得较好的压实效果，较高的承载力，铺填厚度不能太大，每层土厚度大时，下部不易压实，垫层的整体性质就不均匀。在我国水电土石坝施工中，铺填厚度常在1.0～1.5m，压实遍数也多。在砂砾石垫层施工中单层虚铺厚度一般为40～60cm，具体的铺填厚度由要求达到的地基承载力、碾压设备、材料性质等确定。

4.4　砂砾石的含水量

砂砾石因自身颗粒粗，透水性强，具有自由排水能力，压实中孔隙水被挤压出来，孔隙减小而逐渐密实。在实际施工中，尽管许多工程技术人员想通过达到最佳含水量而找到最大的干密度，但由于粗粒土难以保持水分，很难达到最佳含水量。一般来说，含水量对粗粒土的干密度影响较小，施工中当填筑料为干燥状态，不需加水也可使其压实达到最佳的密实状态。因含水量对碾压施工影响小，雨季施工不受影响，这也是它的特点。根据十几个工程现场碾压试验，采用现场洒水增湿，提高砂砾石的含水量，其实测砂砾石垫层的平均含水量在2.6%～6.4%。因此控制含水量在3%～6%，一般均能达到预期效果。

4.5 碾压遍数

在砂砾石垫层的碾压施工中，每层碾压遍数非常重要，碾压遍数少达不到要求的碾压效果，碾压遍数多则增加了施工时间，造成了一定的浪费。为了确定合适的碾压遍数，在河南沁北、山西霍州、山东济宁、宁夏石嘴山等地进行了有关测试、研究。

（1）图4-4、图4-5为河南沁北碾压垫层每层碾压后厚度与碾压遍数之间的关系曲线（前2遍为平碾不振动）。从图中可以看出，起初的平碾2遍效果最为显著，然后振动碾6遍后下沉基本稳定，再增加碾压遍数，基本没有大的效果，特别是后面的4遍，没有实质性作用。在正式施工中可以减少碾压遍数，避免不必要的浪费，也能加快施工进度。

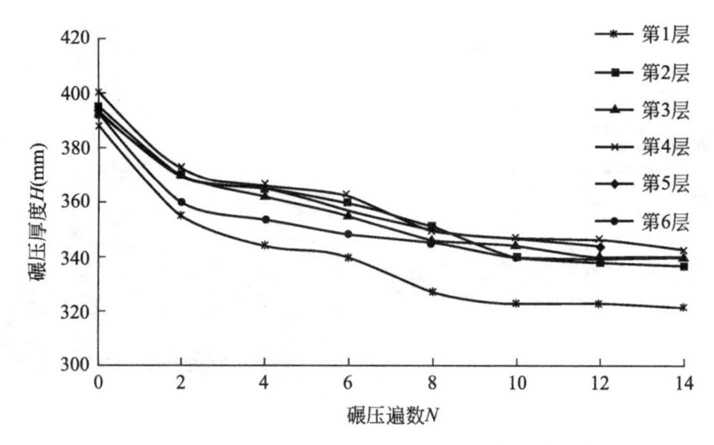

图4-4 河南沁北天然级配碾压垫层 H-N 关系曲线

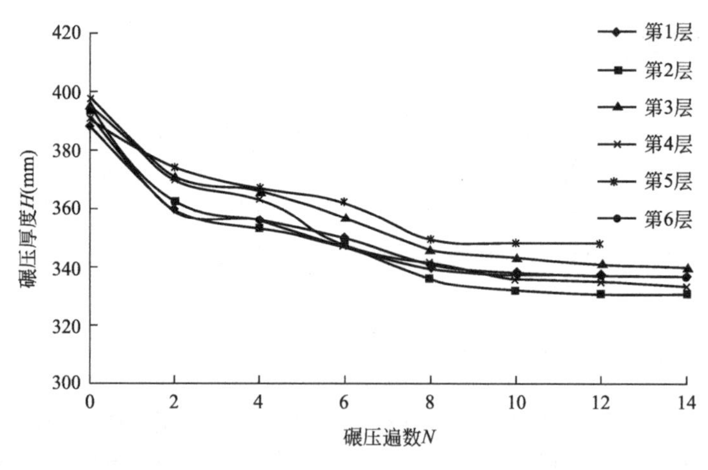

图4-5 河南沁北人工级配碾压垫层 H-N 关系曲线

（2）图4-6为山西霍州碾压垫层每层碾压后厚度与碾压遍数之间的关系曲线（前1遍为平碾不振动），从图中可以看出，起初的2遍效果最为显著，然后再振动碾4遍后下沉基本稳定。

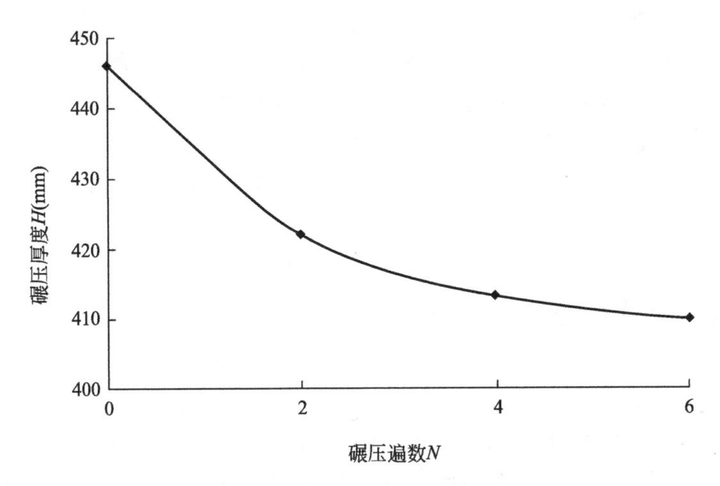

图 4-6　山西霍州人工级配碾压垫层 H-N 关系曲线

（3）图 4-7 为山东济宁碾压垫层每层碾压后厚度与碾压遍数之间的关系曲线（前 2 遍为平碾不振动），从图中可以看出，起初的平碾 2 遍效果最为显著，然后振动碾 4 遍后下沉基本稳定，后面的 2 遍碾压效果已不明显。

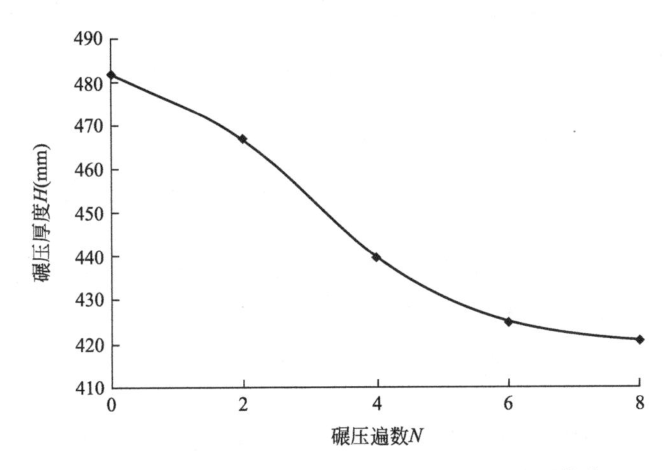

图 4-7　山东济宁人工级配碾压垫层 H-N 关系曲线

（4）表 4-2 为宁夏石嘴山试验情况，分别在碾压 4 遍、6 遍、8 遍之后，测定相应的干密度、压实系数，室内确定的最大干密度为 2.23g/cm^3。在相同的施工方法和施工工艺条件下，仅碾压 4 遍时，所得的压实系数偏小；而当碾压遍数达到 8 遍时，则有可能出现机械能过剩的情况，碾压 6 遍是适宜的。

宁夏石嘴山不同碾压遍数下的干密度、压实系数　　表 4-2

碾压遍数	4	6	8
干密度 ρ(g/cm^3)	2.06	2.16	2.21
压实系数	0.924	0.969	0.992

同一压路机对同一种材料进行碾压时，最初的若干遍碾压，对增高材料的干密度影响

很大；碾压遍数继续增加，干密度的增长率就逐渐减小；碾压遍数超过一定遍数后，干密度就不再增加了。从以上几个工程的试验结果分析，沉降量、沉降率均是随着碾压遍数的增加而增大，且其增大的趋势与密度一样，当碾压遍数超过某一数值后沉降速率减小，即沉降量的增量很小且趋近于某一恒值。砂砾石垫层的碾压施工中，先平碾（不振动）碾压1遍使表面平整，而后振动碾压6～8遍，一般均能达到较好的碾压效果，再增加碾压遍数，已很不经济。

4.6 砂石垫层施工要求

砂砾石垫层施工通常按下列要求进行：

（1）施工前应对砂砾料进行颗粒分析，确定最大干密度或基准干密度。

（2）砂石垫层施工应根据场地地质条件和垫层材料性质选择适宜的密实方法，通常振动碾压法适用于各类材料的砂石垫层。

（3）施工时应避免出现粗颗粒或细颗粒集中现象，试验资料表明，对于圆砾、角砾、碎石、卵石垫层，采用12t及以上振动压路机时，每层铺填厚度宜为40～60cm，对于变形要求严格的重要建（构）筑物，目前多采用40cm的铺填厚度，施工中应重点关注颗粒级配、含泥量以及人工石料拌合的均匀性。

（4）施工方法和每层压实遍数宜通过现场试验确定，并控制机械碾压速度，保证分层压实质量。

（5）砂石垫层的最大粒径一般不宜大于70mm，当碾压或夯实能量较大时，最大粒径可按150mm控制但不得大于1/2分层厚度，其含量不应超过碾压总体积的20%，且应分散分布。

（6）当垫层底部存在古井、古墓、洞穴、旧基础、暗塘时，应根据建筑物对不均匀沉降的控制要求予以处理，并经检验合格后，方可铺填垫层。

（7）基坑开挖时应避免坑底土层受扰动，可保留200～300mm厚的土层暂不挖去，待铺填垫层前再由人工挖至设计标高。

（8）当砂石垫层下为软弱土层时，需采取适宜的施工工艺，控制运输路线，必要时对基底临时疏干和降低含水量，防止对地基土的扰动破坏。工程需要时应采取降低地下水位的措施。

（9）垫层底面深度不同时，坑底土层应挖成阶梯或斜坡搭接。并按先深后浅的顺序进行垫层施工，搭接处应夯压密实。

4.7 压实后的密度测试和质量控制

垫层在施工过程中必须分层检验每层的密度，符合设计要求后方可铺填下层土。在现场测定垫层的干密度时，需要尺寸较大的试坑方能测定，故一般常用灌水法或灌砂法。主要用称重法获得试坑开挖出土料的质量（m），用灌入试坑中的水或砂得到试坑体积（V），用烘干法求含水量（w），按式（4-1）、式（4-2）计算湿密度ρ_w和干密度ρ_d。

$$\rho_w = m/V \tag{4-1}$$

$$\rho_d=\rho_w/(1+w) \tag{4-2}$$

式中　ρ_w——湿密度（g/cm^3）；

ρ_d——干密度（g/cm^3）；

m——质量（g）；

V——试坑体积（cm^3）；

w——含水量。

碾压垫层的质量控制根据实测干密度与室内试验确定的最大干密度比值压实系数 λ_c 确定。每层碾压完成后，测定该层的密度、含水量、压实系数、颗粒级配等指标。施工中根据碾压面积按规范规定确定测试数量。检测合格后，再进行下一层的铺填碾压。

表 4-3 为部分工程室内、现场试验情况。从表中可以看出：碾压垫层的平均压实系数在 0.96～1.07，几个场地的平均值为 0.99；碾压垫层的平均相对密度在 0.77～1.21，几个场地的平均值为 0.97。《碾压式土石坝设计规范》SL 274—2001 规定砂砾石的填筑标准以相对密度为设计控制指标，要求不应低于 0.75。《水工建筑物抗震设计标准》GB 51247—2018 规定：对于无黏性土压实，要求浸润线以上材料的相对密度不应低于 0.75，浸润线以下材料的相对密度不应低于 0.80。从以上分析可以看出，砂砾石垫层的相对密度基本能满足规范要求，但指标值变化范围较大，特别是有些天然砂卵石料，室内确定的最小干密度较大时，虽然压实系数可满足要求，计算的相对密度值偏小。

《建筑地基处理技术规范》JGJ 79—2012 规定，砂砾石垫层压实系数 $\lambda_c \geq 0.97$。砂砾石垫层按压实系数作为质量控制标准比较稳定，只要选择合适的材料和碾压工艺，压实系数均能达到 0.97 以上。

室内、现场干密度试验成果　　表 4-3

试验地点	砂砾石料类型	室内试验最大干密度 ρ_{max} (g/cm^3)	室内试验最小干密度 ρ_{min} (g/cm^3)	现场实测干密度 ρ (g/cm^3)	压实系数 λ_c	相对密度 D_r	含水量 w(%)	不均匀系数 C_u	曲率系数 C_c	碾压机械
陕西神木	人工碎石料	1.91	1.45	1.92～2.16 平均 2.05	1.01～1.13 平均 1.07	1.01～1.36 平均 1.21	3.1～7.4 平均 5.1	5.6～10.8 平均 8.8	1.5～5.7 平均 3.0	YZ10 型振动压路机，自重 10.9t，激振力 240kN，频率 30Hz，额定功率 80kW
山西霍州	人工碎石料	2.20	1.63	2.06～2.29 平均 2.19	0.94～1.04 平均 0.99	0.81～1.11 平均 0.98	2.5～3.7 平均 3.1	4.1～16.7 平均 8.9	1.8～5.9 平均 4.1	YZ14JC 型振动压路机，自重 14t，激振力 270.5kN，频率 28Hz，额定功率 92kW
山东邹县	人工碎石料	2.24	1.65	2.07～2.49 平均 2.28	0.92～1.11 平均 1.02	0.77～1.28 平均 1.05	1.3～5.0 平均 2.6	33.6～118.2 平均 64.2	2.06～2.29 平均 2.19	YZ12 型振动压路机，自重 12t，激振力 271kN，频率 31.7Hz，额定功率 73.5kW

续表

试验地点	砂砾石料类型	室内试验最大干密度 ρ_{max} (g/cm³)	室内试验最小干密度 ρ_{min} (g/cm³)	现场实测干密度 ρ (g/cm³)	压实系数 λ_c	相对密度 D_r	含水量 w(%)	不均匀系数 C_u	曲率系数 C_c	碾压机械
宁夏宁东	天然圆砾	2.34	1.99	2.13～2.40 平均 2.28	0.91～1.02 平均 0.97	0.44～1.14 平均 0.85	0.5～8.5 平均 3.8	66.5～352.8 平均 167.3	2.69～16.9 平均 5.7	YZ16 型振动压路机，自重 16t，激振力 270kN
陕西府谷	天然砂砾石	2.22	1.70	2.15～2.32 平均 2.22	0.98～1.06 平均 1.0	0.89～1.14 平均 1.0	4.8～8.0 平均 6.4	74.3～244.3 平均 127.1	2.5～7.8 平均 4.9	YZ18 型振动压路机，自重 18t，激振力 270.5kN，频率 28Hz，额定功率 92kW
陕西府谷	人工碎石料	2.33	1.70	2.26～2.38 平均 2.33	0.98～1.07 平均 1.0	0.91～1.05 平均 1.0	2.8～5.0 平均 3.5	3.8～10.8 平均 5.0	0.52～1.40 平均 0.77	
山东济宁	人工碎石料	2.16	1.96	2.04～2.27 平均 2.16	0.94～1.05 平均 1.00	0.42～1.47 平均 1.0	1.7～4.7 平均 3.3	6.5～30.9 平均 13.0	0.97～3.03 平均 1.79	美国英格索兰公司 SD-100D 型单钢轮振动压路机，自重 11t，激振力 244.6kN，频率 31Hz，额定功率 93.2kW
宁夏石嘴山	天然砂砾石	2.21	1.88	2.14～2.20 平均 2.18	0.97～1.00 平均 0.99	0.81～0.97 平均 0.92	4.3～5.3 平均 4.9	32.3～114.3 平均 52.1	0.22～6.08 平均 1.82	YZ14C 型振动压路机，自重 14t，激振力 270kN，频率 30Hz，额定功率 85kW
宁夏石嘴山	天然砂砾石	2.23	1.88	2.06～2.23 平均 2.14	0.92～1.00 平均 0.96	0.56～1.00 平均 0.77	2.8～4.2 平均 3.4	47.5～168 平均 122.4	0.39～3.13 平均 1.80	YZ14B 型振动压路机，自重 14t，激振力 260kN，频率 30Hz
甘肃平凉	天然砂砾石	2.34	1.81	2.17～2.43 平均 2.31	0.93～1.04 平均 0.99	0.73～1.12 平均 0.95	1.3～4.6 平均 3.2	14.7～18.5 平均 16.5	1.67～1.84 平均 1.79	自行式振动压路机，自重 12t，激振力 300kN
河南沁北	天然砂砾石	2.43		2.36～2.50 平均 2.45	0.97～1.03 平均 1.01		2.2～4.2 平均 3.0	32.6～66.7 平均 57.7	2.1～3.6 平均 2.6	YZ14 型重型振动压路机，自重 14t，激振力 260kN

4.8 垫层质量检验

垫层地基检测包括施工过程的质量检验及施工后为验收提供依据的工程检测。垫层施工过程中的跟踪质量检验是质量控制的核心，是隐蔽工程质量评价信息的主要来源。如遇压实系数不能满足设计要求时，可及时分析原因，采取补压、局部返工等方法进行处理，避免在施工完成后，发现问题难以补救，造成工期和资源浪费。垫层的质量检验必须分层进行，且应在压实系数符合设计要求后才能进行下一层施工。《建筑地基处理技术规范》JGJ 79—2012 规定，在压实填土的施工过程中，应分层取样检验土的干密度和含水量。检验点数量，对大基坑每 50～100m^2 面积内不应少于 1 个检验点；对一般基坑（槽）每 10～20m 不应少于 1 个检验点。

砂砾石垫层质量检验可按下列原则进行：

(1) 砂砾石垫层施工质量可采用动力触探试验、静载荷试验等方法检测。当有可靠的试验指标时，也可采用按垫层夯实度指标检测，夯实度为夯实后的分层厚度与铺填厚度的比值。

(2) 当采用工程物探方法进行检测时，应通过试验对比分析确认其可靠性。随着科学技术的快速发展，新的检测方法也在不断出现，比如核磁密度仪，具有方便、快速的特点，工程中鼓励使用新的技术与方法，但应确认其可靠性并取得建设单位、设计单位与监理单位的认可。

(3) 砂砾石垫层承载力特征值要求大于 350kPa 时，垫层竣工验收检测应进行静载荷试验；静载荷试验点数量可按单体工程数量或建筑地段面积确定，每评价单元宜为 3 点；承压板面积应根据垫层的厚度确定，通常不宜小于 0.5m^2。

砂砾石垫层现场质量检验工作完成后，需编制地基检测报告，其内容包括文字部分、附件、附图等，编制要点见附录 C。

第5章　砂砾石垫层的工程性能

5.1　砂砾石垫层的破坏特征

5.1.1　地基的一般破坏方式

大量的地基载荷试验结果表明，典型的土质地基载荷试验 p-s 曲线具有三段性，在第一变形阶段中地基的 p-s 关系呈现线性化特征，该变形阶段称为弹性变形阶段或地基土的压密阶段。在第二变形阶段中地基的 p-s 关系呈现非线性化特征，此时土体中出现了局部破坏，所以该变形阶段称为局部剪切破坏阶段。地基变形的第三阶段称为整体剪切破坏阶段，此时地基土已发生整体剪切破坏，进入该阶段后即使荷载不再增加地基的变形也不会停止。第一变形阶段和第二变形阶段的分界点荷载值（压力）被称为比例界限或地基的临塑荷载。第二变形阶段和第三变形阶段的分界点荷载值（压力）被称为地基的极限承载力。

在建筑物的施工中，随着上部结构的不断修建，建筑物基础的底面压力会随之增大。若位于基础边缘处的地基土刚出现破坏但破坏范围尚未进一步扩大时，作用在基础底面的压力称为地基的临塑荷载。地基的极限承载力是指地基单位面积上所能承受的最大压力，或者说地基极限承载力是导致地基发生整体破坏的最小压力。

建筑物地基的受力状态为：当基础荷载较小时，基底压力 p 与沉降 s 基本上呈直线关系，属于线性变形阶段；当荷载增加到某一数值时，在基础边缘处的土开始发生剪切破坏，随着荷载的增加，剪切破坏区（或称塑性变形区）逐渐扩大，这时压力与沉降之间呈曲线关系，属弹塑性变形阶段；如果基础上的荷载继续增加，剪切破坏区不断扩大，最终在地基中形成一连续的滑动面，基础急剧下沉或向一侧倾倒，同时基础四周的地面隆起，地基发生整体剪切破坏。

5.1.2　砂砾石垫层的试验研究

采用静载荷试验对砂砾石垫层的破坏特征进行研究。图 5-1 和图 5-2 为河南沁北砂砾石垫层静载荷试验曲线，压板面积为 0.50m^2，最大加载压力分别为 3200kPa 和 4800kPa。从图中可以看出，两条曲线的第一变形阶段弹性变形和第二变形阶段弹塑性变形均比较明显，但第三阶段整体剪切破坏仅表现为沉降明显较前一阶段增大，每级荷载下均能达到沉降稳定，与其他相对软弱的地基土整体快速剪切破坏有差别。两组试验的比例界限分别为 1000kPa 和 1600kPa，极限承载力分别为 2600kPa 和 3200kPa。

图 5-3 和图 5-4 为山东邹县砂砾石垫层静载荷试验曲线，压板面积为 0.25m^2，最大加载压力均为 2800kPa。与河南沁北试验情况类似，两条曲线的第一变形阶段弹性变形和第

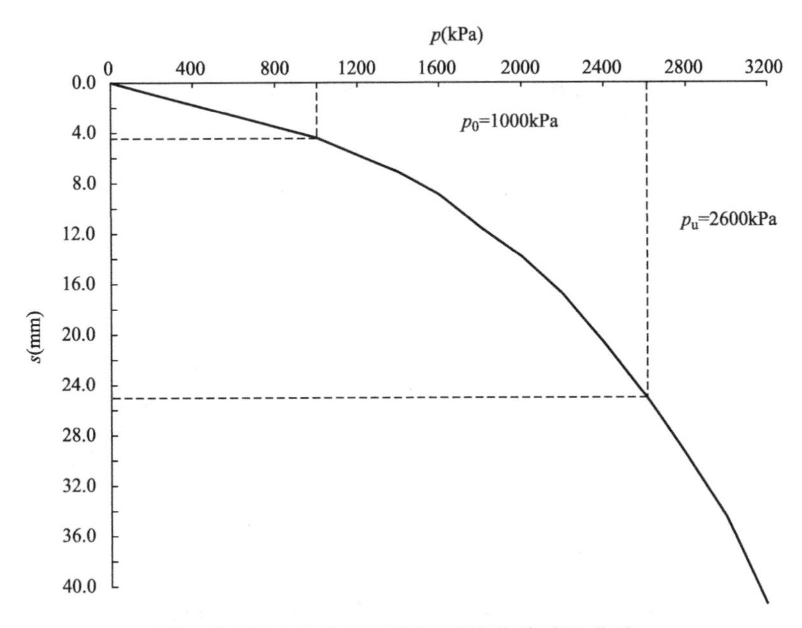

图 5-1　河南沁北砂砾石垫层静载荷试验曲线一

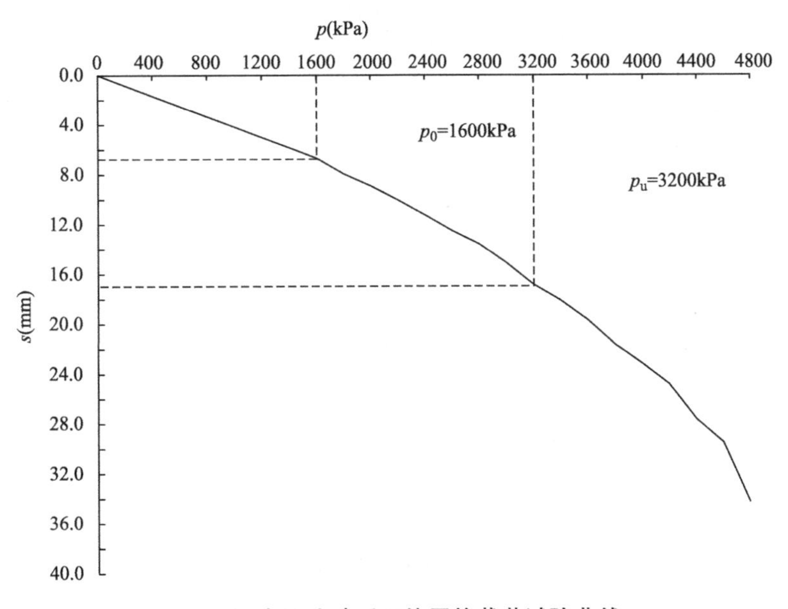

图 5-2　河南沁北砂砾石垫层静载荷试验曲线二

二变形阶段弹塑性变形均比较明显，但第三阶段仅表现为沉降较前一阶段增大，每级荷载下均能达到沉降稳定，整体剪切破坏特征并不明显。两组试验的比例界限均为 1600kPa，极限承载力均为 2400kPa。

图 5-5 和图 5-6 为陕西府谷砂砾石垫层静载荷试验曲线，压板面积为 0.25m^2，最大加载压力均为 4400kPa。试验与前两个工程不同，两条曲线的第一变形阶段弹性变形和第二变形阶段弹塑性变形不明显，且第三阶段整体剪切破坏不明显，仅表现为沉降较前一阶段略增大，每级荷载下均能达到沉降稳定，说明要使垫层达到更大的变形破坏特征，还需要

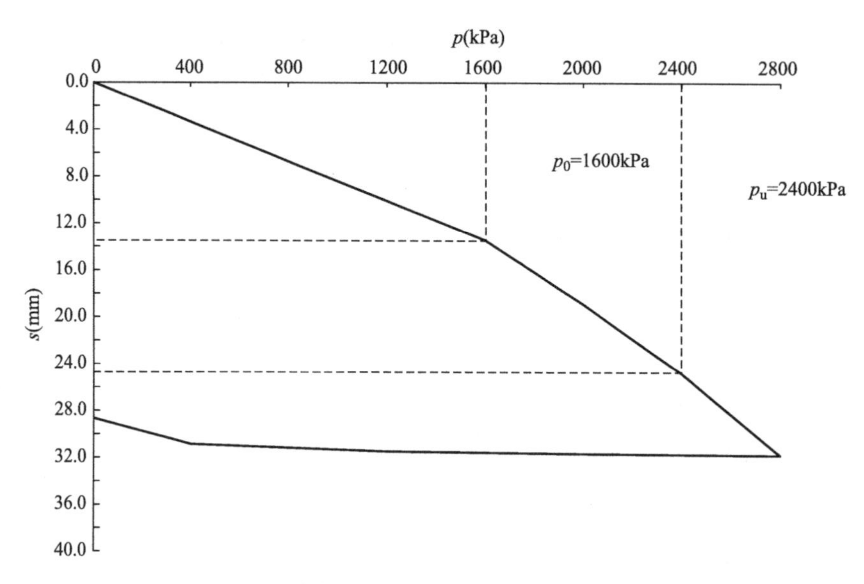

图 5-3　山东邹县砂砾石垫层静载荷试验曲线一

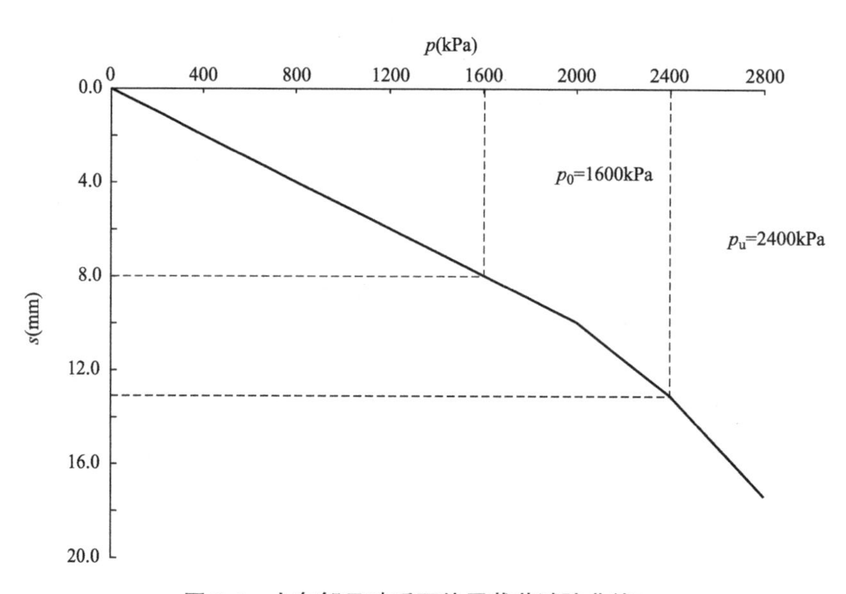

图 5-4　山东邹县砂砾石垫层载荷试验曲线二

更大的荷载。两组试验的比例界限均为 2000kPa，极限承载力均为 3200kPa。

由以上试验可以看出，砂砾石垫层的沉降与荷载的关系开始呈线性变化，在大压力荷载下出现了沉降变形的拐点，但整体剪切破坏特征并不明显。根据魏锡克（Vesic，A. s.），主要考虑土的压缩性，当土是相对不可压缩时，此时地基将发生整体剪切破坏，由此看出砂砾石垫层抗压缩的特征。

工程中砂砾石垫层静载荷试验成果进行分析整理见表 5-1。从表 5-1 中可以看出，砂砾石垫层的比例界限在 600～2000kPa，与材料的颗粒组成、级配及施工工艺有关，同时说明砂砾石垫层地基的承载力很高。

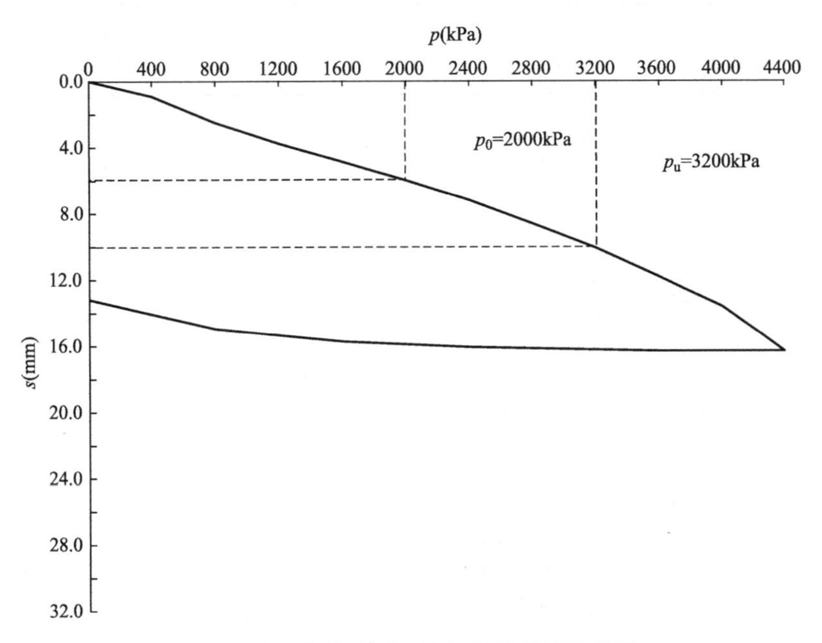

图 5-5　陕西府谷砂砾石垫层静载荷试验曲线一

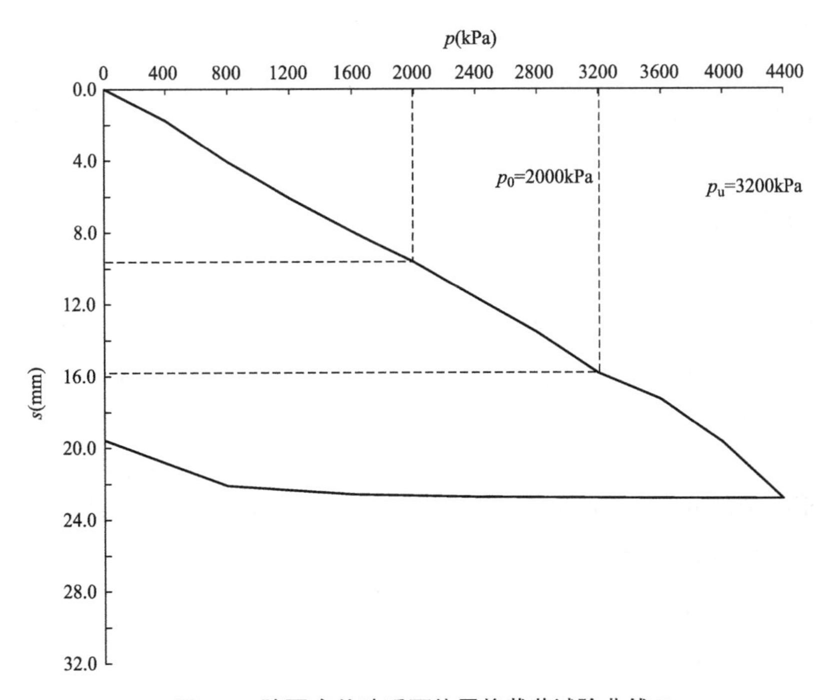

图 5-6　陕西府谷砂砾石垫层静载荷试验曲线二

静载荷试验成果一览表　　表 5-1

试验地点	砂砾石料类型	大于 5mm 含量（%）	含泥量（%）	最大加载（kPa）	比例界限（kPa）	压板面积（m^2）
宁夏石嘴山	天然圆砾	50～55	3.0	800	600～700	0.50
甘肃平凉	卵石	75～84	<1.0	800	800	0.50
山东济宁	人工碎石料	70～80	1.9～3.8	800	800	0.50
				1600	1600	0.25
宁夏石嘴山	天然圆砾	31～65	0.7～2.1	1000	1000	0.25
宁夏宁东	天然圆砾	62～67	3.3～4.9	1000	1000	0.25
陕西神木	人工碎石料	75～85	0.1～1.1	1200	800～1000	0.25
山西霍州	人工碎石料	78～90	0.4～0.9	1000	1000	0.25
山东邹县	人工碎石料	70～75	0.2～1.1	1400	1400	0.50
				2800	1600～2000	0.25
陕西府谷	天然砂砾石	66～81	1.8～6.7	1300	1200～1300	0.25
	人工碎石料	85～95	0.0～1.3	1200	1100～1200	0.25
内蒙古准格尔	天然砂砾石	45～70	4.0～9.0	700	700	0.50
河南沁北	天然砂砾石	70～75	1.4～5.6	1200	800～1200	2.00
				1700～4800	1000～1600	0.50
陕西府谷	天然砂砾石	70～75	2.0～5.0	2600	1400	0.50
				4400	2000	0.25

5.2 垫层的变形与承载力

5.2.1 砂砾石垫层的变形与承载力

土的弹性模量 E 定义为土中应力与弹性应变之比。土体变形是弹塑性的，由载荷试验求得的变形模量 E_0 包含弹性和塑性这两部分变形在内，故不同于土的弹性模量。根据弹性变形部分所得出的弹性模量 E 比变形模量 E_0 大得多，用于设计是不够合理的。

土的变形模量可由作用于承压板上的单位压力 p 与相应沉降量 s 关系曲线上的直线段求取，计算时采用式（5-1）：

$$E_0=I_0(1-\mu^2)\frac{pd}{s} \tag{5-1}$$

式中　E_0——变形模量（MPa）；

I_0——刚性承压板的形状系数，圆形承压板取 0.785，方形承压板取 0.886；

p——p-s 曲线线性段的压力（kPa）；

s——与 p 对应的沉降（mm）；

d——承压板直径（m）；

μ——泊松比，碎石土取0.27。

表5-2为工程中砂砾石垫层静载荷试验成果。试验结果表明，根据最大加载一半的取值原则确定的砂砾石垫层承载力特征值一般大于400kPa或更高，若按相对变形值$s=0.01d$（s为静载荷试验承压板的沉降量；d为承压板直径）确定的砂砾石垫层承载力特征值则更大，说明砂砾石垫层地基的承载力很高；砂砾石垫层的变形模量一般在49.2～154.8MPa，平均96.6MPa。因此，对于大型发电厂主要建（构）筑物采用砂砾石垫层地基，地基承载力特征值采用600kPa甚至更高是完全可行的。

砂砾石垫层地基承载力特征值与变形模量　　　表5-2

试验地点	材料类型	垫层单层虚铺厚度（mm）	碾压遍数	压板面积（m^2）	垫层承载力特征值 f_{ak}(kPa)		变形模量 E_0（MPa）	
					按相对变形值 $s=0.01d$ 确定	按最大加载一半取值	范围值	平均值
陕西神木	人工碎石料	400～450	6	0.25	956～1190	600	70.7～97.2	87.1
山西霍州	人工碎石料	400～450	6	0.25	938～>1000	500	54.3～133.4	90.7
山东邹县	人工碎石料	600	6	0.25	805	800		49.2
				0.50	1067～1400	700	78.0～101.6	90.7
		400	6	0.25	1137	1000		84.3
				0.50	>1400	700	117.8～153.4	132.0
宁夏宁东	天然圆砾	400	7	0.25	>1000	500	135.5～140.0	137.0
		600	7	0.25	>1000	500	94.1～123.9	112.0
陕西府谷	天然砂砾石	400	6	0.25	>1200	600	84.6～172.7	110.3
	人工碎石料	400	6	0.25	700～>1200	500	47.7～88.5	61.5
山东济宁	人工碎石料	500	6	0.50	>800	400	66.0～110.9	86.2
宁夏石嘴山	天然砂砾石	600	7	0.25	>1000	500	107.2～119.8	115.6
		400	5	0.25	>1000	500	82.0～114.7	96.1
	天然砂砾石	500	6	0.50	>800	350	78.2～96.8	89.1
甘肃平凉	天然砂砾石	600	6	0.50	>800	400	78.5～84.2	81.5
内蒙古准格尔	天然砂砾石	300	6	0.50	>700	350	68.7～97.8	81.9
	天然砂砾石（浸水）	300	6	0.50	>700	350	55.3～74.5	60.1
河南沁北	天然砂砾石	400	10	0.50	1160～1800		92.4～139.4	115.7
		400	10	2.00	>1200	600	116.2～203.8	154.8

5.2.2　承压板大小对测试结果的影响

承压板的大小与其沉降量的变化有直接关系。由冶金部勘测部门在太原地区进行的大小承压板对比资料说明，当承压板面积（或其宽度）很小时，宽度的减少与沉降量的增加成反比；承压板的宽度超过 0.707m（或承压板面积大于 0.50m²）以后，宽度的增加与沉降量的增加成正比；当宽度再增加时（例如超过 8m），沉降量便趋于定值。

在陕西府谷进行了承压板尺寸对试验结果的影响研究，开展了 3 点承压板面积 0.50m² 静载荷试验和 2 点 0.25m² 静载荷试验，图 5-7 为陕西府谷砂砾石垫层各级载荷下平均沉降量试验曲线。从图 5-7 中可以看出，随着承压板尺寸的增大，相同荷载下沉降量也增大。按相对变形值 0.01d 确定承载力，压板面积 0.50m² 承载力为 1030kPa，压板面积 0.25m² 承载力为 1380kPa。

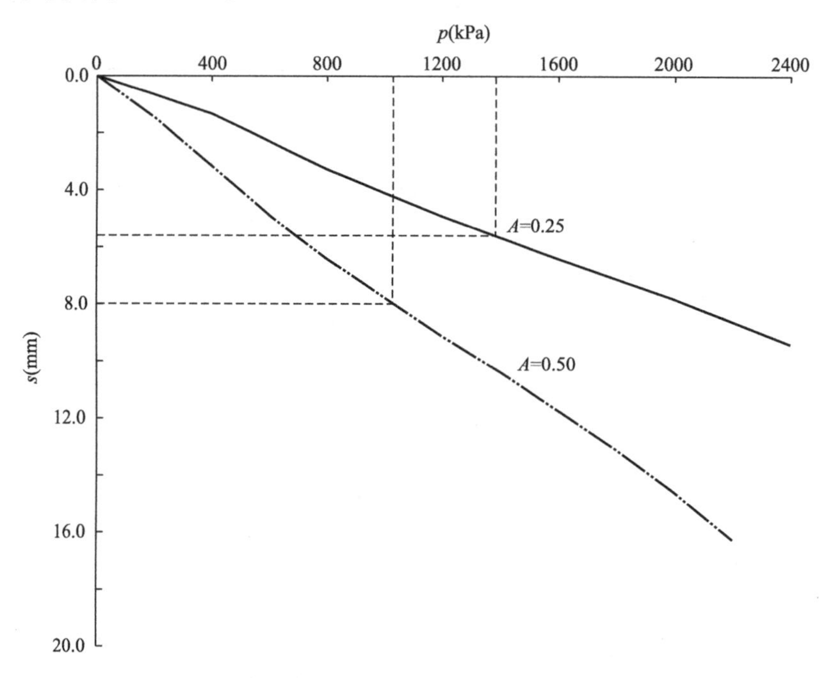

图 5-7　陕西府谷砂砾石垫层静载荷试验对比曲线

根据国外有关资料，随着宽度 B 的增加，极限承载力呈非线性增长，在宽度较小时近似呈线性。也就是说，承压板尺寸大时会给出较高的承载力。根据山东邹县的试验结果，按相对变形值 0.01d 确定承载力，面积 0.50m² 为面积 0.25m² 的 1.3～1.7 倍。表 5-3 为砂砾石垫层上进行的不同尺寸承压板在 600kPa 压力下对应的沉降值比较，从中可以看出，陕西府谷与河南沁北试验一致，随着承压板尺寸的增大，相同荷载下沉降量也增大。山东邹县的试验结果表明，承压板尺寸的减少与沉降量的增加成反比。综合分析，承压板尺寸对试验结果的影响较为复杂，在实际工程中还需要进一步研究，积累更多的试验数据，建立与垫层材料组成、施工工艺及下卧层性质等之间的相互关系。

在印度载荷试验规范中，对无黏性材料有：

$$s_f = s_p \left[\frac{B(B_p + 0.3)}{B_p(B + 0.3)}\right]^2 \tag{5-2}$$

式中　B——基础宽度（m）；

s_p——承压板沉降（m）；

B_p——承压板尺寸（m）；

s_f——基础沉降（m）。

式（5-2）表明，沉降量随着宽度的增加而增加，显然该式适用于承压板面积大于0.50m² 的情况。将河南沁北的试验数据，$B_p=0.798$m（承压板面积0.50m²），$s_p=0.00281$m代入式（5-2）计算基础面积为2.0m² 的沉降 $s_f=3.77$mm，与试验值4.20mm接近，说明式（5-2）可以用于沉降估算。

不同尺寸的承压板在600kPa压力下对应的沉降值比较　　表5-3

试验地点及单层虚铺厚度	承压板面积0.25m²	承压板面积0.50m²	承压板面积2.00m²
陕西府谷、虚铺60cm	2.31mm	4.89mm	
山东邹县、虚铺60cm	5.04mm	3.89mm	
山东邹县、虚铺40cm	3.16mm	2.67mm	
河南沁北、虚铺40cm		2.81mm	4.20mm

5.2.3　砂砾石垫层地基建筑物的实测沉降分析

对于火力发电厂，主厂房地基的容许变形值应符合表5-4的规定，其他建（构）筑物的容许变形值应符合国家标准《建筑地基基础设计规范》GB 50007的有关规定；对于变电站设备的地基变形计算值应满足其上部电气设备正常安全运行的要求，一般不应大于表5-5中的容许值。

火力发电厂主厂房地基的变形容许值表　　表5-4

主厂房结构	容许沉降差		容许沉降量(mm)	
	纵向	横向	非桩基	桩基
汽机房外侧柱	0.003l	—	200	150
汽机房外侧柱与框架	—	0.003l	—	—
主厂房框架	0.003l	0.002l	200	150
汽轮发电机基础	0.0015l		200	150
“π”形锅炉炉架基础	0.002l		200	150
空冷器支架	0.002l		200	150
汽轮发电机基础与框架	0.005l		—	—
锅炉基础与框架	0.005l		—	—

注：表中 l 为相邻柱基的中心距离或汽轮机基础的边长。

变电站设备的地基变形容许值　　表5-5

变电站设备	沉降差或倾斜	沉降量(mm)
GIS等气、油管道连接设备	0.002l	200
主变压器	0.003l	—
刚接构架	0.003l	150
胶结构架	—	200
支撑式硬母线及隔离开关支架	0.002l	—

根据国内外的研究资料，粗粒换填材料地基由剪切和压缩所引起的沉降都在加荷后很快发生。为研究砂砾石垫层的变形特征，搜集了几个典型发电厂建（构）筑物实测沉降观测数据，对采用砂砾石垫层地基的主要建（构）筑物进行了沉降分析，见表 5-6。

典型发电厂建（构）筑物实测沉降观测数据分析表　　表 5-6

工程项目	建(构)筑物	沉降观测历时(天)	最大沉降(mm)	施工期间沉降占比(%)
华能沁北电厂 4×600MW 工程	1# 烟囱	547	12.00	75
	2# 烟囱	1081	24.02	83
	1#、2# 锅炉	697	19.98	88
	3#、4# 锅炉	925	21.97	90
陕西国华锦界 4×600MW 工程	3# 锅炉	2647	13.81	60
	3#、4# 主厂房	2610	10.52	54
华电国际邹县电厂 2×1000MW 工程	烟囱	996	33.00	73
	锅炉	563	34.00	94
	主厂房	529	21.00	92
甘肃张掖电厂 2×300MW 工程	烟囱	798	6.00	67

以华能沁北电厂 4×600MW 工程为例分析，2# 烟囱高度 210m，环板式基础，基础直径 36m，地基处理采用砂砾石换填，垫层厚度 6.2m，垫层设计承载力 400kPa，在建筑物施工期间和施工结束后均进行了沉降观测。共设 1#、2#、3# 和 4# 共 4 个沉降观测点，沉降观测结果见图 5-8。施工期间最大沉降 20.19mm，最小沉降 16.49mm，不均匀沉降

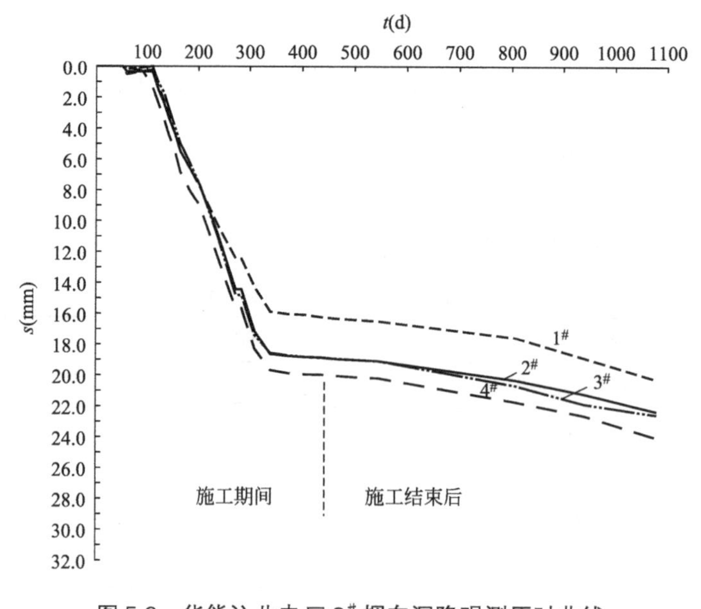

图 5-8　华能沁北电厂 2# 烟囱沉降观测历时曲线

3.7mm，倾斜 0.25/1000，沉降速率 0.035mm/天，已进入沉降稳定期。运行 2 年后最大沉降 24.02mm，最小沉降 20.27mm，不均匀沉降 3.75mm，倾斜 0.25/1000。施工期间沉降占总沉降量的 80%～83%。

从表 5-6 中可以看出，对于碎石、卵石、砂夹石垫层，一般在工程建成投产 2 年内，施工期间变形量占总沉降量 70%～90%；陕西国华锦界 4×600MW 工程在建成投产后长达 6 年的沉降观测表明，建筑物沉降变形已达了到稳定状态，施工期间变形量占总沉降量 54%～60%；建筑物总沉降量很小且沉降均匀，远小于 150～200mm 的建筑物容许沉降，说明垫层的抗变形能力和应力扩散能力强，能有效地控制下卧层的压缩变形。因此，砂砾石垫层在施工期间完成了大部分沉降且变形均匀，垫层的工后沉降变形很小，在地基变形计算中可以忽略垫层自身的变形值。

5.3　垫层的波速

一般情况下波的传播速度与岩土性状有关，主要受岩土的种类、密实度、坚硬程度等影响。垫层波速测试的目的是通过现场弹性波试验得到土层的剪切波波速、压缩波波速，计算地基的动弹性模量、动剪变模量和动泊松比。波速测试方法主要采用单孔检层法和跨孔波速法，面波法使用相对较少。这几种方法中，跨孔波速法精度最高，单孔检层法次之，面波法测试深度较浅且精度较低。

砂砾石垫层一般采用单孔检层法进行波速测试，其特点是只用一个试验孔，剪切波的激发是在距离孔口 1～3m 处放置长度 2m、厚度 6cm 的木板并使其与地面紧贴，板上放置 500kg 以上的重物以防止在击板时移滑，并保证木板的中垂线通过孔口，然后用大锤沿木板纵轴依次敲击木板两端，利用木板与地面间的摩擦力产生向下传播的水平向剪切波（SH 波）。压缩波的激发是在距离孔口 1～2m 处放置一块 15cm 见方、厚度约 3cm 的铁板并使其与地面紧贴，然后用大锤敲击铁板，产生向下传播的垂直向压缩波（SP 波）。

在资料的整理与分析时，首先进行 SH 波及 SP 波的旅时判读。

（1）SH 波的旅时判读：是在两个水平检波器的波形记录中，取振幅较大的记录道作为灵敏接收方向，同时根据正、反向激发 SH 波极性倒转的特性，读得 SH 波的初至时间，即为该点 SH 波的旅行时间。

（2）SP 波的旅时判读：是在垂直检波器的波形记录中，读得 SP 波的初至时间，即为该点 SP 波的旅行时间。

其次，对该点的深度进行斜距校正，方法是将其垂距（h）按式（5-3）换算为斜距（h'）：

$$h'=\sqrt{x^2+h^2} \tag{5-3}$$

式中　h'——波速测试点（即检波器）的校正深度（m）；

h——波速测试点（即检波器）的孔中深度（m）；

x——孔口至地面激发点的距离（m）。

场地土层的波速计算，包括剪切波速度 v_S 及压缩波速度 v_P，一般可按式（5-4）计算：

$$v=h'/t \tag{5-4}$$

式中 h'——波速测试点（即检波器）的校正深度（m）；

t——该点波速的旅行时间（ms）；

v——土层波速（m/s）。

根据测得的波速，分别采用式（5-5）、式（5-6）和式（5-7）计算地基的动剪切模量、地基的动弹性模量和地基的动泊松比。

$$G_d=\rho v_s^2 \tag{5-5}$$

$$E_d=2(1+\mu_d)G_d \tag{5-6}$$

$$\mu_d=\frac{\left(\frac{v_p}{v_s}\right)^2-2}{2\left(\frac{v_p}{v_s}\right)^2-2} \tag{5-7}$$

式中 G_d——地基的动剪切模量（MPa）；

E_d——地基的动弹性模量（MPa）；

μ_d——地基的动泊松比；

ρ——地基的质量密度（g/cm^3）；

v_s——剪切波波速（m/s）；

v_p——压缩波波速（m/s）。

表 5-7 为几个工程砂砾石垫层的波速测试成果，表 5-8 为天然砂卵石层剪切波速度结果。从表 5-7 与表 5-8 可以总结出以下结论：

波速测试成果表　　表 5-7

试验地点	砂砾石料类型	单层虚铺厚度（mm）	测试深度（m）	剪切波速度 v_s（m/s）	压缩波速度 v_p（m/s）	动剪切模量 G_d（MPa）	动弹性模量 E_d（MPa）	动泊松比 μ_d	密度 ρ（g/cm^3）
山西霍州	人工碎石料	400	0.50	357.3	716.8	281	746	0.330	2.20
山东邹县	人工碎石料	600	0～1.5	311.0	539.0	225	563	0.250	2.27
		400	0～1.5	335.0	572.0	261	647	0.238	2.28
宁夏宁东	天然圆砾	400	0～1.0	300.4	448.1	196.5	417	0.273	2.22
陕西府谷	天然砂砾石	400	0～1.0	281	501	183	468	0.272	2.22
	人工碎石料	400	0～1.0	303	513	214	527	0.232	2.33
河南沁北	天然卵石	400	0～2.0	346	684	308	816	0.325	2.43

天然砂卵石层剪切波速度测试成果表 表5-8

地 点	地 层	剪切波速度 v_s(m/s)	备 注
河南沁北	卵石	410	含大漂石
山西霍州	圆砾	251～284	
甘肃华亭	卵石	222～520	卵石层厚度大,下部波速高
新疆石河子	卵石	278～322	
陕西宝鸡千河	圆砾	275	
陕西宝鸡渭河	卵石	334	
山西柳林	卵石	373	

（1）砂砾石垫层的剪切波速在281～357m/s，平均319m/s，略高于天然砂卵石剪切波速度，表明砂砾石垫层的工程性能较天然砂卵石好。

（2）颗粒大小对波速影响较大，如河南沁北的天然卵石层中分布有大漂石，其波速较高，剔除粒径较大颗粒的砂砾石垫层的波速也偏高。人工碎石料垫层的波速较高的原因，是因为人工碎石料的颗粒粒径较天然圆砾大。

（3）垫层单层虚铺厚度大时，其碾压效果、密实度稍差，相应的波速也偏低。

（4）砂砾石垫层地基的动剪切模量在183～308MPa，平均238MPa；地基的动弹性模量在417～816MPa，平均598MPa；地基的动泊松比一般在0.232～0.330，平均0.275。

5.4 垫层的动力参数

砂砾石垫层的动力参数采用模型基础振动进行测试，主要目的是为动力机器基础等设计与计算提供动力计算参数。模型基础动力参数测试方法是：当对块体基础体系加一外力，使体系产生振动，通过对块体基础体系振动的测试得到该体系的振动频率 f、振动的振幅值 A 和振动的加速度 a。砂砾石垫层地基动力参数包括：①地基抗压、抗剪、抗弯和抗扭刚度系数；②地基竖向、水平回转向第一振型及扭转向的阻尼比；③地基基础竖向、水平回转向及扭转向的参振总质量。

试验的计算模型采用质量-弹簧-阻尼体系，计算采用以下公式：

（1）地基抗压刚度和抗压刚度系数

$$K_z=m_z(2\pi f_{nz})^2 \tag{5-8}$$

$$C_z=K_z/A_0 \tag{5-9}$$

式中 K_z——地基抗压刚度（kN/m）；

C_z——地基抗压刚度系数（kN/m^3）；

m_z——基础竖向振动的参振总质量（t）；

f_{nz}——基础竖向无阻尼固有频率（Hz）；

A_0——模型基础底面积（m^2）。

（2）地基抗剪刚度和抗剪刚度系数

$$K_x=m_{x\varphi}(2\pi f_{nx})^2 \tag{5-10}$$

$$C_x=K_x/A_0 \tag{5-11}$$

式中　K_x——地基抗剪刚度（kN/m）；

C_x——地基抗剪刚度系数（kN/m³）；

$m_{x\varphi}$——基础水平回转耦合振动的参振总质量（t）；

f_{nx}——基础水平向无阻尼固有频率（Hz）。

（3）地基抗弯刚度和抗弯刚度系数：

$$K_{\varphi}=J(2\pi f_{n\varphi})^2-K_x h_2 \tag{5-12}$$

$$C_{\varphi}=K_{\varphi}/I \tag{5-13}$$

式中　K_{φ}——地基抗弯刚度（kN·m）；

C_{φ}——地基抗弯刚度系数（kN/m³）；

$f_{n\varphi}$——基础回转无阻尼固有频率（Hz）；

J——基础对通过其重心轴的转动惯量（t·m²）；

I——基础底面对通过其形心轴的惯性矩（m⁴）；

h_2——基础重心至基础底面的距离（m）。

（4）地基抗扭刚度和抗扭刚度系数

$$K_{\psi}=J_z\cdot\omega_{n\psi}^2 \tag{5-14}$$

$$C_{\psi}=K_{\psi}/I_z \tag{5-15}$$

式中　K_{ψ}——地基抗扭刚度（kN·m）；

C_{ψ}——地基抗扭刚度系数（kN/m³）；

J_z——基础对通过其重心轴的极转动惯量（t·m²）；

I_z——基础底面对通过其形心轴的极惯性矩（m⁴）；

$\omega_{n\psi}$——基础扭转振动无阻尼固有频率（rad/s）。

表5-9为几个工程砂砾石垫层地基动力参数计算结果，表5-10为抗压刚度系数C_z经验值，表5-11为阻尼比经验值。从表5-9～表5-11可以总结出以下结论：

（1）砂砾石垫层的地基抗压刚度系数C_z在197361～426577kN/m³，平均280616kN/m³，动力参数值较大，工程性能较天然砂卵石层好，也说明砂砾石垫层有良好的承载变形特性。

（2）人工碎石料的颗粒粒径较天然圆砾大、级配合理、压实效果好，相应的动力参数值较大。

（3）垫层单层虚铺厚度大时，其碾压效果、密实度稍差，动力参数值也偏低。

（4）模型基础在垫层施工完成后在顶面现浇制作时，测试的动力参数值偏大；模型基础在试验区以外制作后吊入试坑内时，基础与土层不是很紧密的接触，测试的动力参数值偏低，在设计时应考虑这些因素。

模型基础动力参数测试结果　　表5-9

测试项目	宁夏宁东天然圆砾虚铺600mm垫层	宁夏宁东天然圆砾虚铺400mm垫层	陕西府谷天然砂砾石虚铺400mm垫层	陕西府谷人工碎石虚铺400mm垫层	山东邹县人工碎石虚铺600mm垫层	山东邹县人工碎石虚铺400mm垫层
基础竖向振动共振频率(Hz)	36.8	38.37	34.5	37.55	40.8	50.2

续表

测试项目	宁夏宁东天然圆砾虚铺600mm垫层	宁夏宁东天然圆砾虚铺400mm垫层	陕西府谷天然砂砾石虚铺400mm垫层	陕西府谷人工碎石虚铺400mm垫层	山东邹县人工碎石虚铺600mm垫层	山东邹县人工碎石虚铺400mm垫层
地基竖向阻尼比	0.064	0.174	0.087	0.147	0.123	0.208
地基抗压刚度 K_z(kN/m)	785133	853533	569063	647504	903396	1288262
地基抗压刚度系数 C_z (kN/m^3)	261704	284511	197361	214405	299138	426577
基础水平向振动共振频率(Hz)	21.4	22.4	12.2	18.75	22.4	24.1
地基水平向阻尼比	0.075	0.087	0.053	0.127	0.091	0.093
地基抗剪刚度 K_x(kN/m)	163887	203625	125325	156381	291882	313973
地基抗剪刚度系数 C_x (kN/m^3)	54629	67875	41775	51782	96650	103965
地基抗弯刚度 K_φ(kN·m)	40286	35329	42662	145528	191462	256236
地基抗弯刚度系数 C_φ (kN/m^3)	40286	35329	42240	144067	189566	253699
基础扭转振动共振频率(Hz)	50.18	60.49	24.07	27.5	35.20	44.28
地基扭转向阻尼比	0.091	0.191	0.062	0.113	0.113	0.091
地基抗扭刚度 K_ψ(kN·m)	380346	552406	8黏3909	107826	176662	282134
地基抗扭刚度系数 C_ψ (kN/m^3)	243421	353540	53107	68244	111777	178566

抗压刚度系数 C_z 经验值（岩石、碎石） 表5-10

地基承载力(kPa)	1000	800	700	600	500	400	300
抗压刚度系数 C_z(kN/m^3)	176000	135000	117000	102000	88000	75000	61000

天然地基的阻尼比经验值 表5-11

竖向阻尼比 D_z	水平第一振型 $D_{x\varphi1}$	水平第一振型 $D_{x\varphi2}$	扭转向阻尼比 $D_{x\psi}$
0.15	0.08	0.12	0.12

5.5 垫层地基弹性模量与剪切模量

现场进行循环荷载板测试，采用多循环加、卸载荷试验法测定弹性模量，是在承压板上反复加荷与卸荷测试，砂砾石垫层属密实土层，承压板面积可采用0.25m^2。试验的一般程序为：

（1）预估土的比例界限值，施加的总荷载不大于此界限值。

（2）根据土质情况，设定加荷标准，砂砾石垫层可采用 100～150kPa。每级加荷在沉降稳定后卸荷至零，观测回弹变形值，直至加完预定的总荷载。

（3）绘制压力与总变形关系曲线和压力与回弹变形关系曲线，检查两根曲线是否超过比例界限，见图 5-9。

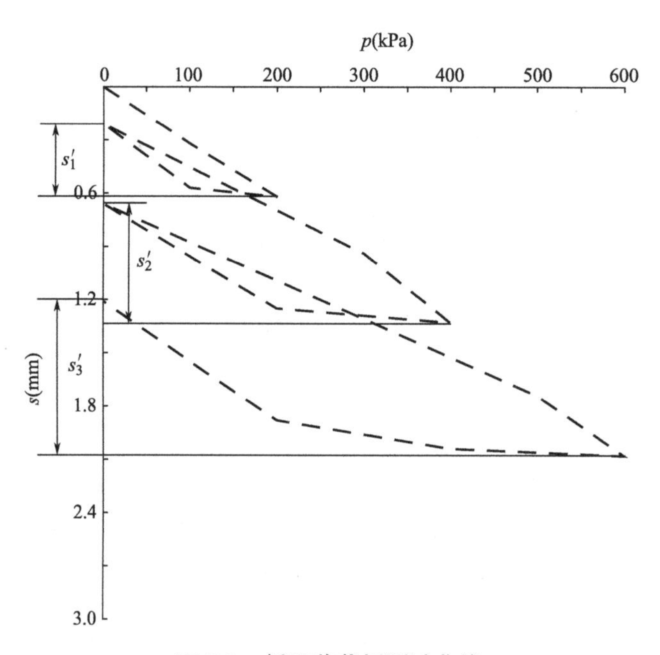

图 5-9　循环荷载板测试曲线

根据试验曲线，弹性模量按式（5-16）计算：

$$E=10(1-\mu^2)P/(s'\times d) \tag{5-16}$$

式中　E——地基弹性模量（MPa）；

P——承压板上的总荷载（kN），数值为压力 p（kPa）与承压板面积（m^2）的乘积；

s'——与荷载 P 相对应的弹性变形量（cm），地基弹性沉降量采用式 $s'=s-s_p$，s 为加荷时地基变形量（cm），s_p 为卸荷时地基塑性变形量（cm）；

d——承压板的直径（cm）；

μ——泊松比，砂砾石垫层取 0.27。

根据剪切模量 G 与弹性模量 E 的相互关系 $G=E/2$（$1+\mu$），计算垫层地基剪切模量。

地基抗压刚度系数，可按式（5-17）计算：

$$C_z=P_L/s' \tag{5-17}$$

式中　C_z——地基抗压刚度系数（kN/m^3）；

P_L——地基弹性变形的最后一级荷载作用下的承压板底面总静应力（kPa）。

表 5-12 为几个工程循环荷载板测试成果。从表 5-12 可以总结出以下结论：

（1）砂砾石垫层地基的弹性模量 E 在 183.5～348.0MPa，平均值 260.9MPa；静剪切模量 G 在 72.2～137.0MPa，平均值 102.7MPa。

(2) 一般人工级配砂砾石垫层的弹性模量大于天然砂卵石垫层的弹性模量，说明人工级配砂砾石的工程性能较好。

(3) 垫层单层虚铺厚度大时，其压实效果、密实度稍差，砂砾石垫层地基的弹性模量偏低。但随着碾压遍数的增加，仍然能达到较好的压实效果，砂砾石垫层地基的弹性模量也相应增大。

循环荷载板试验成果表　　表5-12

工程名称	砂砾石料类型	垫层单层虚铺厚度(mm)	碾压遍数	压板面积(m^2)	弹性模量 E (MPa)	剪切模量 G (MPa)	地基抗压刚度系数 C_z ($\times 10^5 kN/m^3$)
陕西神木	人工碎石料	400～450	6	0.25	242.7	95.5	5.915
山西霍洲	人工碎石料	400～450	6	0.25	183.5	72.2	4.472
山东邹县	人工碎石料	600	6	0.25	226.5	89.2	6.489
		400	6	0.25	348.0	137.0	8.815
宁夏宁东	天然圆砾	400	7	0.25	276.5	108.8	6.669
		600	7	0.25	217.0	85.4	5.234
陕西府谷	天然砂砾石	400	6	0.25	291.3	114.7	7.089
	人工碎石料	400	6	0.25	326.7	128.6	7.950
山东济宁	人工碎石料	500	6	0.25	248.8	97.9	4.279
宁夏石嘴山	天然砂砾石	600	7	0.25	278.1	109.5	5.830
		400	5	0.25	230.5	90.7	4.404

表5-13是采用循环荷载板测试与模型基础动力参数测试得出的地基抗压刚度系数 C_z 结果比较，循环荷载板测试是模型基础动力参数的2.0～3.7倍。因此，当无条件进行模型基础动力参数测试时，地基抗压刚度系数 C_z 可用循环荷载板测试结果进行折减，折减系数可取0.3～0.5。

地基抗压刚度系数比较　　表5-13

试验地点与基本条件	宁夏宁东虚铺600mm	宁夏宁东虚铺400mm	陕西府谷天然砂砾石虚铺400mm	陕西府谷人工碎石虚铺400mm	山东邹县虚铺600mm	山东邹县虚铺400mm
循环荷载板测试抗压刚度系数 C_z(kN/m^3)	523400	666900	708900	795000	648900	881500
模型基础动力参数测试抗压刚度系数 C_z(kN/m^3)	261704	284511	197361	214405	299138	261704
比值	2.0	2.3	3.6	3.7	2.2	2.1

5.6 垫层系数

所谓文克尔假定（winkler’ s assumption），就是基础底面任一点所受的压力与地基在该点的沉降呈正比，亦即，

$$p=k\cdot s \tag{5-18}$$

式中 p——基底压力（kPa）；

s——沉降量（cm）；

k——比例常数，称为垫层系数（或称基床系数、地基反力系数等），即引起单位沉降量所需作用于基底单位面积上的力。

垫层系数 k 一般是通过刚性承压板（载荷板）做载荷试验测定的。由于承压板的刚度、面积和应力影响有效深度与实际基础结构不同，因此这些因素对 k 值的影响应予以考虑。

根据载荷试验结果，载荷试验基床反力系数按式（5-19）计算：

$$K_v=p/s \tag{5-19}$$

式中 p/s——p-s 关系曲线直线段的斜率；

s——与荷载 p 相对应的沉降量（m）。

由载荷试验基床反力系数按式（5-20）计算基准基床反力系数 K_{v1}：

$$K_{v1}=4b^2\times K_v/(b+0.305)^2 \tag{5-20}$$

式中 b——承压板的直径（m）。

设计时可根据实际基础宽度由基准基床反力系数 K_{v1} 按式（5-21）计算地基土的基床反力系数 K_s。

$$K_s=\left(\frac{B_f+0.305}{2B_f}\right)^2\cdot K_{v1} \tag{5-21}$$

式中 B_f——基础宽度（m）。

表 5-14 为几个工程砂砾石垫层的垫层系数测试成果，从表 5-14 可以总结出以下结论：

（1）砂砾石垫层地基的载荷试验基床反力系数 K_v 在 $10.3\times10^4\sim32.6\times10^4$kN/m^3，平均 19.5×10^4kN/m^3；基准基床反力系数 K_{v1} 在 $20.2\times10^4\sim55.0\times10^4$kN/m^3，平均 35.7×10^4kN/m^3。

（2）天然砂卵石的垫层系数较高，这与天然砂卵石的级配有关。天然砂卵石材料往往为连续级配，人工碎石料常缺乏中间粒径，见图 5-10。

（3）垫层单层虚铺厚度大时，其压实效果、密实度稍差，相应的垫层系数也偏低。

（4）压板面积对测试结果有影响。面积为 0.50m^2 的压板测试的垫层系数略大于面积为 0.25m^2 的压板测试结果，但压板面积过大时测试结果明显偏低（河南沁北的压板面积为 2.0m^2 与 0.50m^2 试验），压板面积为 0.25～0.50m^2 时测试结果较为合理。

（5）在浸水条件下，对垫层系数结果有明显影响，如内蒙古准格尔浸水条件下垫层系数比天然状态降低约 27%。

垫层系数成果表　　　　表 5-14

试验地点	砂砾石料类型	垫层单层虚铺厚度（mm）	碾压遍数	压板面积（m^2）	载荷试验基床反力系数 K_v（$\times10^4 kN/m^3$）		基准基床反力系数 K_{v1}（$\times10^4 kN/m^3$）	
					范围值	平均值	范围值	平均值
陕西神木	人工碎石料	400～450	6	0.25	17.2～23.7	21.2	29.0～40.0	35.8
山西霍州	人工碎石料	400～450	6	0.25	11.0～22.2	17.1	18.6～37.5	28.8
山东邹县	人工碎石料	600	6	0.25	—	12.0	—	20.2
				0.50	13.0～18.0	15.7	27.3～37.7	32.9
		400	6	0.25	—	21.0	—	35.4
				0.50	20.0～26.0	22.3	41.8～54.5	46.8
宁夏宁东	天然圆砾	400	7	0.25	32.3～33.3	32.6	54.4～56.2	55.0
		600	7	0.25	22.5～31.3	27.3	37.9～52.7	45.9
陕西府谷	天然砂砾石	400	6	0.25	21.0～42.0	32.0	35.4～70.8	54.0
	人工碎石料	400	6	0.25	12.0～22.0	15.0	20.2～37.1	25.3
山东济宁	人工碎石料	500	6	0.50	7.0～17.0	11.8	14.7～35.6	24.7
宁夏石嘴山	天然砂砾石	600	7	0.25	26.1～29.2	28.2	44.0～49.3	47.5
		400	5	0.25	20.0～28.0	23.4	33.7～47.2	39.5
		500	6	0.50	13.1～17.0	15.5	27.5～35.6	32.5
甘肃平凉	天然砂砾石	600	6	0.50	13.5～14.5	14.0	28.3～30.4	29.3
内蒙古准格尔	天然砂砾石	300	6	0.50	11.8～16.8	14.1	24.7～35.2	29.6
	天然砂砾石（浸水）	300	6	0.50	9.5～12.8	10.3	20.0～26.8	21.6
河南沁北	天然砂砾石	400	10	0.50	19.7～25.0	22.8	41.3～52.4	47.8
		400	10	2.00	10.3～17.5	13.8	19.7～33.5	26.5

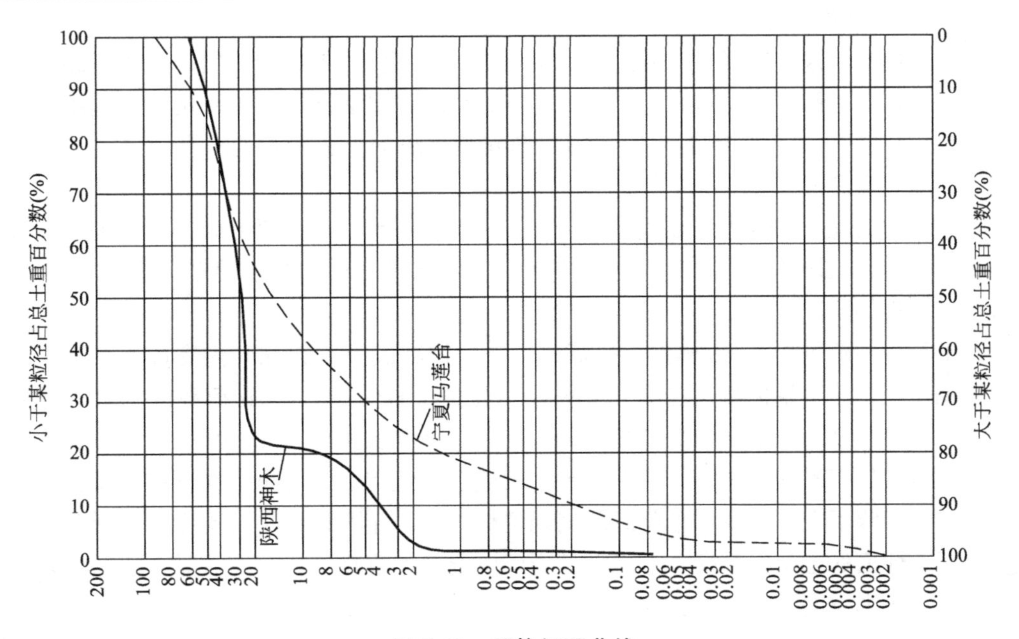

图 5-10　颗粒级配曲线

5.7 垫层与基础间的摩擦系数

摩擦系数是烟囱、冷却塔、挡土墙等建（构）筑物进行水平抗力计算的重要参数。发电厂烟囱、冷却塔等建（构）筑物，由于建筑物高耸，不仅竖向荷载大而集中，而且风荷载和地震荷载引起的倾覆力矩成倍增长，因此要求基础和地基提供更高的竖直与水平承载力，同时使沉降和倾斜控制在允许范围内，并保证建筑物在风荷载与地震荷载下具有足够的稳定性。在设计地基土上的坝基及挡土、挡煤等建（构）筑物时，为了核算建（构）筑物沿地基表面的水平滑动，必须求得地基土与混凝土板间接触面上的抗滑强度指标（抗剪强度）。砂砾石垫层地基不仅可以提供较高的地基承载力、控制建筑物变形，而且可以提高基础和地基间的水平抗力。以往设计中常用经验数据，较保守，而采用原位试验（地基土对混凝土块的抗滑试验）经分析后确定其抗滑强度指标，较为可靠。

混凝土块在垂直和水平荷载作用下，沿地基表面开始滑动时，在二者接触面上的垂直压力 σ 和抗剪强度 S_c 的临界状态关系符合式（5-22）库仑定理。

$$S_c=\sigma\tan\varphi_c+c_c \tag{5-22}$$

式中 S_c——混凝土块与地基土接触面上的抗剪强度（kPa）；

σ——混凝土块单位面积上的垂直压力（kPa）；

φ_c——混凝土块与地基之间的摩擦角（°）；

c_c——混凝土块与地基土之间的黏聚力（kPa）。

为了求得 S_c 值，必须进行地基土与混凝土块之间的抗滑试验。试验时，在试块上分别施加每一级垂直荷载 P，然后逐级施加水平推力 S，测量水平位移 u，直至试块滑动为止。通过该级垂直压力下的水平推力 S 与水平位移 u 的 S-u 关系曲线计算其抗剪强度 S_c 值。按上述方法可求得 3～4 级垂直压力下的抗剪强度 S_c。再将各级施加的垂直荷载 P 换算成单位面积的垂直压力 σ。绘制成 σ-S_c 关系曲线后，求出 c_c（直线段在纵轴上的截距）和 φ_c（与横轴的夹角）。代入公式（5-22）即可求得 S_c 值。地基土是非坚硬材料，混凝土试块太小会影响成果的准确性，若过大又会增加试验工作的困难和费用，一般对砂卵石层应大于 0.6m^2。为防止试验过程中试块的倾斜或倒塌，保证试验时的稳定性，选用宽与长度之比为 1∶2 的长方形，施加水平力的方向宜与试块的长边平行，水平力点放低，一般距离试验地基土表面 5～7cm 左右。

垂直压力的施加一般采用堆载提供反力，千斤顶加荷，千斤顶上应装滚珠轴承，必须保证作用力位于试块的中心，千斤顶的支承体能沿水平方向作自由滚动，图 5-11 为某工程抗滑试验现场实况。

水平荷载一般每隔 1min 施加水平荷载一次，控制试验在 20min 内完成。在试块尚未出现滑动迹象（位移量极微）之前，水平力每增加 0.1P（P 为垂直荷载的总量）观测水平位移一次；当试块处于开始滑动状态时，水平力每增加 0.03P～0.05P 时，应观测一次位移；当试块处于滑动状态时，水平力每增加或下降 0.01P，观测一次位移。每施加一级水平荷载时，除了在下一级水平荷载前测记位移量外，并同时观测周围土的变形现象。如试块前面及侧面的土是否升高，地面上是否产生裂缝和鼓起及其发展情况；羽毛状裂纹出现的条数、排列方向、形式和长度等。

试验破坏标准与破坏时水平应力的选取标准：

图5-11　抗滑试验现场安装实况

边试验边绘制 S-u 关系曲线，当曲线上出现峰值或拐点时（曲线转折点），即认为地基已经破坏，停止加荷。此峰值或拐点值定为破坏时的（开始滑动）水平力。当 S-u 曲线上没有明显的峰值或转折点时，可按下列情况作为试块开始滑动的特征：

(1) 水平力 S 不增大，而水平位移 u 呈直线增加，此点以前无明显位移。

(2) 水平力不断增大的同时，水平位移突然猛增或水平力减小，而位移继续增大，在 S-u 曲线上呈现明显的弯曲部段。

接触面上的抗剪强度 S_c 用式（5-23）计算：

$$S_c = F_H / A \tag{5-23}$$

式中　S_c——抗剪强度（kPa）；

F_H——地基土破坏时的水平力（kN）；

A——混凝土试块的面积（m^2）。

根据各级垂直压力 σ 对应的抗剪强度 S_c 值，然后以抗剪强度 S_c 为纵坐标，垂直压力 σ 为横坐标绘制 S_c-σ 关系曲线。关系曲线的直线段与水平轴所成的夹角即为地基土与混凝土间的摩擦角 φ_c，$\tan\varphi_c$ 即为摩擦系数 f；在纵轴上的截距，即为地基土与混凝土块间的黏聚力 c_c。

宁夏石嘴山与宁夏宁东工程中采用天然砂砾石进行分层碾压回填试验，单层虚铺厚度400mm、600mm两种，每层碾压6～7遍，压实系数不小于0.97，回填总厚度2m左右。根据两地现场试验情况，砂砾石垫层地基土的破坏滑裂面出现的方式均为先在混凝土块两侧出现羽状裂隙，一般长约4～5cm，宽0.15～0.2cm左右；然后在混凝土块后缘出现拉裂缝，缝宽约1.2～1.5cm，两侧的羽状裂隙逐渐贯通，宽约0.5cm；混凝土块前缘15～20cm范围内的土体隆起；滑裂面深度在3～6cm，属于表层滑动形式。

现场试验结果表明，当模拟基础在试验场地支模现浇时，抗剪强度有比较可观的黏聚力，见图5-12；当模拟基础在试验场地外制作，然后吊车吊入试验场地时，黏聚力为零，见图5-13。

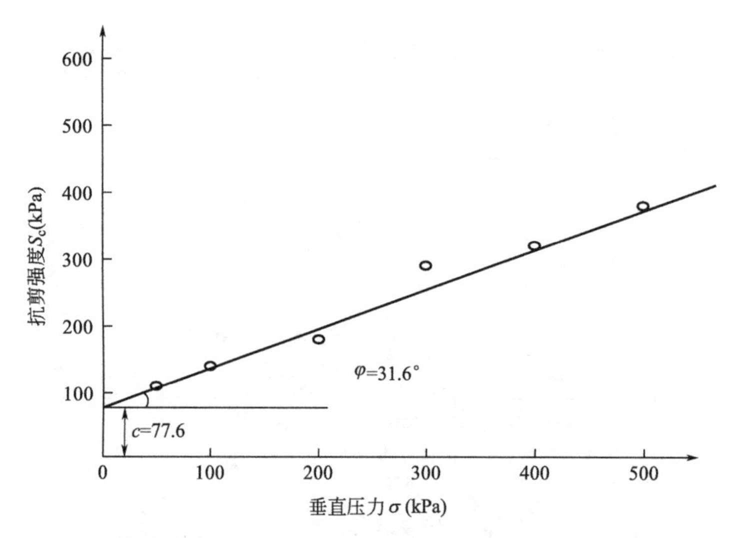

图 5-12　抗剪强度与垂直压力 S_c-σ 关系曲线（模拟基础现浇制作）

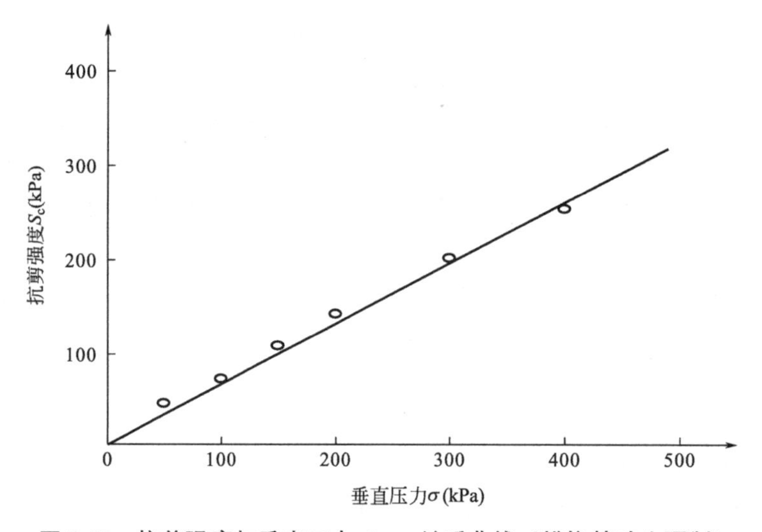

图 5-13　抗剪强度与垂直压力 S_c-σ 关系曲线（模拟基础为预制）

表 5-15 为几个工程现场抗滑试验测试结果。从表 5-15 可以总结出以下结论：

（1）人工级配砂砾石垫层与天然砂卵石垫层对混凝土的摩擦系数相比，总体差别不大，人工级配砂砾石垫层对混凝土的摩擦系数略微高一些，这与人工级配砂砾石的颗粒形状和孔隙有关。

（2）垫层单层虚铺厚度大时，其碾压效果、密实度稍差，砂砾石垫层对混凝土的摩擦系数略微降低，但黏聚力增大，这可能与碾压垫层的孔隙增大，模拟基础制作时水泥浆渗入增加有关。

（3）基础尺寸过小时，对测试结果影响较大，使摩擦系数增大，因此对砂卵石层混凝土块底面积应大于 0.6m^2。

（4）模拟基础在试验区以外制作后吊入试验场地内时，基础与垫层不是很紧密的接触，测试的摩擦系数偏低且黏聚力为零。因此，在工程中需根据工程实际情况采用相应的设计参数或指标。

(5) 基础为现浇时摩擦系数为 0.59～0.64，平均 0.62；黏聚力为 53～86kPa，平均 61kPa。

《建筑地基基础设计规范》GB 50007—2011 中碎石土对挡土墙基底摩擦系数 $f=$ 0.40～0.60；《公路桥涵地基与基础设计规范》JTG D63—2007 碎石土对基底摩擦系数 $f=$0.40～0.50；《建筑边坡工程技术规范》GB 50330—2013 中推荐的碎石土对挡墙基底摩擦系数 $f=$0.40～0.50。经分层碾压后的砂砾石垫层密实度较高，相应与混凝土间的摩擦系数高。实际工程中地基与基础之间的接触面与试验中的基础为现浇时的工况接近，建议砂砾石垫层与基础间的摩擦系数 f 可取 0.55～0.60，黏聚力在实际情况中可不计算，作为提高安全储备考虑。

砂砾石垫层地基对混凝土的摩擦系数　　表 5-15

试验地点	砂砾石料类型	垫层单层虚铺厚度(mm)	摩擦角 φ_c (°)	摩擦系数 f	黏聚力 c_c (kPa)	模拟基础面积 A (m^2)	备注
宁夏宁东台	天然圆砾	400	30.5	0.59	53	0.6	基础为现浇
		600	31.0	0.60	86	0.6	基础为现浇
山东邹县	人工碎石	400	28.8	0.55	0	0.6	基础为预制
		600	24.7	0.46	0	0.6	基础为预制
宁夏石嘴山	天然砂砾石	600	32.2	0.63	55	0.6	基础为现浇
		400	43.5	0.95	64	0.3	基础为现浇
陕西府谷	天然砂砾石	400	32.2	0.63	55	0.6	基础为现浇
	人工碎石	400	32.6	0.64	57	0.6	基础为现浇
宁夏水洞沟	天然砂砾石	400	25.8	0.48	0	0.6	基础为预制
安徽铜陵	人工碎石	400	35.4	0.71	3.8	3.0	基础为预制
		600	35.0	0.70	5.7	3.0	基础为预制

5.8 浸水对砂砾石垫层性质的影响

为了研究砂砾石垫层在浸水条件下的工程性能特征，在内蒙古准格尔、河南沁北试验中进行了浸水条件和未浸水的对比试验。

图 5-14、图 5-15 分别为内蒙古准格尔天然级配和人工级配砂砾石垫层在浸水条件和未浸水的对比试验曲线。天然级配砂砾石垫层的最大加载为 700kPa，未浸水状态下的最大沉降为 5.91mm，浸水状态下的最大沉降为 7.17mm，两种状态均未达到极限荷载。从承载力取值方面两者虽然无大的差别，但在浸水状态下变形模量明显降低（未浸水状态和浸水状态的变形模量 E_0 分别为 68.7MPa 和 56.8MPa），降低了 17.3%。人工级配砂砾石垫层的最大加载为 700kPa，未浸水状态下的最大沉降为 4.82mm，浸水状态下的最大沉降为 7.08mm，两种状态均未达到极限荷载。从承载力取值方面两者虽然无大的差别，但在

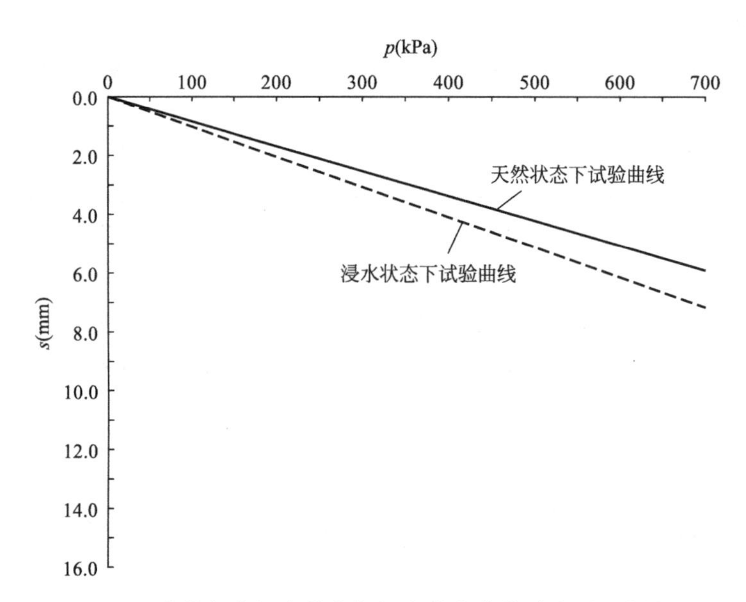

图 5-14 准格尔未浸水状态与浸水状态载荷试验对比曲线一

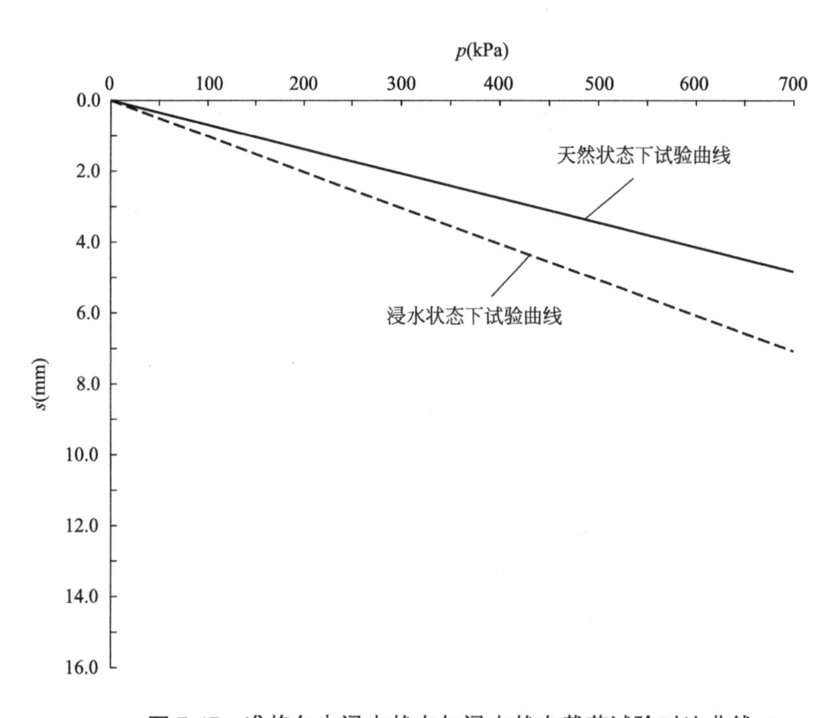

图 5-15 准格尔未浸水状态与浸水状态载荷试验对比曲线二

浸水状态下变形模量明显降低（未浸水状态和浸水状态的变形模量 E_0 分别为 84.3MPa 和 57.5MPa），降低了 31.8%。

图 5-16 为河南沁北在浸水条件和未浸水的对比试验曲线，最大加载分别为 3200kPa 和 4800kPa。浸水状态试验在荷载加至 600kPa 下浸水，浸水 36h，其沉降增量仅 0.3mm，即在 600kPa 浸水条件下，垫层基本未沉降。但在浸水条件下的总沉降量和未浸水试验状

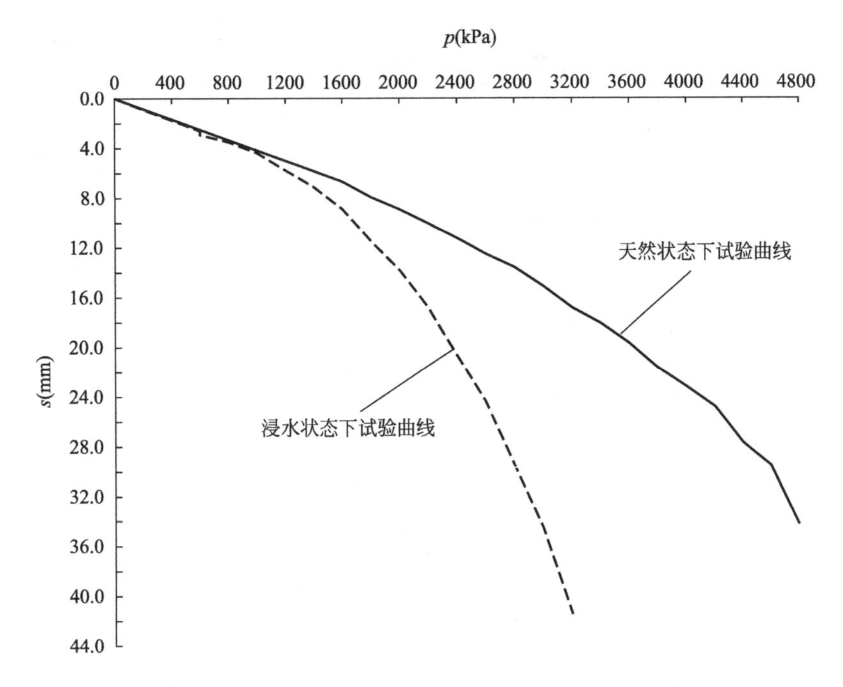

图 5-16　沁北未浸水状态与浸水状态载荷试验对比曲线

态相比，其沉降量明显偏大，比例界限、变形模量和极限承载力值也偏低。浸水条件下比例界限为 1000kPa，变形模量 E_0 为 113.9MPa，极限承载力为 2600kPa；未浸水条件下比例界限为 1600kPa，变形模量 E_0 为 138.3MPa，极限承载力为 3200kPa。浸水状态与未浸水相比变形模量降低了 17.6%。

通过以上两地的试验研究表明，砂砾石垫层在浸水条件下的工程性能特征，主要表现为沉降量、变形增大，比例界限、极限承载力降低，变形模量减小。在工程实际应用中，一般要求的地基承载力取值虽然能控制在比例界限范围内，但应考虑地基在长期浸水条件下对变形的影响。在未浸水试验状态取得的变形模量用于浸水条件下时，变形模量值应进行适当的折减，建议折减系数取 0.7～0.8，折减系数取值高低取决于砂砾石垫层的颗粒级配组成、含泥量、密实度等多种因素。

5.9　垫层的动力触探试验研究

对砂砾石垫层进行动力触探试验，可建立砂砾石垫层地基承载力与动力触探锤击数之间的关系，为采用动力触探试验评价砂砾石垫层的压实效果和地基承载力提供依据。利用重型动力触探试验、超重型动力触探试验击数确定碎石土的密实度如表 5-16 所示。

动力触探试验击数与碎石土密实度关系　　表 5-16

重型动力触探试验 $N_{63.5}$(击)	密实度	超重型动力触探试验 N_{120}(击)	密实度
$N_{63.5} \leqslant 5$	松散	$N_{120} \leqslant 3$	松散
$5 < N_{63.5} \leqslant 10$	稍密	$3 < N_{120} \leqslant 6$	稍密

续表

重型动力触探试验 $N_{63.5}$(击)	密实度	超重型动力触探试验 N_{120}(击)	密实度
$10<N_{63.5}\leqslant 20$	中密	$6<N_{120}\leqslant 11$	中密
$N_{63.5}>20$	密实	$11<N_{120}\leqslant 14$	密实
		$N_{120}>14$	很密

根据地区性经验值，利用重型动力触探试验锤击数 $N_{63.5}$ 平均值评价冲积、洪积成因的中砂、砾砂和碎石土地基承载力见表 5-17。

$N_{63.5}$ 与地基承载力关系（kPa） 表 5-17

锤击数平均值 $N_{63.5}$(击)	3	4	5	6	7	8	9	10	12	14
碎石土	140	170	200	240	280	320	360	400	480	540
中砂、砾砂	120	150	180	220	260	300	340	380	—	—
锤击数平均值 $N_{63.5}$	16	18	20	22	24	26	28	30	35	40
碎石土	600	660	720	780	830	870	900	930	970	1000

注：$N_{63.5}$ 值进行触探杆长修正。

利用超重型动力触探试验锤击数 N_{120} 平均值评价卵石的极限承载力标准值 f_{uk} 见表 5-18。

N_{120} 与卵石极限承载力标准值 表 5-18

N_{120}(击)	4	5	6	7	8	9	10	12	14	16	18	20
f_{uk}(kPa)	700	860	1000	1160	1340	1500	1640	1800	1950	2040	2140	2200

利用重型动力触探试验成果，根据经验确定圆砾、卵石土的变形模量见表 5-19。

圆砾、卵石土地基土的变形模量 表 5-19

击数平均值 $N_{63.5}$	3	4	5	6	7	8	9	10	12	14
变形模量 E_0(MPa)	10	12	14	16	18	21	24	26	30	34
击数平均值 $N_{63.5}$	16	18	20	22	24	26	28	30	35	40
变形模量 E_0(MPa)	37	40	45	48	50	54	56	59	62	64

图 5-17 为某工程超重型动力触探锤击数随深度变化曲线。从图 5-17 中可以看出，一般上部 0.5m 垫层上覆压力小，锤击数低，向下锤击数增加。表 5-20 为砂砾石垫层载荷试验结果与超重型动力触探击数的比较。表 5-21 为山西霍州天然圆砾层进行的载荷试验结果，表 5-22 为陕西神木天然圆砾层进行的载荷试验结果，表 5-23 为山西柳林卵石层进行的载荷试验结果。从图 5-17 和表 5-20～表 5-23 可以总结出如下结论：

（1）天然圆砾或卵石层的地基承载力达 400kPa 时，重型动力触探锤击数 $N_{63.6}$ 一般在 8 击以上，超重型动力触探锤击数 N_{120} 一般在 4 击以上。而经机械压实的砂砾石垫层的超重型动力触探锤击数 N_{120} 一般在 10 击以上，说明砂砾石垫层有很高的地基承载能力，抗变形能力强。

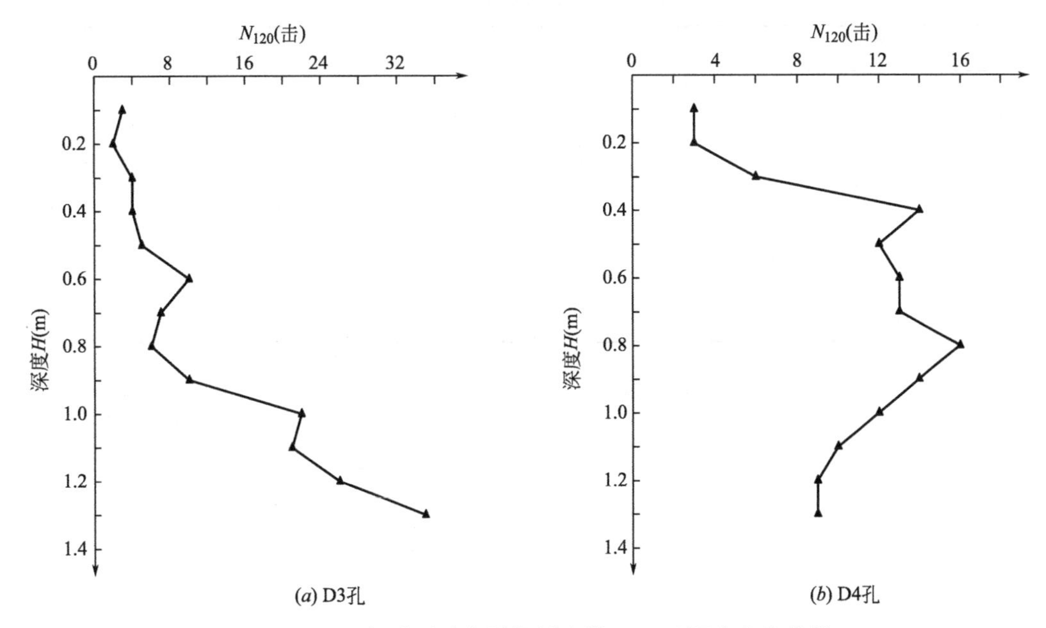

图 5-17　超重型动力触探锤击数 N_{120} 随深度变化曲线

砂砾石垫层静载荷试验结果与超重型动力触探击数的比较　　表 5-20

试验地点	山西霍州	宁夏宁东	宁夏石嘴山	山东邹县
承载力特征值 f_{ak}(kPa)	≥500	≥500	≥500	≥700
变形模量 E_0(MPa)	90.7	137.0	96.1	90.7
超重型动力触探击数 N_{120}(击)	10.2	15.2	14.1	>15.0
实测干密度 ρ(g/cm^3)	2.19	2.29	2.20	2.28
界限粒径 d_{60}(mm)	35.0	14.0	8.0	20.0
含泥量(%)	0.4～0.9	3.3～4.9	0.7～2.1	0.2～1.1

山西霍州天然圆砾层静载荷试验结果　　表 5-21

试验点编号	Z1	Z2	Z3
承载力特征值 f_{ak}(kPa)	550	375	485
变形模量 E_0(MPa)	36.7	27.5	35.3
重型动力触探击数 $N_{63.6}$(击)	24.0	14.3	18.0
超重型动力触探击数 N_{120}(击)	7.6	3.9	3.9
天然密度 ρ(g/cm^3)	2.35	2.24	2.30
界限粒径 d_{60}(mm)	28.0	8.8	18.0
含泥量(%)	3.0	8.2	4.0

陕西神木天然圆砾层静载荷试验结果　　表 5-22

试验点编号	Z1	Z2	Z3
承载力特征值 f_{ak}(kPa)	≥400	≥400	350
变形模量 E_0(MPa)	72.6	22.7	87.1
重型动力触探击数 $N_{63.6}$(击)	15～23	8～11	8～19
天然密度 ρ(g/cm^3)	1.95		
界限粒径 d_{60}(mm)	7.9	18.1	3.0
含泥量(%)	6.0	12.0	8.2

山西柳林卵石层静载荷试验结果　　表 5-23

试验点编号	Z1	Z2	Z3	Z4
承载力特征值 f_{ak}(kPa)	500	400	500	500
变形模量 E_0(MPa)	64.2	10.7	59.2	61.0
重型动力触探击数 $N_{63.6}$(击)	15～18	8	9～12	18～25
天然密度 ρ(g/cm^3)	2.10			
界限粒径 d_{60}(mm)	143～290			
含泥量(%)	7.0～10.0			

(2) 天然圆砾或卵石层受物质来源、沉积环境、沉积过程及所处的地貌单元不同等多种因素的影响，地层的均匀性差，造成其工程性能差别大，易产生不均匀沉降。而经机械压实的砂砾石垫层的工程性能比较均匀，对控制建筑物的差异沉降将更为有效。如陕西神木天然圆砾层的变形模量为 22.7～87.1MPa，土层的工程性能差别很大；采用开挖出来的圆砾重新压实后的砂砾石垫层地基承载力大于 400kPa，变形模量 65.4～84.8MPa，地基的工程性能变得更为均匀。

(3) 砂砾石垫层在水平方向是均匀的，垂直方向的击数则随深度增加，土层较密实时侧壁摩擦有明显影响。

(4) 含泥量对砂砾石地基的工程性能影响较大，天然圆砾或卵石层的含泥量高且变化大，从重型动力触探锤击数看也有明显的差别。砂砾石垫层材料的含泥量可以控制在要求的范围内，从而使其工程性能得到大大的改善。

5.10 原体试验结果与施工检测结果的比较

大量的砂砾石垫层现场原体试验研究表明，一般试验期间场地面积、换填工程量小，试验过程控制严格，获得的岩土工程参数较高。在大面积施工时要想获得较好的效果，达到设计要求的质量标准，还要从材料来源、质量、施工工艺、施工速度等方面进行监督与管理。

表 5-24 为几个工程砂砾石垫层原体试验结果与大面积施工后检测结果的比较。从表 5-24 可以看出，大面积施工质量基本与试验结果相近，压实系数不低于 0.97，但变形

模量略降低，为原体试验值的 0.83～0.95 倍。因此，在大面积垫层施工时，除按试验确定的工艺参数严格控制外，还应根据现场碾压试验确定的变形模量，在设计使用中进行适当的折减。

砂砾石垫层原体试验结果与施工检测结果比较　　表 5-24

工程地点	原体试验结果			施工检测结果		
	压实系数	地基承载力	变形模量	压实系数	地基承载力	变形模量
山西霍州	0.99	≥450	90.7	1.00	≥450	86.0
宁夏宁东	0.97	≥500	137.0	0.97	≥500	128.5
宁夏石嘴山	0.99	≥500	96.1	0.98	≥500	79.8
山东邹县	1.02	≥700	132.0	0.98	≥700	117.0

第 6 章　砂砾石垫层受力性状三维数值模拟

6.1　砂砾石垫层有限差分法三维数值模拟概述

6.1.1　有限差分法数值分析基本原理

微分方程的定解问题就是在满足某些定解条件下（如给定初值和边界值）求微分方程的解。在空间区域的边界上要满足的定解条件称为边界条件。如果问题与时间有关，在初始时刻所要满足的定解条件，称为初值条件。不含时间而只带边值条件的定解问题，称为边值问题。与时间有关而只带初值条件的定解问题，称为初值问题。同时带有两种定解条件的问题，称为初值边值混合问题。

定解问题往往不具有解析解，或者其解析解不易计算，所以要采用可行的数值解法。有限差分方法就是一种数值解法，它的基本思想是先把问题的定义域进行网格剖分，然后在网格点上，按适当的数值微分公式把定解问题中的微商换成差商，从而把原问题离散化为差分格式，进而求出数值解。在求解过程中需要考虑差分格式的解的存在性和唯一性、解的求法、解法的数值稳定性、差分格式的解与原定解问题的真解的误差估计、差分格式的解当网格大小趋于零时是否趋于真解（即收敛性）等。不同于有限单元法，有限差分法可以有效地在每一计算步重新生成有限差分方程，实现显式的时程方案，其基本显式计算循环见图 6-1。每一次循环都要更新坐标，将位移增量累计到坐标系中，因此，网格与其代表的材料都发生移动和变形，这种更新坐标的方法，就是拉格朗日分析法。有限差分方法具有简单、灵活以及通用性强等特点，容易在计算机上实现。

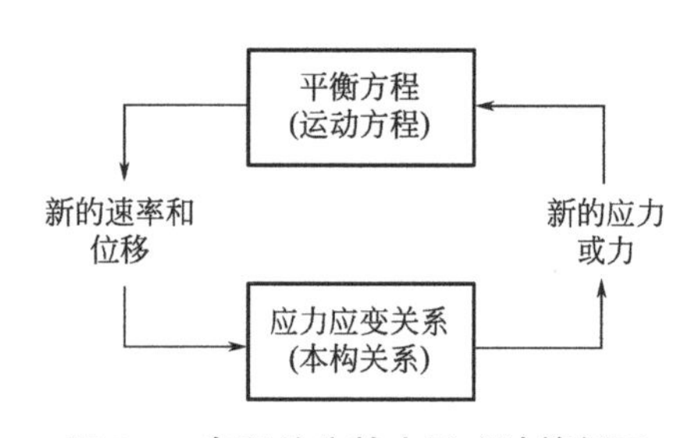

图 6-1　有限差分基本显式计算循环

1. 有限差分三维数值分析表达

对于三维数值分析问题，常将计算区域离散为常应变六面体单元，再划分成若干个四面体单元的。有限差分法数值分析将研究对象分为由四边形单元组成的有限差分网格，在其内部，又将每一个单元再分为两组覆盖（共 4 个）的常应变三角形单元，如图 6-2 所示。将四个三角形子单元分别命名为 a、b、c 和 d，每个三角形单元的偏应力分量相互独立，作用在每个节点的外力可视为在两个重叠的四边形的两个外力矢量的平均值。对于对称荷载，合成单元的力学响应则具有对称性。

通过高斯公式可得：

$$\int_V v_{ij}\,\mathrm{d}v=\int_s v_i n_j\,\mathrm{d}s \tag{6-1}$$

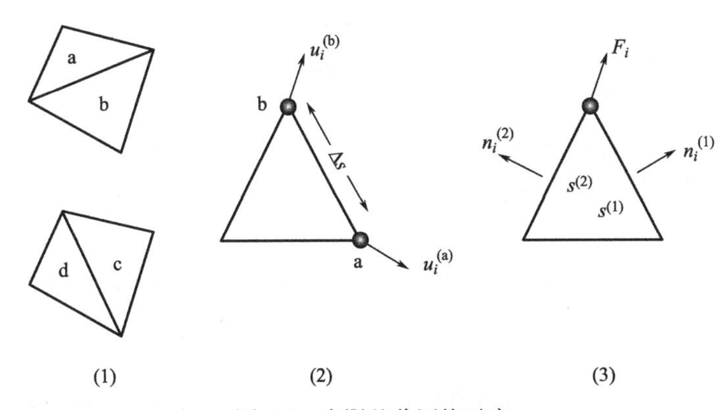

图 6-2　有限差分网格示意

(1) 四边形网格单元；(2) 有速度矢量的三角形单元；(3) 节点力矢量

在连续的固体介质中，通过静力平衡方程求解，其节点运动方程为：

$$\rho \frac{\partial \dot{u}_i}{\partial t}=\frac{\partial \sigma_{ij}}{\partial x_i}+\rho g_i \tag{6-2}$$

式中，ρ 为物体的密度；t 为时间；x_i 为坐标向量的分量；g_i 为重力加速度分量；σ_{ij} 为应力张量的分量。

对于常应变四面体单元，其应变张量的分量表达式为：

$$\varepsilon_{ij}=-\frac{1}{6V}\sum_{l=1}^{4}(v_i^l n_j^l+v_j^l n_i^l)S_l \tag{6-3}$$

2. 有限差分的力学时步原理

由式（6-3），假定在时间间隔 Δt 内实际节点速度是呈线性变化的，可考虑时步的节点位移关系为：

$$u_i^{(l)}(t+\Delta t)=u_i^{(l)}(t)+\Delta t v_i^{(l)}\left(t+\frac{\Delta t}{2}\right) \tag{6-4}$$

考虑土体单元是一个单自由度弹性振动系统，单元的最小固有振动周期 $T_{\min}$ 总是小于系统最小固有振动周期，所以将 $T_{\min}$ 用于时步计算，可保证计算结果的安全可靠。通常时步取值为：

$$T_{\min}=2\pi \min_{1\leqslant i\leqslant n}\left(\sqrt{\frac{m_i}{k_i}}\right) \tag{6-5}$$

$$\Delta t<\frac{T_{\min}}{10} \tag{6-6}$$

式中，m 为单元的质量；k 为土体的刚度；n 为单元数。

6.1.2　有限差分法数值分析本构模型选择

模拟岩土材料的本构模型及结构模型有很多，如弹性模型、摩尔-库仑模型、德鲁克-普拉格模型、应变硬化-软化模型等。每一种本构模型都有其特点和适用性，考虑砂砾石垫层具有颗粒状材料特性的特点，本章数值分析选择摩尔-库仑模型。

摩尔-库仑模型是基于摩尔-库仑理论，由库仑公式表示摩尔包线的土体抗剪强度理论，其屈服准则公式为：

$$f^{s}=\sigma_1-\sigma_3 N_{\varphi}+2c\sqrt{N_{\varphi}}=0 \tag{6-7}$$

式中，c 为黏聚力；φ 为摩擦角，$N_{\varphi}=\dfrac{1+\sin\varphi}{1-\sin\varphi}$。

在屈服之后，土体的特性将是部分弹性和部分塑性的，在任一应力增量过程中，其应变由弹性分量和塑性增量两部分组成，即：

$$\mathrm{d}\varepsilon_{ij}=(\mathrm{d}\varepsilon_{ij})_{\mathrm{e}}+(\mathrm{d}\varepsilon_{ij})_{\mathrm{p}} \tag{6-8}$$

弹性应变分量一般容易求得，而塑性应变分量与塑性势函数 Q 有如下关系：

$$(\mathrm{d}\varepsilon_{ij})_{\mathrm{p}}=\mathrm{d}\lambda\frac{\partial Q}{\partial\sigma_{ij}} \tag{6-9}$$

对剪塑性流动和拉塑性流动分别进行定义，并且对应不同的流动法则。剪塑性流动对应非关联流动法则，势函数为：

$$Q^{s}=\sigma_1-\sigma_3 N_{\psi} \tag{6-10}$$

式中，$N_{\psi}=\dfrac{1+\sin\psi}{1-\sin\psi}$，$\psi$ 为剪胀角。

拉塑性流动对应相关联流动法则，势函数为：

$$Q^{t}=\sigma_3 \tag{6-11}$$

摩尔-库仑模型的最大优点是既能反映岩土类材料的抗拉、抗压强度不同的 SD 效应，也能反映材料对静水压力的敏感性，其中主要的材料参数 c、φ 可通过常规试验获得，简单实用。

6.1.3 砂砾石垫层有限差分法三维数值分析方法

为进一步分析砂砾石垫层的受力形状，运用快速拉格朗日有限差分法对华电国际邹县电厂四期 2×1000MW 工程、陕西国华锦界电厂 4×600MW 工程、华能沁北电厂二期 2×600MW 工程三个典型的砂砾石垫层地基工程实例进行三维数值模拟。针对每个工程的特点，分别选取主厂房、锅炉或烟囱的垫层地基作为研究对象，整个数值计算与分析过程见图 6-3。

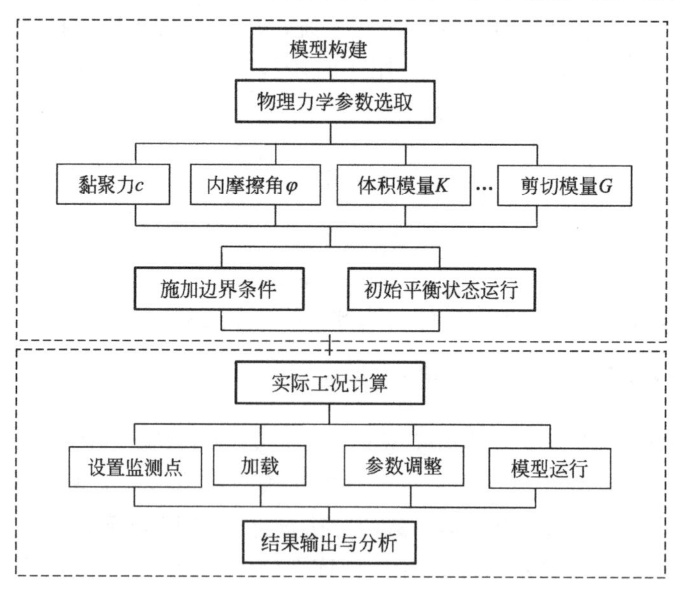

图 6-3　数值分析过程

6.2　华电国际邹县电厂四期 2×1000MW 工程主要建筑物砂砾石垫层三维数值模拟

6.2.1　主厂房砂砾石垫层

1. 模型构建

根据主厂房基础平面布置图，结合主厂房区域勘探点布置图，选取 B 排基础中 12 轴与 B 轴交汇位置的基础为研究对象，设计相关参数见表 6-1。

主厂房砂砾石垫层地基物理模型参数　　表 6-1

基础型号	基础位置	基础尺寸 $b\times l$(m)	基础埋深 d(m)	基底压力 p(kPa)	模型尺寸 $b'\times l'\times H$(m)	参照钻孔
J-B-03	⑫-Ⓑ	7.1×5.7	−7.0	550	11.4×11.4×15.1	KT855

模型平面尺寸根据基础尺寸及其与相邻基础之间的位置关系确定，模型高度考虑了碾压垫层地基的受力影响范围，一般独立基础取垫层底标高向下 1.5b（b 为基础宽度），深度范围为模型高度下限，当有稳定的持力层时可取至该层层顶。模型简图见图 6-4，地层剖面见图 6-5，±0.00=51.45m。

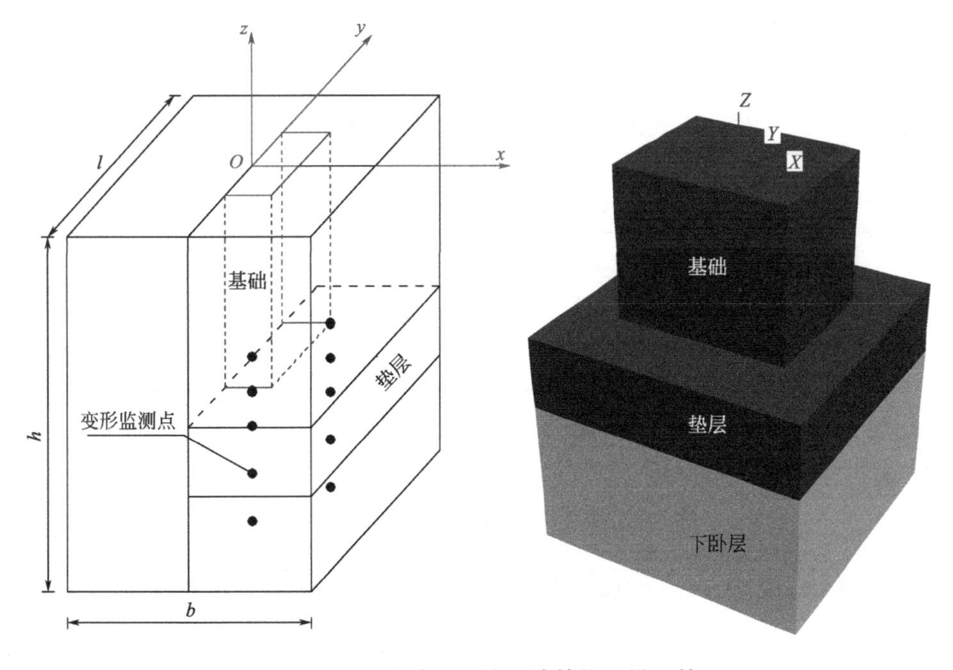

图 6-4　主厂房砂砾石垫层地基物理模型简图

本章进行三维数值模拟的三个工程，其中主厂房和锅炉的垫层模型在单元构成上都与图 6-4 所示基本相同，只是根据不同工程的特点及地层分布的不同，模型单元尺寸会有所差异，因此在后续模型构建中仅列出模型的相关参数，略去模型简图。

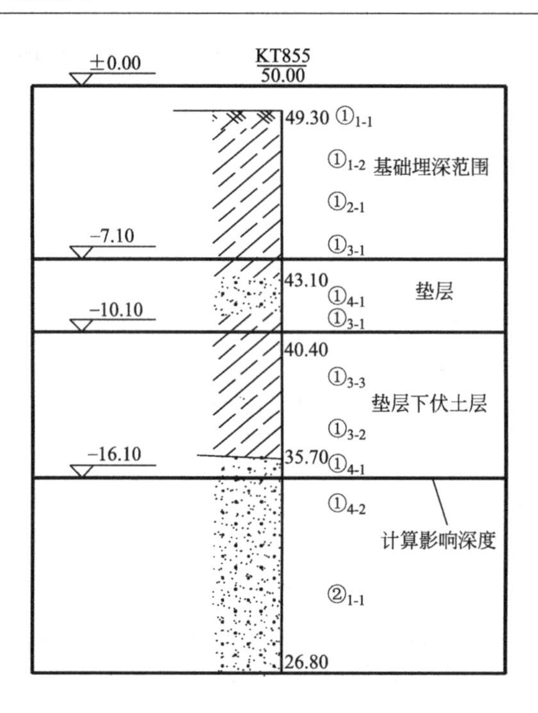

图 6-5　主厂房区域地层剖面图

2. 参数选取

根据已建好的物理模型，结合岩土工程勘察报告及垫层试验报告，综合选取相应的计算参数，计算范围内的土层参数和垫层参数见表 6-2、表 6-3。

主厂房砂砾石垫层地基土层参数　　表 6-2

土层编号	土层名称	厚度 h (m)	天然密度 ρ (g/cm^3)	黏聚力 c(kPa)	内摩擦角 φ (°)	压缩模量 E_s (MPa)	体积模量 K (MPa)	剪切模量 G (MPa)
①$_{1-2}$ ①$_{2-1}$ ①$_{3-1}$	粉质黏土	6.1	1.98	55	11.1	13.0	18.1	4.7
①$_{4-1}$	粗砂	3.0	1.96	48.6	16.6	20.0	16.7	7.7
①$_{3-3}$ ①$_{3-2}$	粉质黏土	6.0	1.96	55	13.6	15.0	20.9	5.4

注：粉质黏土泊松比 0.38，粗砂泊松比 0.30，下同。

主厂房砂砾石垫层参数　　表 6-3

垫层材料	垫层厚度 z(m)	层顶标高 (m)	密度 ρ (g/cm^3)	内摩擦角 φ (°)	体积模量 K (MPa)	剪切模量 G (MPa)
人工级配碎石	3.0	−7.10	2.2	43	203	110

注：人工级配碎石泊松比 0.27，下同。

3. 边界条件设置及初始平衡状态运行

设定边界初始约束条件，并施加初始应力场。设置模型网格四周为水平链杆，底部为铰支座，顶部取为荷载已知的自由边界，模型运行达到初始平衡状态。

主厂房砂砾石垫层地基模型共包含 1920 个单元，2320 个节点，运行 2512 时步达到初始平衡状态。

4. 模型加载及运行结果分析

在初始平衡状态下，将垫层组参数按表 6-3 重设，并在垫层顶面基础尺寸范围内施加荷载，设置变形监测特征点，实时记录垫层及下伏土层的变形历程。

(1) 垫层变形分析

图 6-6 为主厂房垫层竖向变形等值线图，从图中可以看出，垫层竖向变形最大值为 39.74mm，位于垫层的中心区域，也就是处于基础的正下方的基础接触部位。根据变形等值线分布特征，从平面上看，垫层变形由中心向四周呈衰减趋势，而在竖向分布上则是从垫层顶面向下衰减，这种规律可以从变形的角度说明垫层的受力情况。上部荷载通过基础传至基础底面后，由压力扩散理论可知，基底压力在垫层内部将以一定的压力扩散角向垫层深部传递，但其强度是递减的，而变形的趋势正好表明了垫层的这种受力机理。

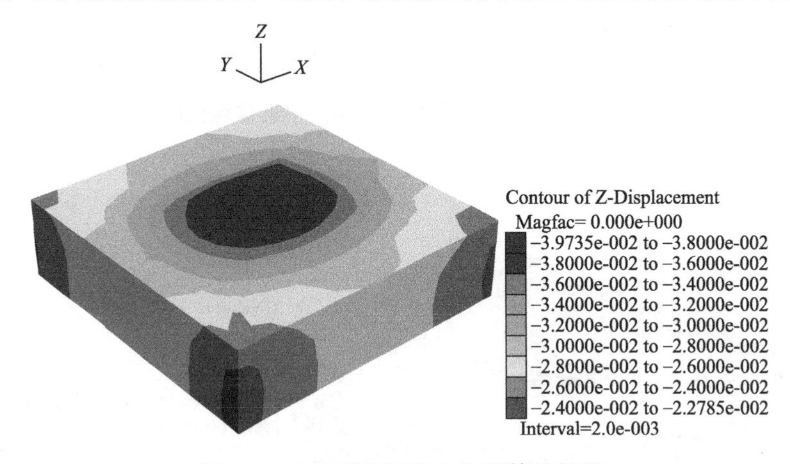

图 6-6　主厂房垫层竖向变形等值线图

图 6-7 是垫层及其下卧层中设置的变形监测点在模型运行过程中的变形监测曲线，图中从上到下共有 5 条曲线，分别代表垫层上表面、垫层中部、垫层下表面（即下卧层的上表面）、下卧层中部及下卧层底部，图中可以明显看到前 4 条曲线，实际上第 5 条曲线与水平轴平行，即下卧层底部土层没有发生变形。曲线形态表明，变形已趋于稳定，基础中心下各点的变形均大于基础角点下相应深度各点的变形。

(2) 垫层受力分析

图 6-8 为主厂房垫层竖向应力等值线图。与变形等值线图相一致，垫层最大应力区位于中心区域。在计算中，基底压力为 550kPa，根据图中竖向应力分布，最大竖向应力为 573kPa，也就是变形基本稳定后垫层所发挥的最大承载能力。与垫层原体试验中测得的垫层地基承载力相比，该值偏小，相差约 127kPa，说明垫层设计具有一定的安全储备，安全系数约为 1.2 左右。

(3) 垫层下卧层变形分析

垫层下卧层变形监测曲线见图 6-7，结合垫层下卧层竖向变形等值线图 6-9 可以看出，下卧层与垫层接触部位的变形较大，在模型计算深度范围内呈衰减趋势，土层深部变形很小，基本可以忽略。

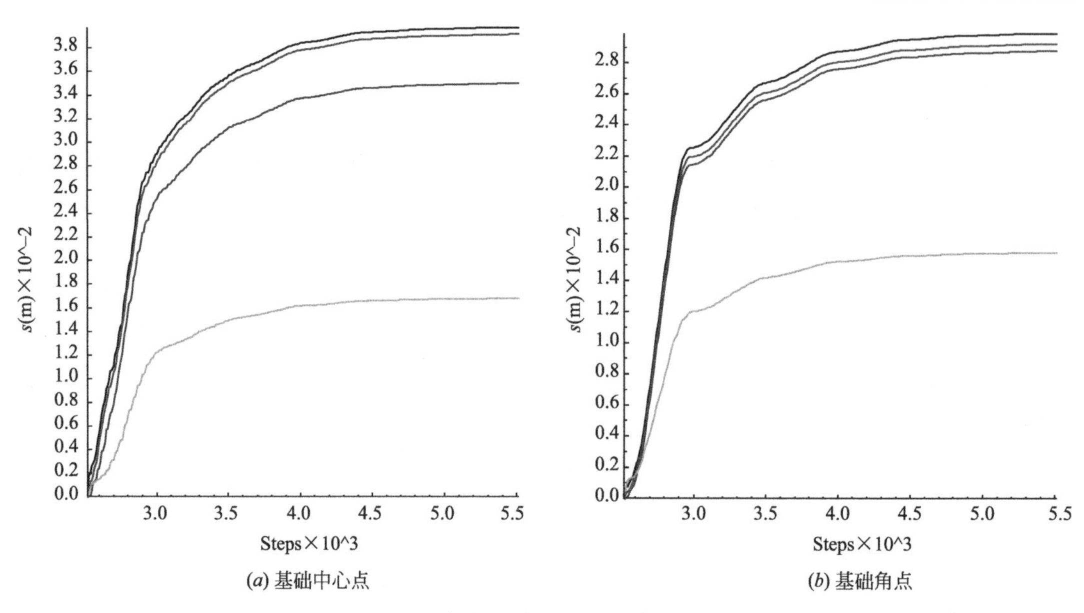

图 6-7　主厂房垫层特征点竖向变形监测曲线

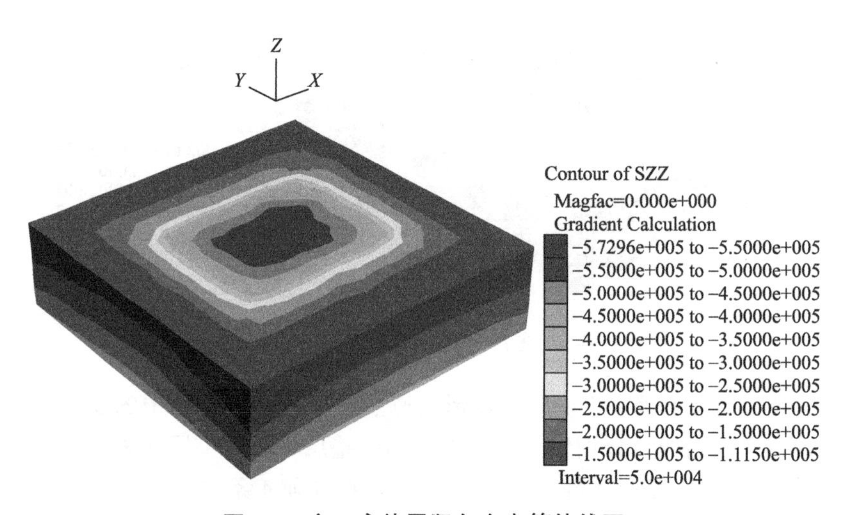

图 6-8　主厂房垫层竖向应力等值线图

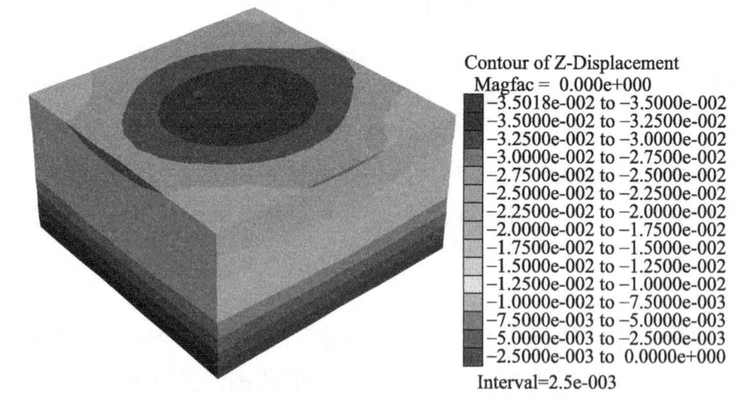

图 6-9　主厂房垫层下卧层竖向变形等值线图

对比图 6-6，垫层中监测变形最大值为 39.74mm，而下卧层的变形最大值为 35.02mm，占整个变形量的 88.1%，可见垫层自身的变形量很小，说明垫层铺设过程中经充分碾压后，在施工过程中已基本完成了自身的固结变形，残余变形很小。

6.2.2　锅炉砂砾石垫层

1. 模型构建及参数设置

根据锅炉基础平面布置图，选取⑦轴与 K8 轴交汇位置的基础为研究对象，基础型号为 J-2，模型参数及土层参数分别见表 6-4 和表 6-5，模型涉及的地层剖面见图 6-10，±0.00=51.45m。

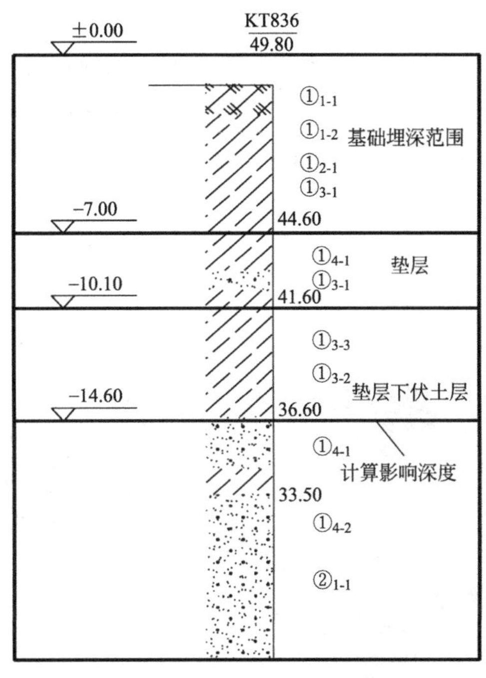

图 6-10　锅炉垫层模型地层剖面

锅炉垫层物理模型参数　　表 6-4

基础型号	基础位置	基础尺寸 $b\times l$(m)	基础埋深 d(m)	基底压力 p(kPa)	模型尺寸 $b'\times l'\times H$(m)	参照钻孔
J-2	⑦-Ⓚ8	7.1×7.1	−7.0	550	15.0×15.0×13.4	KT836

锅炉垫层地基土层参数　　表 6-5

土层编号	土层名称	厚度 h (m)	天然密度 ρ (g/cm^3)	黏聚力 c (kPa)	内摩擦角 φ (°)	压缩模量 E_s (MPa)	体积模量 K (MPa)	剪切模量 G (MPa)
①1-2 ①2-1 ①3-1	粉质黏土	5.9	1.98	55	11.1	13.0	18.1	4.7

续表

土层编号	土层名称	厚度 h (m)	天然密度 ρ (g/cm^3)	黏聚力 c (kPa)	内摩擦角 φ (°)	压缩模量 E_s (MPa)	体积模量 K (MPa)	剪切模量 G (MPa)
①$_{4-1}$	粗砂	3.0	1.96	48.6	16.6	20.0	16.7	7.7
①$_{3-3}$ ①$_{3-2}$	粉质黏土	4.5	1.96	55	13.6	15.0	20.9	5.4

2. 运行结果分析

前处理过程与主厂房垫层计算相同，在此不再赘述。

(1) 垫层及下卧层变形

图 6-11 和图 6-12 为锅炉垫层竖向变形分布及变形监测曲线，等值线分布规律与主厂房垫层计算结果相同，最大值为 42.06mm，其中下卧层最大变形值为 35.25mm，占整个变形量的 83.8%。各点的曲线在运行一定时步后均趋于平缓，说明变形已基本稳定。

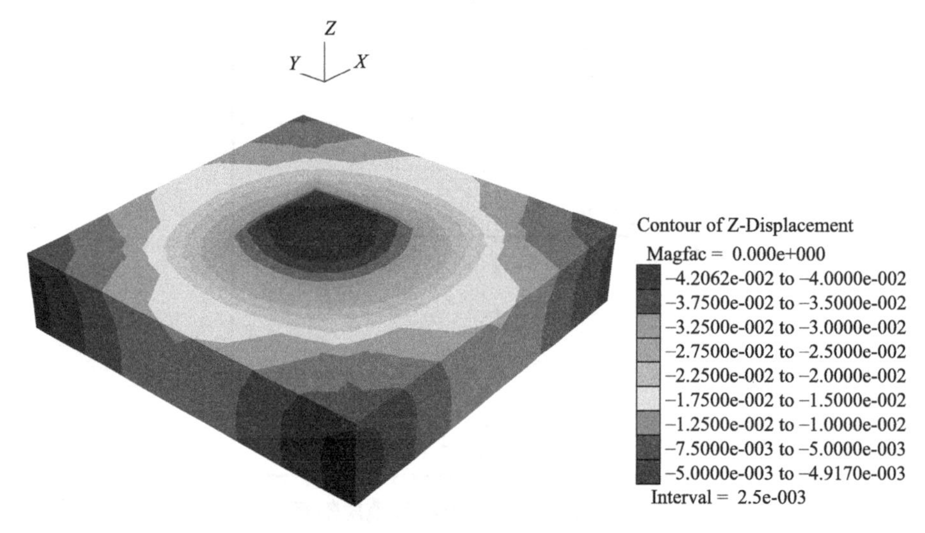

图 6-11　锅炉垫层竖向变形等值线图

(2) 垫层受力

图 6-13 为垫层竖向应力分布等值线图，垫层竖向应力最大值为 659.8kPa，根据等值线分布，基础接触部位及其周围为主要应力影响区，而边缘部位竖向应力最小。

在整个荷载加载过程中，基础仅考虑了轴心荷载的作用，且未考虑相邻基础间的应力叠加影响，因此从变形规律和受力性状上看，都呈现出一定的对称性，与工程实际会有一定的差别，但不影响对其变形和受力性状规律的分析。

6.2.3　烟囱砂砾石垫层

1. 模型构建及参数设置

根据烟囱基础平面布置图，基础型号为 240/2ϕ80，基础设计半径 18.7m，地基处理范围半径 21.0m，为便于建模，将处理范围设为边长 21.0m 的方形。设计参数及地层参

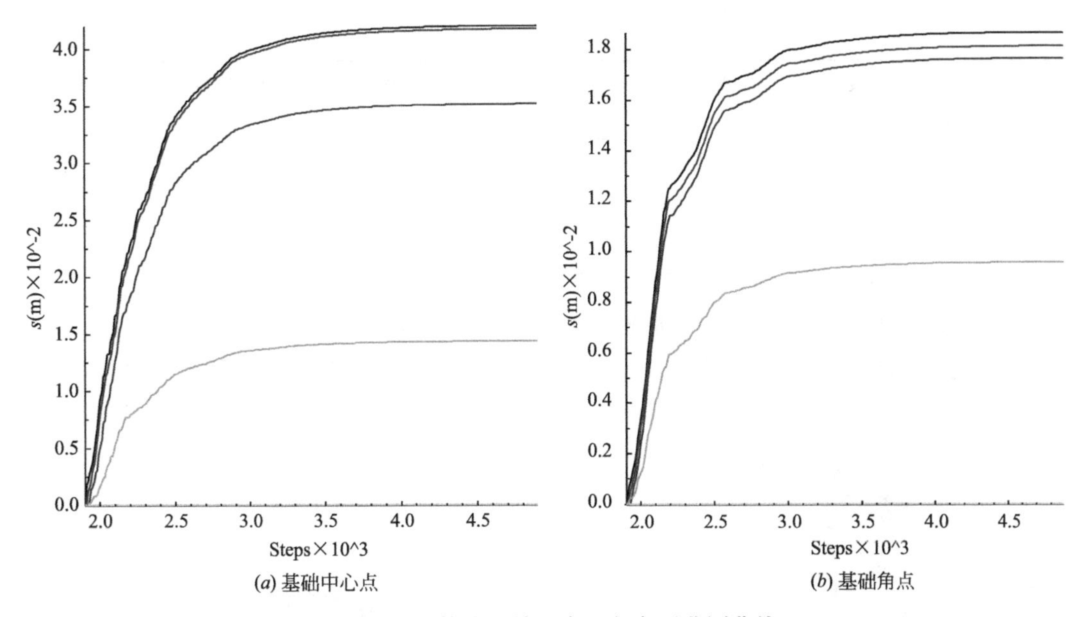

(a) 基础中心点　　(b) 基础角点

图 6-12　锅炉垫层特征点竖向变形监测曲线

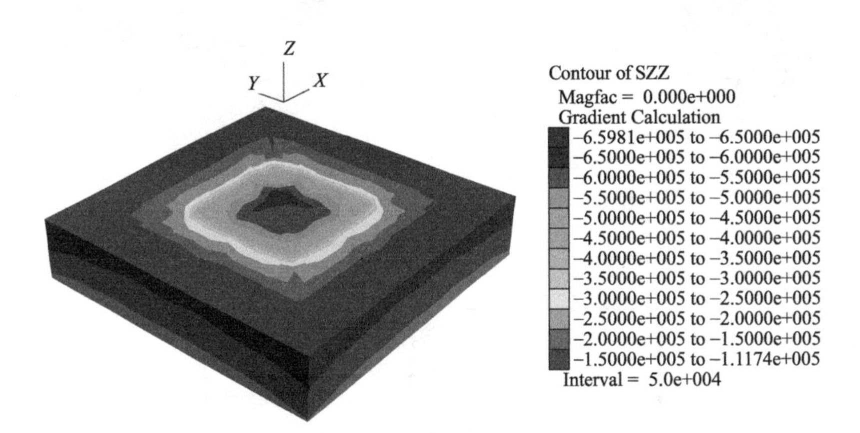

图 6-13　锅炉垫层竖向应力等值线图

数详见表 6-6、表 6-7，垫层参数见表 6-3。

烟囱砂砾石垫层物理模型参数　　表 6-6

基础型号	基础位置	基础尺寸 R (m)	基础埋深 d(m)	基底压力 p (kPa)	模型尺寸 $R'\times H$(m)	参照钻孔
240/2ϕ80		18.7	−7.0	400	21.0×15.3	KT171

烟囱砂砾石垫层地基土层参数　　表 6-7

土层编号	土层名称	厚度 h (m)	天然密度 ρ (g/cm³)	黏聚力 c(kPa)	内摩擦角 φ (°)	压缩模量 E_s (MPa)	体积模量 K (MPa)	剪切模量 G (MPa)
①$_{1\text{-}2}$ ①$_{2\text{-}1}$ ①$_{3\text{-}1}$	粉质黏土	5.3	1.98	55	11.1	13.0	18.1	4.7

续表

土层编号	土层名称	厚度 h (m)	天然密度 ρ (g/cm^3)	黏聚力 c(kPa)	内摩擦角 φ (°)	压缩模量 E_s (MPa)	体积模量 K (MPa)	剪切模量 G (MPa)
①$_{4-1}$	粗砂	3.0	1.96	48.6	16.6	20.0	16.7	7.7
①$_{3-3}$ ①$_{3-2}$	粉质黏土	7.0	1.96	55	13.6	15.0	20.9	5.4

物理模型见图 6-14，烟囱下参照钻孔的地层剖面见图 6-15，±0.00=51.45m。

烟囱砂砾石垫层地基模型共包含 15120 个单元，16144 个节点，运行 3060 时步达到初始平衡状态。

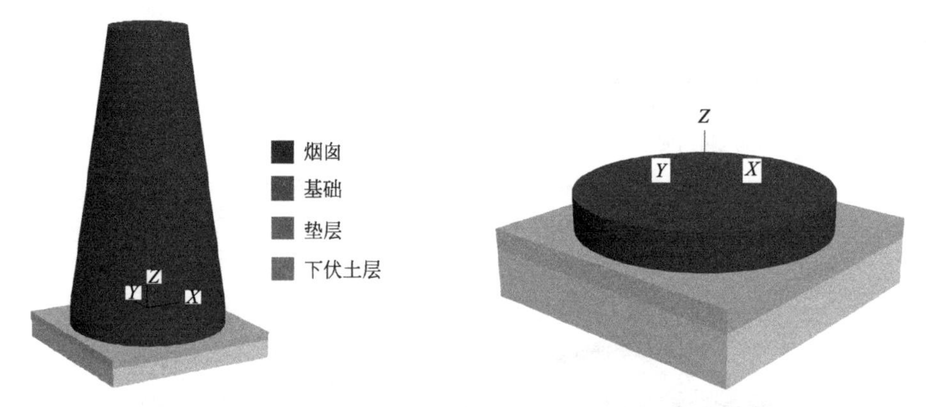

图 6-14　烟囱砂砾石垫层地基物理模型简图

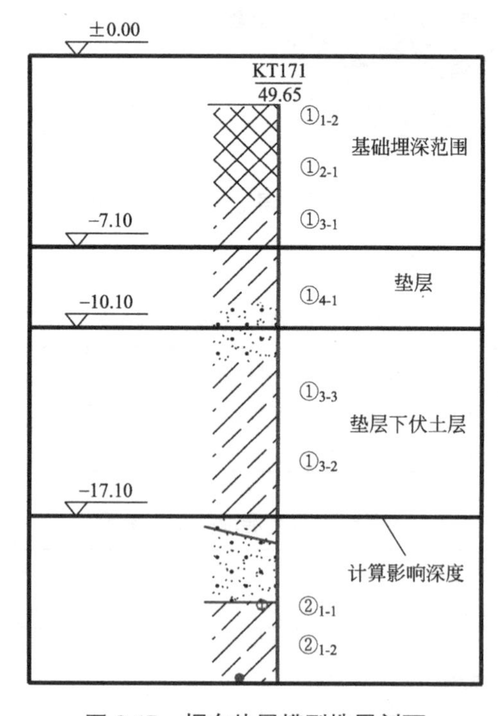

图 6-15　烟囱垫层模型地层剖面

2. 运行结果分析

图 6-16 为烟囱垫层变形图，计算变形最大值为 31.08mm，其中下卧层变形为 30.72mm，占总变形量的 98%。从变形等值线图看，变形分布具有一定的对称性，与主厂房及锅炉垫层变形规律不同的是，烟囱垫层变形较大的部位并不在中间区域，而是偏离中心部位呈环状分布，这与上部结构类型及基底荷载分布有一定的关系。变形监测曲线显示模型在运行过程中在趋于稳定之前有一定的跳跃，这主要是由于建模时单元间的搭接及网格划分和平滑过渡存在一定的误差，跳跃区之后的曲线是正常的曲线形态，因此跳跃点不能看作变形的最大值。

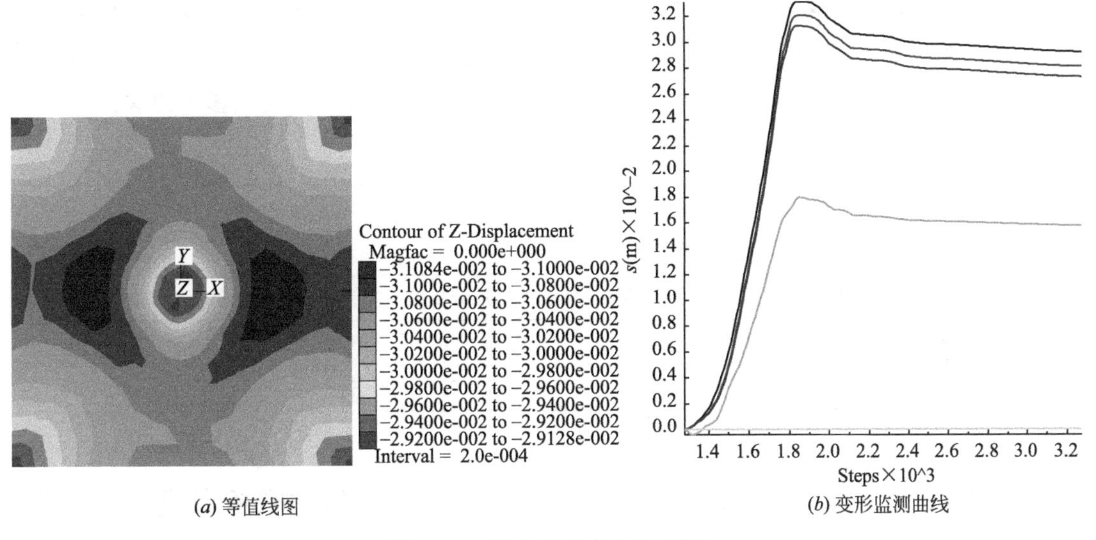

(a) 等值线图　　(b) 变形监测曲线

图 6-16　烟囱垫层竖向变形图

图 6-17 为烟囱垫层的竖向应力分布图，最大值为 416.7kPa，由于上部结构的荷载相对较小，所以整个变形与其他主要建筑物垫层相比也偏小。

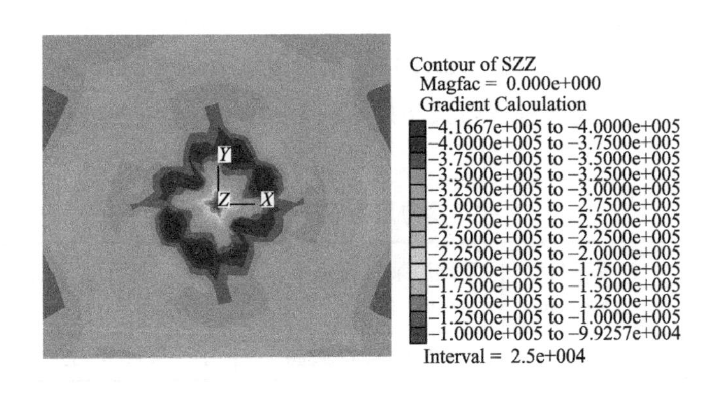

图 6-17　烟囱垫层竖向应力分布图

6.2.4　与实测沉降对比

将主厂房和锅炉垫层地基的数值计算结果与相应的沉降实测数据进行对比后，可以得出，垫层变形的数值计算结果均比实测结果偏大，见表6-8。产生这样的结果，主要是因为在变形计算过程中，从建模到计算的很多环节都存在一定的假设，主要有以下几点，这些因素在一定程度上都会使得计算结果偏大：

（1）计算中，将地基看成均质的线性变形半空间；

（2）在附加压力计算中忽略了基础和结构刚度对变形的影响；

（3）计算深度范围内各土层的物理力学性质指标均取自室内土工试验值，各参数取值不能显现原位土层的非线性特性。

根据实测沉降值，并根据土层参数中对变形影响较敏感的参数进行了反分析计算，即以实测沉降值为目标值，来反算满足实测沉降要求时各参数的具体值。通过上面的分析可知，垫层的最终变形主要是下卧层的变形，因此主要针对下卧层的参数进行调整，主要影响参数包括土层的模量及 c、φ 值，结果见表6-8，对实际应用有一定的参考意义。

与实测值对比及参数反分析　　表6-8

部位	地层	变形 s(mm)		压缩模量 E_s(MPa)		黏聚力 c(kPa)		内摩擦角 φ(°)	
		实测值	计算值	实验值	反分析值	实验值	反分析值	实验值	反分析值
主厂房	下卧层（粉质黏土）	21	39.74	15	26	55	59	13.6	22.6
锅炉		34	42.06	15	22	55	56.4	13.6	19.0

6.3 陕西国华锦界4×600MW煤电工程主要建筑物砂砾石垫层三维数值模拟

6.3.1 主厂房砂砾石垫层

1. 模型构建及参数设置

根据主厂房基础平面布置图，结合主厂房区域勘探点布置图，选取B排基础中28轴与B轴交汇处的基础为对象，提取相关参数见表6-9与表6-10，建立相应的地基模型。地层剖面见图6-18，±0.00=1153.00m。

主厂房垫层物理模型参数　　表6-9

基础型号	基础位置	基础尺寸 $b\times l$(m)	基础埋深 d(m)	基底压力 p (kPa)	模型尺寸 $b'\times l'\times H$(m)	参照钻孔
BJ-4	㉘-Ⓑ	8.8×8.2	−7.0	540	11.0×11.0×12.7	K1291

主厂房砂砾石垫层地基土层参数　　表6-10

土层编号	土层名称	厚度 h (m)	天然密度 ρ (g/cm³)	黏聚力 c(kPa)	内摩擦角 φ (°)	压缩模量 E_s (MPa)	体积模量 K (MPa)	剪切模量 G (MPa)
①$_1$	粉细砂	3.34	1.6	0	20	7.0	5.8	2.7

续表

土层编号	土层名称	厚度 h (m)	天然密度 ρ (g/cm³)	黏聚力 c(kPa)	内摩擦角 φ (°)	压缩模量 E_s (MPa)	体积模量 K (MPa)	剪切模量 G (MPa)
④	粉土	3.0	2.0	21.5	24.2	19.4	21.6	7.2
④	粉土	6.36	2.0	21.5	24.2	19.4	21.6	7.2

注：粉细砂泊松比 0.30，粉土泊松比 0.35，下同。

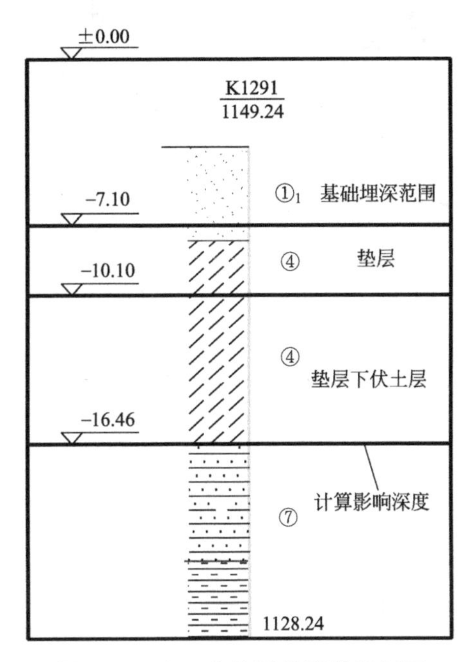

图 6-18　主厂房垫层模型地层剖面

垫层参数见表 6-11。模型共 1152 个单元，1469 个节点，边界条件设置同前，运行 4446 时步后达到初始平衡状态。

主厂房砂砾石垫层参数　　　　表 6-11

垫层材料	垫层厚度 z (m)	层顶标高 (m)	密度 ρ (g/cm³)	内摩擦角 φ (°)	体积模量 K (MPa)	剪切模量 G (MPa)
人工级配碎石	3.0	−7.10	2.0	43	176	95.5

2. 运行结果分析

（1）垫层及下卧层变形

图 6-19 及图 6-20 为垫层和下卧层竖向变形分布图及监测曲线，最大变形值为 69.53mm，下卧层变形值为 64.15mm，占总变形量的 92.3%，在基础顶面均布荷载作用下，垫层水平向和竖向的变形规律是一致的。

在前面已经提到，对比垫层变形值和下卧层的变形值会发现，实际发生压缩变形主要是下卧层，在同样的上部荷载作用下，当下卧层的土性指标偏低，并且下卧层土层较厚时，往往会导致地基变形偏大。在此需要说明一点，当地基变形主要是下卧层变形时，那

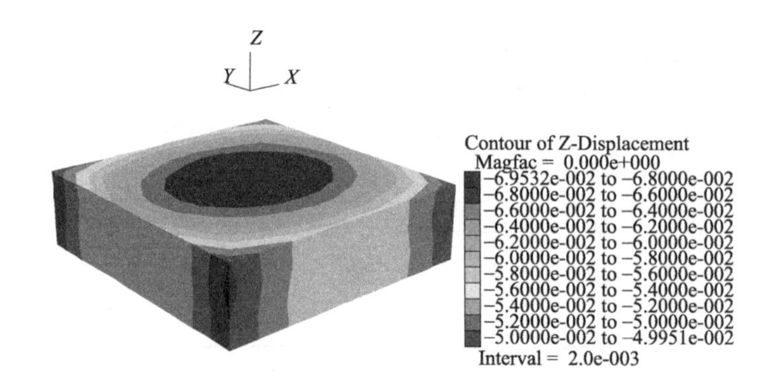

图 6-19　主厂房垫层竖向变形等值线图

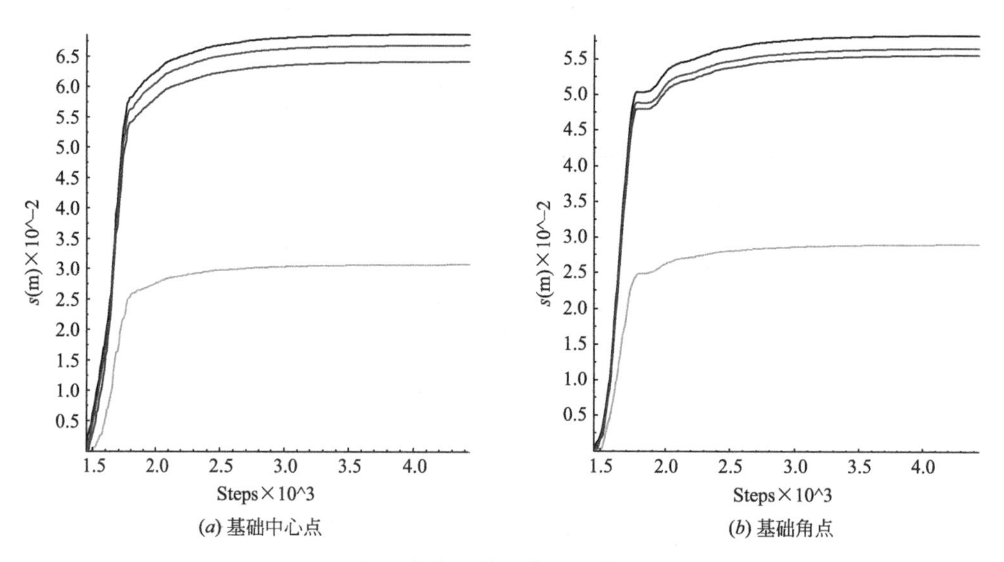

图 6-20　主厂房垫层特征点竖向变形监测曲线

么最终计算得出的垫层变形量，其中很大一部分实际上只能算作位移，因为垫层自身并没有发生那么大的压缩变形。如果想分别测得垫层和下卧层的自身压缩量，需要在变形监测点的设置和监测手段上采取一定的措施。

(2) 垫层受力分析

图 6-21 给出了主厂房垫层的竖向应力等值线分布图，其分布规律与前述基本一致，

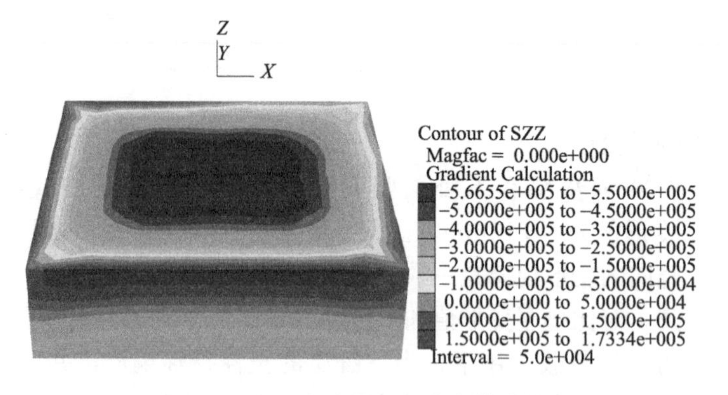

图 6-21　主厂房垫层竖向应力等值线图

与试验测得的垫层承载力比较，垫层在达到计算最大变形的情况下仅发挥了其正常承载能力的82%。

6.3.2　锅炉砂砾石垫层

1. 模型构建及参数设置

根据锅炉基础平面布置图，选取25轴与K6轴交汇处的基础（J13）作为模型构建的基础尺寸，模型参数详见表6-12，土层参数见表6-13，图6-22为参照钻孔的地层剖面，±0.00=1153.00m。

主厂房垫层物理模型参数　表6-12

基础型号	基础位置	基础尺寸 $b\times l$(m)	基础埋深 d(m)	基底压力 p (kPa)	模型尺寸 $b'\times l'\times H$(m)	参照钻孔
J13	㉕-Ⓚ6	8.4×9.0	−7.0	550	11.0×11.0×11.3	K1282

主厂房垫层地基土层参数　表6-13

土层编号	土层名称	厚度 h (m)	天然密度 ρ (g/cm³)	黏聚力 c (kPa)	内摩擦角 φ (°)	压缩模量 E_s (MPa)	体积模量 K (MPa)	剪切模量 G (MPa)
①$_1$	粉细砂	3.01	1.6	0	20	7.0	5.8	2.7
④	粉土	3.0	2.0	21.5	24.2	19.4	21.6	7.2
④	粉土	5.29	2.0	21.5	24.2	19.4	21.6	7.2

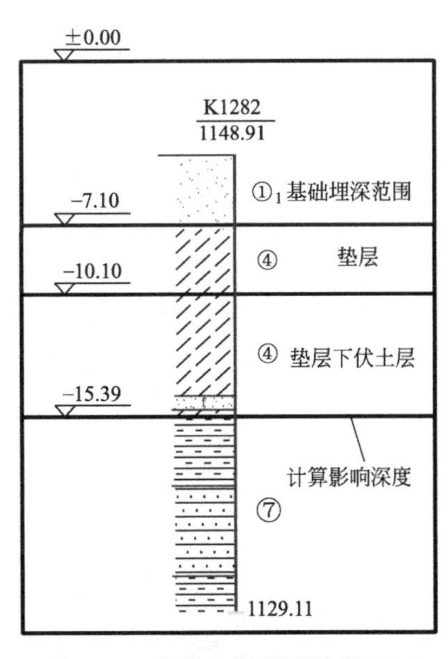

图6-22　锅炉垫层模型地层剖面

2. 运行结果分析

锅炉垫层的计算结果与主厂房垫层相类似，只是由于作用荷载大小的不同和地层分布的不同，导致变形量有所不同。从图6-23和图6-24可以看出，最大变形值为63.7mm，其中下卧层变形为57.8mm，占总变形量的90.7%。

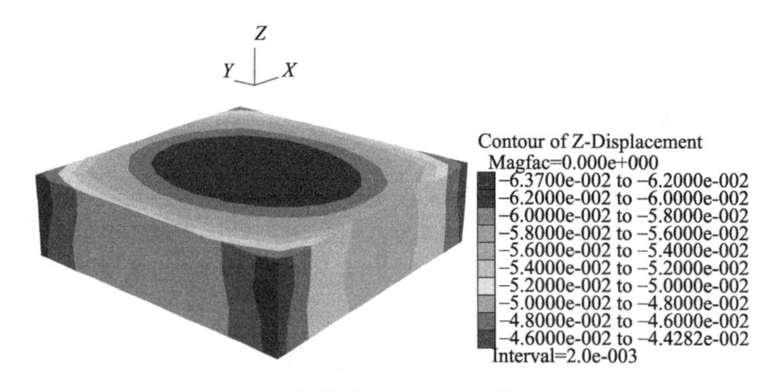

图 6-23　锅炉垫层竖向变形等值线图

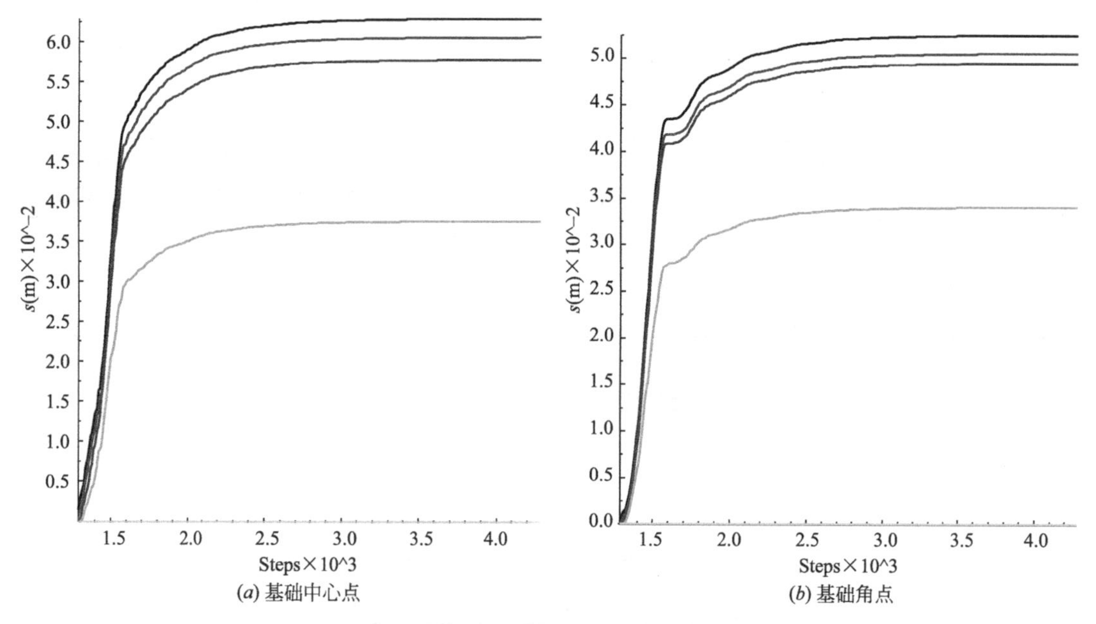

图 6-24　锅炉垫层特征点竖向变形监测曲线

图 6-25 为锅炉垫层的竖向应力分布图，基础接触部位垫层竖向应力最大值为 569.4kPa。

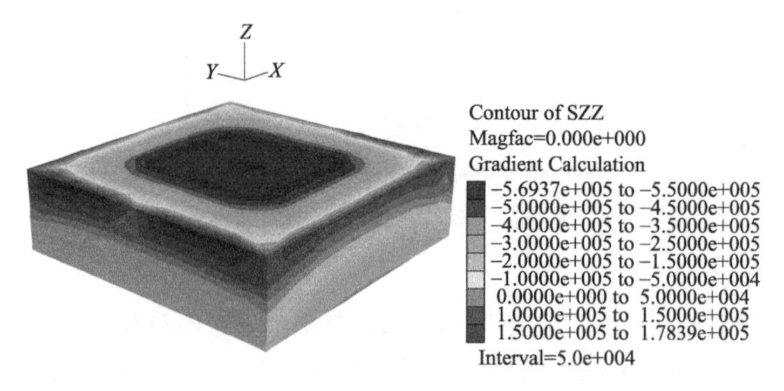

图 6-25　锅炉垫层竖向应力等值线图

6.3.3　与实测沉降对比

将数值计算结果与实测沉降进行对比后不难发现，主厂房及锅炉垫层变形数值计算结果（69.53mm、63.7mm）均远远大于实测沉降值（4.69mm、8.34mm）。根据 6.1.4 节的分析可知，一般情况下，数值计算值会大于实测沉降值，但不会出现这样悬殊的差值。根据地层情况，垫层下卧层主要是④层粉土，粉土层以下是稳定的基岩，在建模时，将④层粉土层底作为模型底边界，即发生的压缩变形主要是由该层产生的。根据《岩土工程勘察报告》中提供的④层粉土的物理力学指标统计值，100～200kPa 压力段的压缩模量平均值为 12.8MPa，如按该值计算的话，垫层变形更大（主厂房 100mm、锅炉 91.9mm）。实际上该层取以上压力段下的压缩模量偏低，通过计算垫层底面处的实际压力值（附加压力与土自重压力之和）可以得出，下卧层④层粉土层顶的压力为 397.44kPa，因此根据《岩土工程勘察报告》中④层粉土各压力段压缩系数与压缩模量对照表可查得 300～400kPa 压力段下的压缩模量为 19.4MPa，按该值算出的垫层最大变形值仍远大于实测值，同时可以发现模量等参数的取值对于变形的计算影响之大。

鉴于以上分析，并对比其他两个工程的地层条件及荷载情况，主厂房和锅炉的垫层沉降实测值与数值计算值出现如此大的差异，除了 6.2.4 节所列出的几个因素外，考虑还有以下几个方面的因素：

（1）实测沉降数据会受到很多因素的影响，会导致实测值存在一定的误差；

（2）垫层下卧层变形可能在沉降观测期内还未完全趋于稳定，还会有一定的变形增量；

（3）室内土工试验提供的土层物性参数偏低，没有反映原位土体的实际性能。

在今后的沉降观测中，应进一步积累观测数据，分析、研究建筑物地基的实际变形特征。

6.4　华能沁北电厂二期 2×600MW 工程主要建筑物砂砾石垫层三维数值模拟

6.4.1　主厂房砂砾石垫层

1. 模型构建及参数设置

根据主厂房基础平面布置图，结合主厂房区域勘探点布置图，选取 A 排基础中 34 轴与 A 轴交汇位置的基础进行相应模型的构建，基础型号 AJ-1a，见表 6-14，土层参数见表 6-15。

主厂房垫层物理模型参数　　表 6-14

基础型号	基础位置	基础尺寸 $b\times l$(m)	基础埋深 d(m)	基底压力 p(kPa)	模型尺寸 $b'\times l'\times H$(m)	参照钻孔
AJ-1a	㉞-Ⓐ	8.1×7.6	−7.0	540	12.0×12.0×18.5	J304

主厂房垫层地基土层参数 表 6-15

土层编号	土层名称	厚度 h (m)	天然密度 ρ (g/cm³)	黏聚力 c(kPa)	内摩擦角 φ (°)	压缩模量 E_s (MPa)	体积模量 K (MPa)	剪切模量 G (MPa)
①	卵石	7.1	2.1	0	36	45	32.6	17.7
①	卵石	6.5	2.1	0	36	45	32.6	17.7
②	黄土状粉土	4.9	1.8	45	21.1	18	20	6.7

注：卵石泊松比 0.27，黄土状粉土泊松比 0.35，下同。

图 6-26 为主厂房垫层模型参照钻孔的地层剖面，±0.00＝184.50m。垫层的相关设计参数和试验参数见表 6-16。

主厂房砂砾石垫层参数 表 6-16

垫层材料	垫层厚度 z(m)	层顶标高 (m)	密度 ρ (g/cm³)	内摩擦角 φ(°)	体积模量 K(MPa)	剪切模量 G(MPa)
人工级配碎石	6.5	−7.10	2.36	43	166	90.6

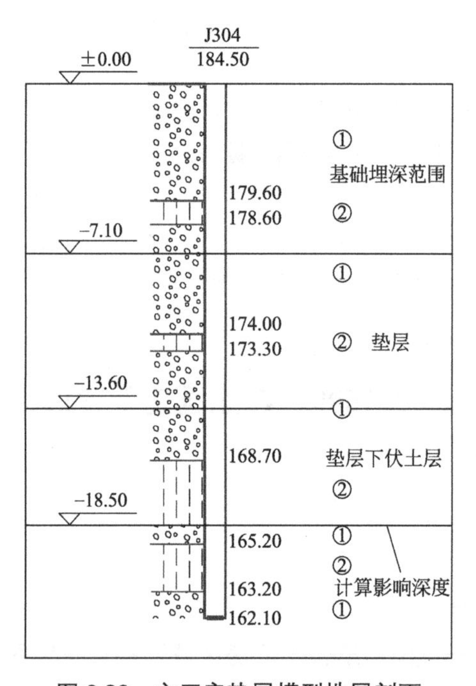

图 6-26 主厂房垫层模型地层剖面

2. 运行结果分析

主厂房垫层竖向变形及其下卧层变形见图 6-27 和图 6-28，变形最大值为 39.5mm，其中下卧层变形为 32mm，占整个变形量的 81%。本工程的特点是垫层厚度较大，达 6.5m，基础埋深范围内的土层主要为卵石层，从参照钻孔所揭露的地层剖面来看，下卧层中存在 2.7m 厚的黄土状粉土层，压缩模量相对偏低，是主要压缩层。

从图 6-29 可以得出垫层竖向应力最大值为 557.4kPa。

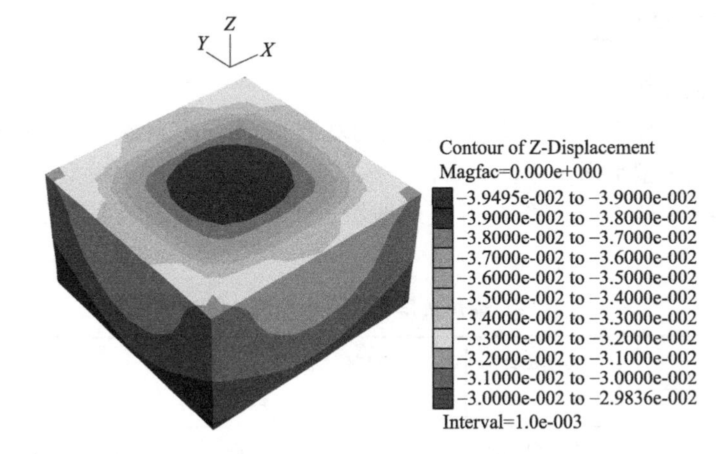

图 6-27　主厂房垫层竖向变形等值线图

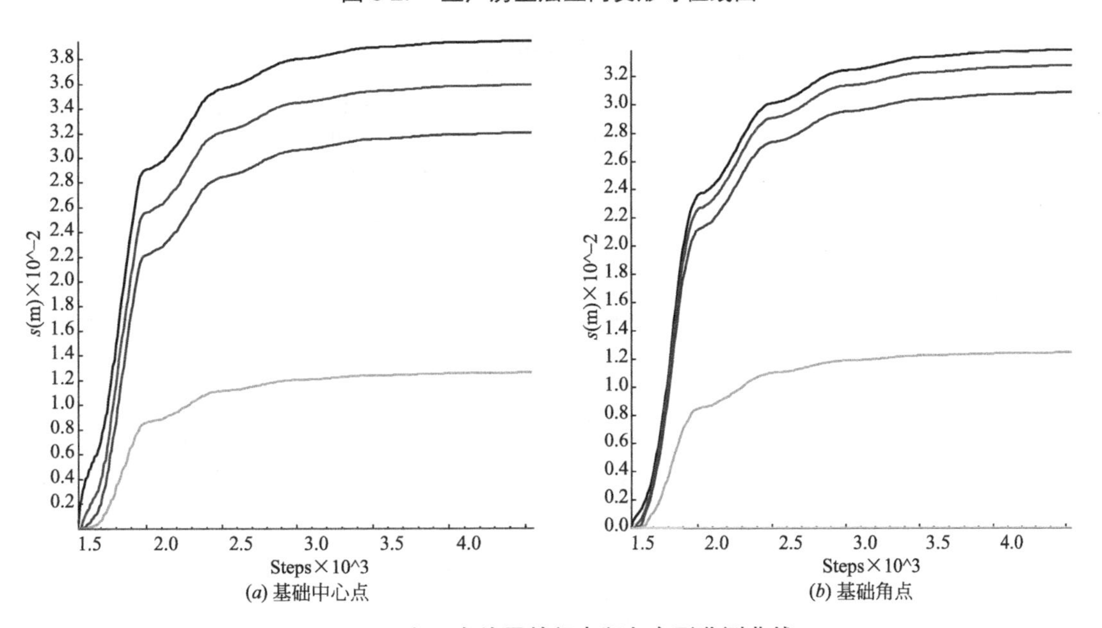

图 6-28　主厂房垫层特征点竖向变形监测曲线

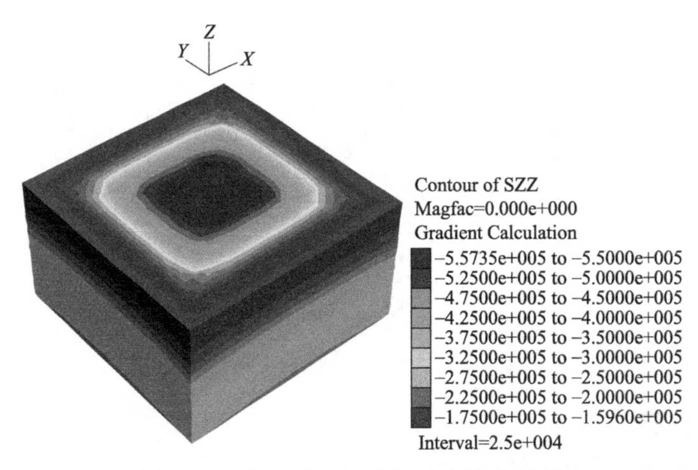

图 6-29　主厂房垫层竖向应力等值线图

6.4.2 锅炉砂砾石垫层

1. 模型构建及参数设置

锅炉垫层建模选择32轴与K3轴交汇处的基础J6为研究对象，根据基础平面尺寸及相邻基础关系确定模型平面尺寸，然后根据参照钻孔地层分布确定模型的计算深度，详见表6-17，土层参数见表6-18，图6-30直观地给出了计算范围的地层分布情况，±0.00＝184.50m。

锅炉垫层物理模型参数　　表6-17

基础型号	基础位置	基础尺寸 $b\times l$(m)	基础埋深 d(m)	基底压力 p(kPa)	模型尺寸 $b'\times l'\times H$(m)	参照钻孔
J6	㉜-ⓚ3	7.4×9.5	−7.0	650	13.0×13.0×19.37	J343

锅炉垫层地基土层参数　　表6-18

土层编号	土层名称	厚度 h (m)	天然密度 ρ (g/cm³)	黏聚力 c(kPa)	内摩擦角 φ (°)	压缩模量 E_s (MPa)	体积模量 K (MPa)	剪切模量 G (MPa)
①	卵石	7.1	2.1	0	36	45	32.6	17.7
①	卵石	6.5	2.1	0	36	45	32.6	17.7
②	黄土状粉土	5.77	1.8	45	21.1	18	20	6.7

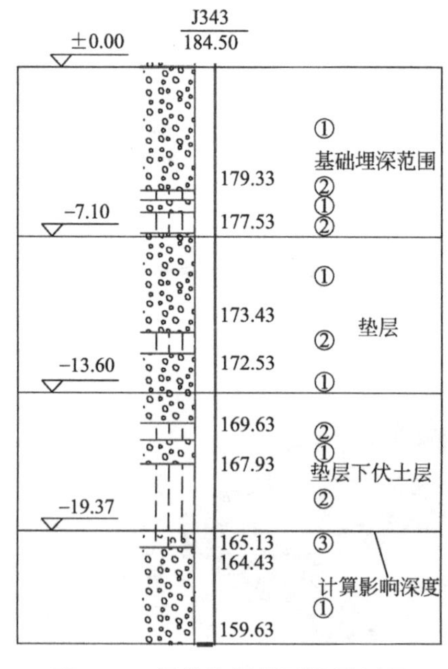

图6-30　锅炉垫层模型地层剖面

2. 运行结果分析

锅炉垫层竖向变形及其下卧层变形见图6-31和图6-32，垫层及下卧层变形特点与主厂房的计算结果基本相同，整个垫层地基最大变形值为 56mm，其中下卧层变形为 46.5mm，占整个变形量的 83%。主厂房与锅炉钻孔所揭露的地层结构基本相同，由于锅炉荷载较大，导致最终变形稍有增加。图 6-33 显示垫层竖向应力最大值为 674kPa。

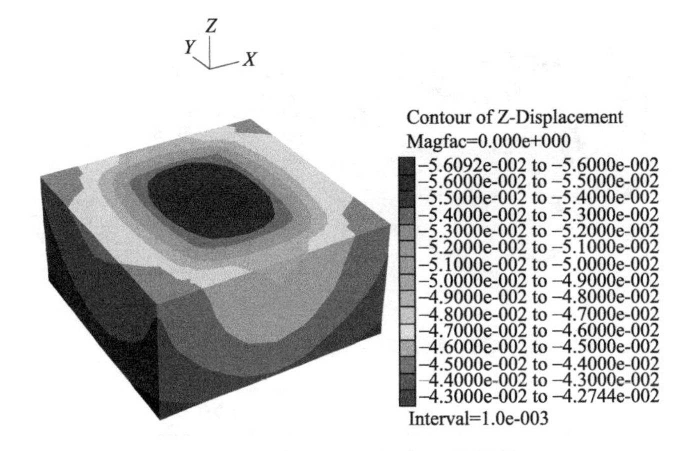

图 6-31　锅炉垫层竖向变形等值线图

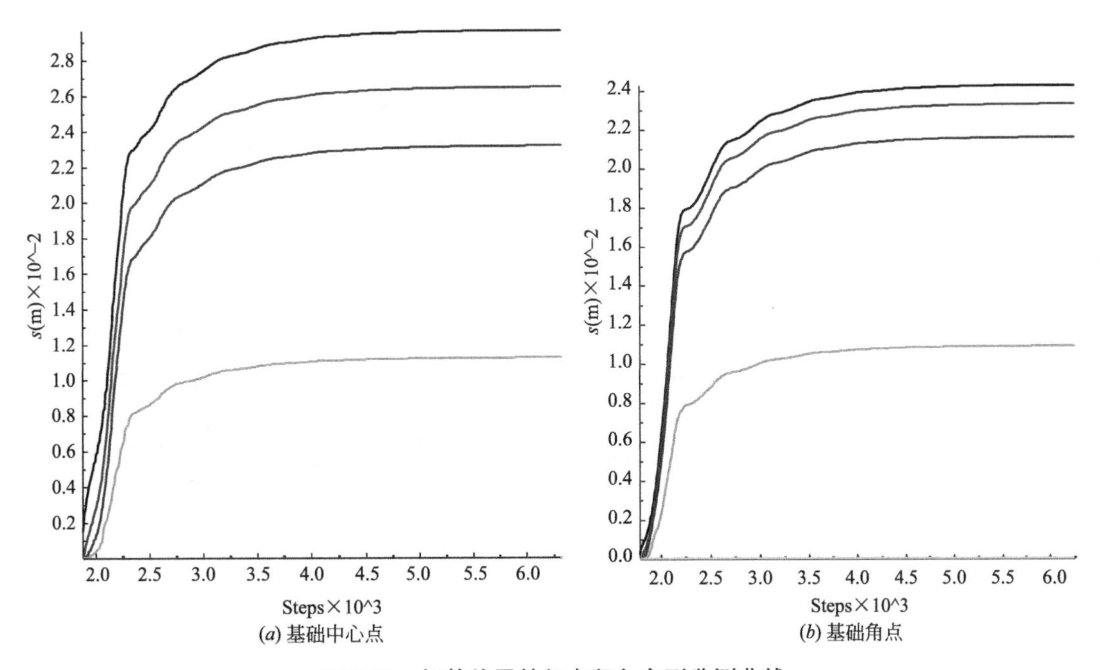

(*a*) 基础中心点　　(*b*) 基础角点

图 6-32　锅炉垫层特征点竖向变形监测曲线

6.4.3　与实测沉降对比

锅炉垫层实测沉降最大值为 20mm，小于计算值，根据实测沉降值，同样对变形影响较敏感的参数进行了反分析计算，结果见表 6-19。其中 c、φ 值的反分析结果大于实验值约 30%左右，而 E_s 值的反分析结果大于实验值的 83%，考虑到反分析计算过程中无法兼顾其他因素对实际变形的影响，因此反分析值要比实际值偏大。

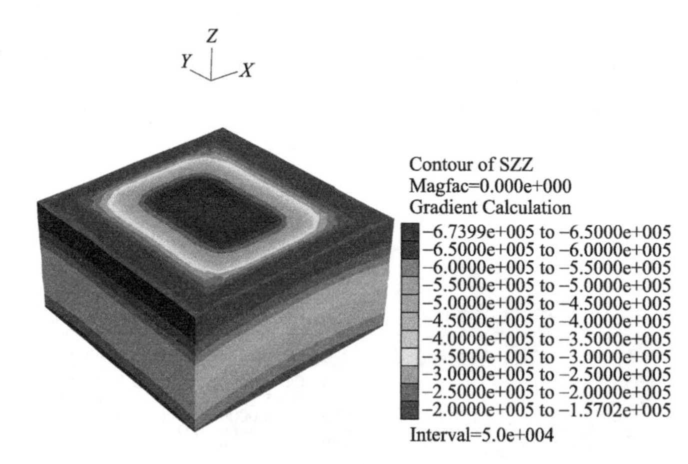

图 6-33 锅炉垫层竖向应力等值线图

与实测值对比及参数反分析　　表 6-19

部位	地层	变形 s(mm)		压缩模量 E_s(MPa)		黏聚力 c(kPa)		内摩擦角 φ(°)	
		实测值	计算值	实验值	反分析值	实验值	反分析值	实验值	反分析值
锅炉	下卧层	20	56	18	33	45	58	21.1	29.2

6.5 小结

结合实测沉降数据，对三个采取垫层地基的典型工程进行了三维数值模拟分析，结果表明，数值模拟结果很好地反映了垫层地基的变形和受力特征。通过分析可知，砂砾石填料在经过充分的分层碾压形成垫层地基后，垫层自身的变形很小，包括工后沉降在内的总体沉降中，下卧层的变形占有很大的比重，这就要求砂砾石垫层设计时，在考虑下卧层承载力的同时，对于变形控制严格的建筑，尚需确定更为适当的垫层厚度，或采取其他复合措施，来有效控制下卧层的变形。

下篇：砂砾石垫层地基工程应用

第7章 【实录1】华电国际邹县电厂四期2×1000MW工程

7.1 工程概况

华电国际邹县发电厂位于山东省邹城市唐村镇，一、二期机组容量为4×300MW，三期机组容量为2×600MW。四期2×1000MW工程系国家“十一五”重点建设项目，为国内首批超超临界百万千瓦等级火电机组示范工程和本土化依托项目。

四期厂区离开三期扩建端174m向西扩建，工程场地较好的地基持力层埋藏较深，厂区主要建（构）筑物采用天然地基不能满足设计要求。碎石垫层、灌注桩等在技术上均可行，且各有其优缺点，综合考虑技术、经济、工期、环境等方面的因素，主厂房等主要建（构）筑物地基采用碎石垫层换填处理方案。该工程于2006年12月并网运行（见图7-1），标志着中国电力事业的设备加工制造、设计和建设等方面达到了世界先进水平。该项目获得2008年度全国优秀工程勘察设计金奖，岩土工程勘察获2007年度电力行业优秀工程勘测二等奖。

图7-1 华电国际邹县发电厂全景

7.2 场地岩土工程条件

工程场地地貌上属于峄山山前洪积平原与白马河冲积平原的过渡地带，总体呈现东高西低之势。四期工程场地为三期工程的施工用地，散布着各种各样的建筑材料、建筑垃圾及办公临建和库房（见图 7-2）。场地地层共分为三大层和数个亚层及次亚层，其中第一、第二大层为第四系松散堆积物，一般厚度 26～50m，其下伏地层为石炭—二迭系基岩。本工程地基主要持力层为一大层粉质黏土及砾砂（见图 7-3、图 7-4），场地地层情况见图 7-5 及表 7-1，有关地基土物理力学指标见表 7-2。

图 7-2 工程场地地貌

图 7-3 钻孔揭露地层

图 7-4 试坑揭露地层

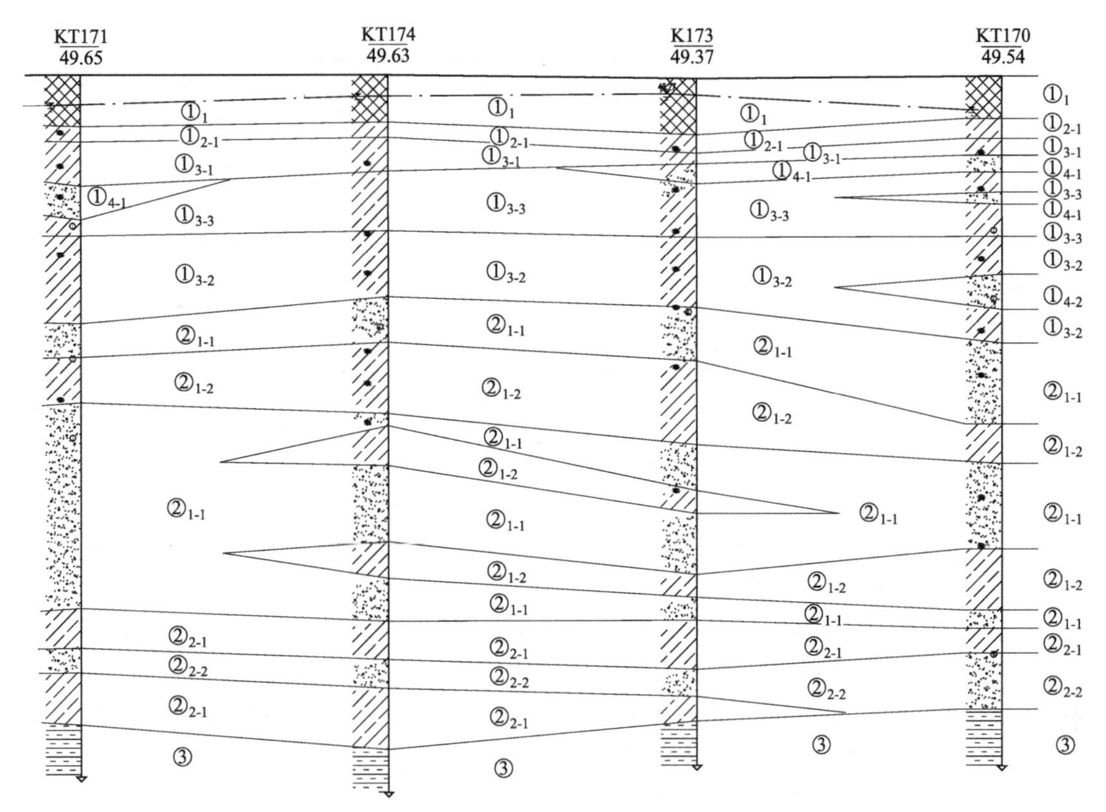

图 7-5 工程地质剖面

场地地层分布情况表 表 7-1

层号		地层名称	层厚(m)	岩性特征
一大层	①$_1$	粉质黏土	1.9～5.2	黄褐—褐黄色,湿,可塑
	①$_{2-1}$	粉质黏土	0.5～3.6	褐黄色—棕黄色,很湿—饱和,可塑
	①$_{3-1}$	粉质黏土	0.5～6.8	褐黄—棕黄色,湿—很湿,可塑
	①$_{3-2}$	粉质黏土	3.4～9.2	棕黄—灰黄色,湿—很湿,可塑—硬塑
	①$_{3-3}$	粉质黏土	0.8～5.0	棕黄—灰黄色,湿—很湿,可塑—硬塑
	①$_{4-1}$	砾砂	0.5～5.3	灰黄—棕黄色,松散—稍密,以透镜体形式展布
	①$_{4-2}$	砾砂	0.6～4.8	灰黄—棕黄色,稍密—密实,一般埋深较大
二大层		残积层		砾砂、粉质黏土(黏土)及其混合体为主
三大层		基岩		泥岩、页岩、泥灰岩、砂质泥岩,强风化—中等风化

地基土主要物理力学性质指标表 表 7-2

地层编号及岩性名称	天然含水量 w(%)	天然重度 γ (kN/m^3)	天然孔隙比 e	塑性指数 I_P	液性指数 I_L	压缩系数 a_{1-2} (MPa^{-1})	压缩模量 E_{s1-2} (MPa)	c (kPa)	φ (°)	标准贯入试验 N(击)	承载力特征值 f_{ak} (kPa)
①$_1$ 层粉质黏土	23.9	19.1	0.748	13.3	0.26	0.45	4.1	41.8	7.5	6.8	130

续表

地层编号及岩性名称	天然含水量 w(%)	天然重度 γ (kN/m³)	天然孔隙比 e	塑性指数 I_P	液性指数 I_L	压缩系数 a_{1-2} (MPa⁻¹)	压缩模量 E_{s1-2} (MPa)	c (kPa)	φ (°)	标准贯入试验 N(击)	承载力特征值 f_{ak} (kPa)
①$_{2-1}$ 层粉质黏土	22.3	19.7	0.701	14.8	0.01	0.31	5.7	57.5	11.4	9.1	220
①$_{3-1}$ 层粉质黏土	23.6	19.7	0.703	14.9	0.13	0.27	7.2	54.0	11.1	12.6	230
①$_{3-2}$ 层粉质黏土	24.3	19.5	0.732	17.2	0.12	0.21	9.0	55.2	13.9	27.3	290
①$_{3-3}$ 层粉质黏土	25.7	19.4	0.757	16.0	0.22	0.24	8.2	52.8	13.6	16.0	230
①$_{4-1}$ 层砾砂	24.0	19.3	0.737	—	—	—	—	48.6	16.6	19.2	190
①$_{4-2}$ 层砾砂	24.5	18.9	0.737	—	—	—	—	—	—	33.0	300
②残积层	21.2	19.8	0.644	15.8	0.07	0.18	12.4	—	—	40.8	330
备注	本表依据土工试验、原位测试及野外鉴定综合确定，c、φ 值为直剪（浸水快剪）建议值										

场地地下水类型属孔隙潜水，主要来源为山前洪积平原和河流冲积平原上游地下水的侧向补给，以及大气降水补给等，地下水位埋深为 0.56～2.36m，水位标高 45.76～48.64m。地下水的总体径流方向由东向西，排泄途径主要通过第四系松散沉积物孔隙沿径流方向向下游排泄，其次为生活及农灌开采地下水。地下水对混凝土结构为微腐蚀性，对钢筋混凝土结构中钢筋具弱腐蚀性。

地基土对混凝土结构、钢筋混凝土结构中钢筋均为微腐蚀性，对钢结构具中等腐蚀性。

厂区地震基本烈度为Ⅵ度，建筑场地类别为Ⅱ类，场地基本地震动峰值加速度为 0.075g，地震动反应谱特征周期值 0.38s。

7.3 地基处理方案简介

邹县发电厂一、二期工程采用天然地基方案，三期工程由于主要持力层的埋深加大，采用天然地基加素混凝土垫层的地基处理方案。沉降观测结果表明，一、二期建筑的沉降量较小。三期沉降观测自 1995 年 10 月 10 日至 1997 年 7 月 29 日，主厂房 A～D 各排柱的沉降量为 2.9～13.5mm，烟囱的沉降量为 12.9～13.6mm，汽机机座的沉降量为 2.7～5.9mm，且 1997 年 1 月 19 日～1997 年 7 月 29 日大约半年的时间里，建（构）筑物几乎没有沉降。运行过程中未发现因地基方案不妥而引发的运行问题，说明前三期主要建（构）筑物所采用的地基方案是恰当的。

工程场地①$_{3-2}$ 层土及其以下地基土可以作为 600MW 机组的天然地基持力层和下卧层，随着四期工程继续向西扩建，持力层①$_{3-2}$ 层的埋藏深度继续加深，1000MW 机组锅炉房荷载增大，烟囱高度 240m，不能满足主厂房、烟囱、冷却塔等主要建（构）筑物采用天然地基的要求。根据工程场地的地质条件和建（构）筑物对地基的要求，碎石垫层、灌注桩、钢筋混凝土管桩在技术上都是可行的；从经济方面比较，碎石垫层方案投资最为节省，主厂房基础加锅炉基础比管桩方案投资节省 3446 万元，比灌注桩方案投资节省

3272万元；施工工期比较，碎石垫层施工机具简单，可大面积机械化进行，施工速度快，工期最短。经对主厂房、烟囱区域分析计算（表7-3)，碎石垫层厚度3.0m可满足地基基础设计要求，故四期工程推荐采用碎石垫层方案，桩基作为备选方案。为了正确评价碎石垫层换填处理的实际效果，确定设计、施工所需的参数及施工质量控制标准，开展了碎石垫层原位试验，要求其地基承载力期望值不低于700kPa，压实系数不低于0.97。

主厂房、锅炉房、烟囱区域地基处理表　　表7-3

建筑物名称	基础埋深（m）	持力层选择	地坪下持力层埋深（m）	碎石垫层厚度（m）
主厂房	7.0	$①_{3\text{-}3}$ 或 $①_{3\text{-}2}$	10.0	3.0
锅炉房	7.0	$①_{3\text{-}3}$ 或 $①_{3\text{-}2}$	10.0	3.0
烟　囱	7.0	$①_{3\text{-}2}$	9.2	3.0

7.4　碎石垫层试验目的和内容

为了满足不同建（构）筑物对地基承载力及变形的要求，碎石垫层地基原体试验进行虚铺厚度600mm和400mm两种方案，试验的目的是验证碎石垫层换填处理方案的适宜性。本场地地下水位埋深浅，一般为0.56～2.36m，试验方案对试验区的降水进行了方案设计，试验点平面布置及试验流程进行了细致的研究和策划，试验的内容包括：

(1) 选择垫层材料和料场；

(2) 进行相对密度试验，确定碎石料的最大干密度；

(3) 根据试验所采用的垫层材料，确定适宜的压实设备和施工机具；

(4) 确定最佳的施工工艺，为设计、施工和施工质量控制标准等提供参数；

(5) 进行现场静载荷试验，确定碎石垫层的地基承载力特征值、变形模量等，检验碎石垫层地基承载力特征值是否能满足700kPa的期望值；

(6) 进行循环载荷板试验、波速测试，确定地基弹性模量、剪切模量；

(7) 进行模型基础动力参数测试，确定竖向、侧向、抗弯地基动刚度系数等动力参数；

(8) 进行基础摩擦试验，确定碎石垫层地基与基础的摩擦系数。

7.5　碎石垫层材料

针对当地天然砂砾石材料缺乏和建筑物变形的要求，材料选择时进行了多次调查、踏勘，确定了选用周边地区赋存丰富、石质坚硬、性能优良的奥陶系石灰岩作为换填材料，石灰岩抗压强度大于50MPa，运距约10～15km。

碎石垫层采用人工级配碎石料，混合碎石料和石粉的拌合比例为6∶1～7∶1，最大粒径80mm，粒径60～80mm的颗粒含量控制在10%左右，粒径小于5mm颗粒控制在25%±3%。在试验开始前，取碎石机一次粉碎成的混合碎石试样进行了3组相对密度试验，最小干密度为 1.61～1.67g/cm^3，最大干密度为 2.18～2.24g/cm^3。

碎石的不均匀系数 C_u 为 33.6～118.2，平均 64.2；曲率系数 C_c 为 3.0～12.0，平均 6.7；黏粒含量为 0.2%～1.1%。

7.6 碎石垫层试验施工

7.6.1 场地选择

试验场地选在四期工程的东侧，地面平均标高约 51.60m，试坑基底开挖面积为 10m×40m，开挖深度 3.5m。试验基坑四周共布降水井 9 个，深度 15m。试坑内从中心线一分为二，北侧定为 A 区，单层虚铺厚度为 600mm；南侧为 B 区，单层虚铺厚度为 400mm。

7.6.2 压实机械与工艺

试验采用的压实机械为 YZ12 型振动压路机，工作质量 12t，I档振动行驶速度 3km/h，振动轮静线荷载 271N/cm，激振力（高振）为 243.4kN，频率 31.7Hz，额定功率 73.5kW；振动轮直径 1.523m，振动轮宽度 2.13m。要求施工激振力大于 240kN，行走速度 2km/h。每层首先平碾 1 遍，再振动碾压 5～6 遍；振动轮的摆幅宽度为 2/3 振动轮宽度，即压茬 1/3 振动轮宽度。

7.7 碎石垫层检测

7.7.1 测试项目和工作量

试验施工效果检测包括筛分试验、密度与含水量试验、静载荷试验、循环载荷板试验、基础抗滑试验、波速试验、模型基础动力参数测试和超重型动力触探试验等方法，测试项目和完成工作量见表 7-4。

碎石垫层试验检测工作量一览表　　表 7-4

序号	测试项目	单位	规格	数量	备注
1	筛分试验	组		15	A 区 9 组，B 区 6 组
2	密度与含水量试验	组		90	A 区 54 组，B 区 36 组，密度试验采用灌水法
3	静载荷试验	点	压板面积 0.50m^2	6	A、B 区各 3 点
4	循环载荷板试验	点	压板面积 0.25m^2	2	A、B 区各 1 点
5	波速测试	点		2	A、B 区各 1 点
6	模型基础动力参数测试	点		2	A、B 区各 1 点
7	基础摩擦试验	点		4	A、B 区各 2 点

7.7.2 颗粒级配

A区进行颗粒筛分试验9组，B区进行颗粒筛分试验6组。试验结果表明，A区碎石的不均匀系数 C_u 为34.9～106.7，平均62.4，曲率系数 C_c 为4.5～9.3，平均6.5；黏粒含量0.3%～0.9%；B区碎石的不均匀系数 C_u 为33.6～118.2，平均64.2，曲率系数 C_c 为3.0～12.0，平均6.7；黏粒含量0.2%～1.1%。

7.7.3 密度与含水量

密度与含水量指标根据分层检测成果统计见表7-5。根据试验结果，压实系数普遍大于1.0，建议施工控制最大干密度采用2.28 g/cm³，压实系数不小于0.97。

密度与含水量统计表　　表7-5

试验区	项　目	子样个数	范围值	平均值	备　　注
A	湿密度(g/cm³)	54	2.13～2.53	2.33	该区域单层铺填厚度600mm
	含水量(%)	54	1.3～4.8	2.5	
	干密度(g/cm³)	54	2.07～2.48	2.28	
	压实系数	54	0.92～1.11	1.02	
B	湿密度(g/cm³)	36	2.13～2.57	2.33	该区域单层铺填厚度400mm
	含水量(%)	36	1.0～5.0	2.7	
	干密度(g/cm³)	36	2.08～2.49	2.27	
	压实系数	36	0.93～1.11	1.02	

7.7.4 静载荷试验

在A、B区各进行平板静载荷试验3点，试验压板面积为0.50m² 的圆板，堆载法提供反力，采用JCQ-503A静力载荷测试仪、容栅式位移传感器进行沉降观测，采用JCQ500F油泵流量控制器、电动油泵结合荷重传感器自动控载。试验成果见图7-6～图7-11和表7-6。

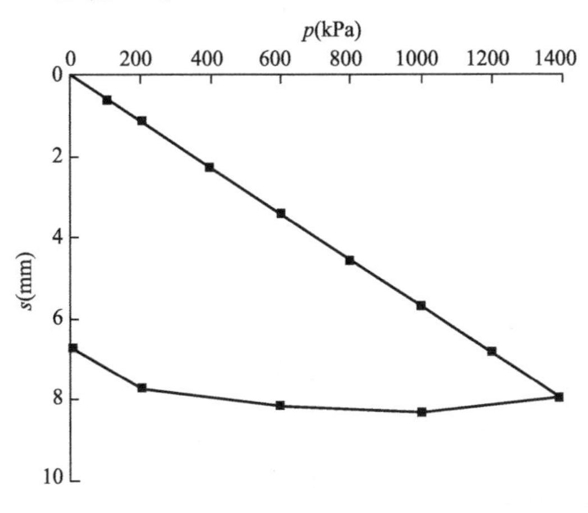

图7-6　A1试验点 p-s 曲线

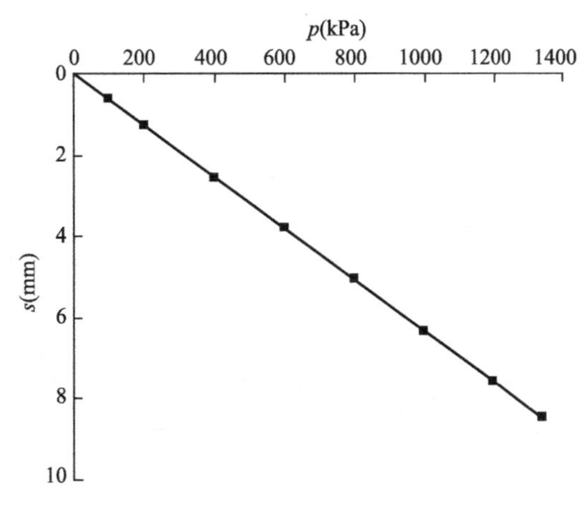

图7-7　A2试验点 p-s 曲线

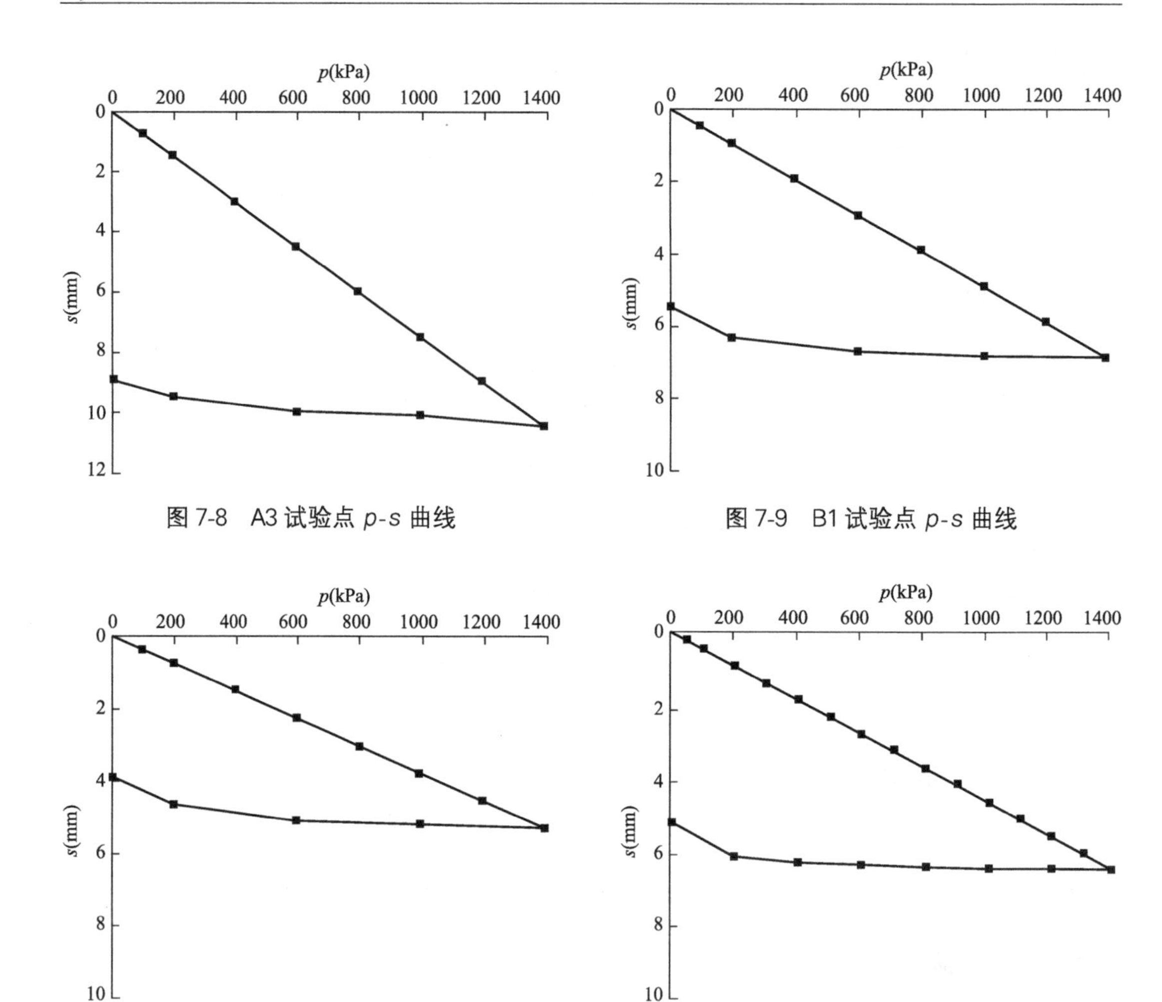

图 7-8　A3 试验点 p-s 曲线

图 7-9　B1 试验点 p-s 曲线

图 7-10　B2 试验点 p-s 曲线

图 7-11　B3 试验点 p-s 曲线

静载荷试验成果表　　表 7-6

试验点号	A1	A2	A3	B1	B2	B3
最大试验荷载(kPa)	1400	1400	1400	1400	1400	1400
地基最大沉降(mm)	7.97	8.51	10.45	6.86	5.30	6.53
最大回弹量(mm)	1.64	—	1.29	1.40	1.34	1.24
回弹率(%)	20.6	—	12.3	20.4	25.3	19.0
s/d=0.01 对应的承载力值(kPa)	1400	1266	1068	>1400	>1400	>1400
地基承载力特征值(kPa)	700	700	700	700	700	700
变形模量 E_0(MPa)	101.6	92.4	78.0	117.8	153.4	124.7
载荷试验基床系数 K_v(kN/m^3)	18×10^4	16×10^4	13×10^4	20×10^4	26×10^4	21×10^4

从试验结果看，A、B 区试验均能满足设计所期望承载力特征值 700kPa 的要求，但二者的差异还是存在的，其一，相同压力下 A 区沉降明显大于 B 区，其他测试指标 A 区也

要低于 B 区；其二，垫层虚铺厚度大者，极易形成粗颗粒集中现象，均匀性相对差一些，施工质量不易控制。综合分析，推荐单层虚铺厚度为 400mm 时承载力特征值为 700kPa，变形模量按 80MPa 设计；单层虚铺厚度为 600mm 时承载力特征值为 700kPa，变形模量按 65MPa 设计。

7.7.5 循环荷载板试验

在 A、B 区各进行循环载荷板试验 1 点，采用压板面积为 0.25m^2 的圆板，试验成果见表 7-7、表 7-8 及图 7-12、图 7-13。

A 区循环荷载板试验数据表　　表 7-7

循环次数	荷载状态	荷载(kPa)	本级沉降(mm)	累计沉降(mm)	本级时间(min)	累计时间(min)	静弹性模量 E(MPa)	静剪切模量 G(MPa)
第一次	加载	100	1.21	1.21	150	150	200.5	78.9
		200	1.13	2.34	150	300		
	卸载	100	−0.06	2.28	60	360		
		50	−0.04	2.24	60	420		
		0	−0.31	1.93	60	480		
第二次	加载	300	1.06	2.99	900	1380	283.0	111.4
		400	0.62	3.61	900	2280		
	卸载	300	0.00	3.61	60	2340		
		200	−0.03	3.58	60	2400		
		100	−0.09	3.49	60	2460		
		0	−0.46	3.03	180	2640		
第三次	加载	500	1.27	4.30	900	3540	316.1	124.4
		600	0.47	4.77	1080	4620		
	卸载	400	0.02	4.79	60	4680		
		200	−0.10	4.69	60	4740		
		0	−0.7	3.99	60	4800		

B 区循环荷载板试验数据表　　表 7-8

循环次数	荷载状态	荷载(kPa)	本级沉降(mm)	累计沉降(mm)	本级时间(min)	累计时间(min)	静弹性模量 E(MPa)	静剪切模量 G(MPa)
第一次	加载	100	1.02	1.02	150	150	222.1	87.3
		200	0.92	1.94	150	300		
	卸载	100	−0.03	1.91	60	360		
		50	−0.09	1.82	60	420		
		0	−0.25	1.57	60	480		

续表

循环次数	荷载状态	荷载（kPa）	本级沉降（mm）	累计沉降（mm）	本级时间（min）	累计时间（min）	静弹性模量 E(MPa)	静剪切模量 G(MPa)
第二次	加载	300	1.00	2.57	900	1380	328.8	129.4
		400	0.44	3.01	900	2280		
	卸载	300	0.00	3.01	60	2340		
		200	0.02	3.03	60	2400		
		100	−0.10	2.93	60	2460		
		0	−0.42	2.51	60	2520		
第三次	加载	500	1.01	3.52	900	2610	493.1	194.1
		600	0.24	3.76	720	3330		
	卸载	400	−0.02	3.74	60	3390		
		200	−0.10	3.64	60	3450		
		0	−0.34	3.30	60	3510		

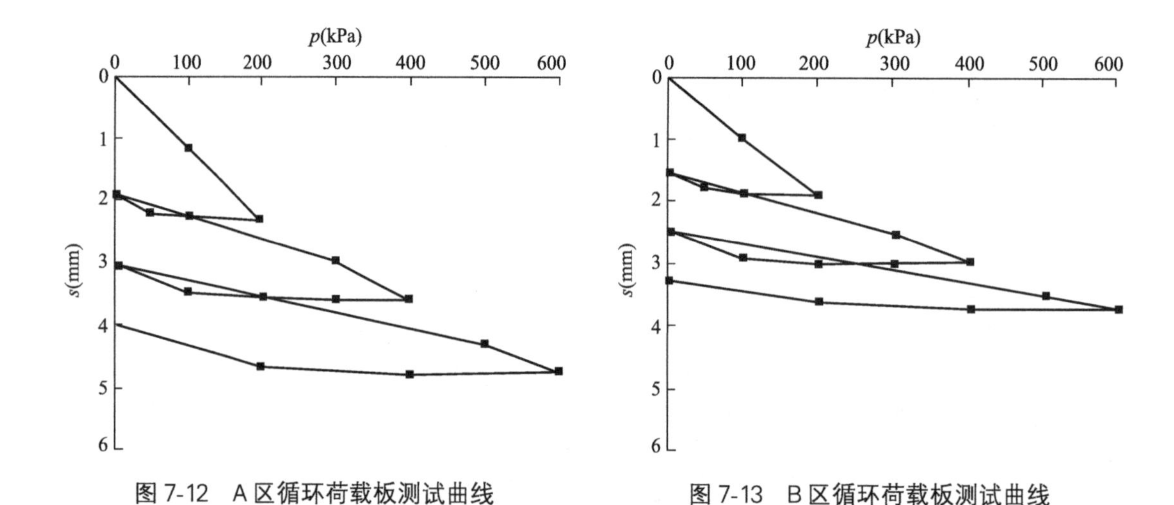

图 7-12　A 区循环荷载板测试曲线

图 7-13　B 区循环荷载板测试曲线

依据试验结果分析，建议 A 区静弹性模量按 280MPa 设计，静剪切模量按 110MPa 设计；B 区静弹性模量按 320MPa 设计，静剪切模量按 130MPa 设计。

7.7.6　波速测试

波速测试方法是在 A 区和 B 区各挖一试坑，将激发用的木板和金属板放在距试坑一定距离处，将三分量检波器放置在试坑中一定深度，并使检波器与坑壁良好接触，然后用专用锤敲击木板的两端和金属板，激发出剪切波和压缩波，用仪器接收。室内将接收到的剪切波和压缩波信息进行分析、处理，获取碎石垫层的剪切波和压缩波波速，根据波速计算垫层的动弹性模量、动剪切模量以及动泊松比，测试结果见表 7-9。

波速测试成果表　　表7-9

测试区域	测试深度(m)	压缩波波速 v_p(m/s)	剪切波波速 v_s(m/s)	动泊松比 μ_d	动弹性模量 E_d(MPa)	动剪切模量 G_d(MPa)
A区	0.0～1.5	539	311	0.250	563	225
B区	0.0～1.5	572	335	0.238	647	261

从两个试验区相比较来看，B区压缩波速与剪切波速及动弹性模量、动剪切模量均明显高于A区（压缩波速高出6%，剪切波速高出7%，动弹性模量高出15%，动剪切模量高出16%），动泊松比明显小于A区，由此可以看出，B区压实效果明显好于A区。

7.7.7 模型基础动力参数测试

在A区和B区分别现浇了尺寸为2.0m×1.5m×1.0m（长×宽×高）的明置混凝土块体进行模型基础动力参数测试，竖向和水平采用强迫振动试验方法，扭转振动采用敲击激励—自由响应振动试验方法，试验测试成果见表5-9。

7.7.8 基础摩擦试验

在A、B区各进行基础摩擦试验2组，每组试验垂直压力与水平剪力关系曲线见图7-14～图7-17。依据试验成果回归计算，A区摩擦系数为0.44～0.48，建议按0.45设计；B区摩擦系数为0.50～0.60，建议按0.55设计。

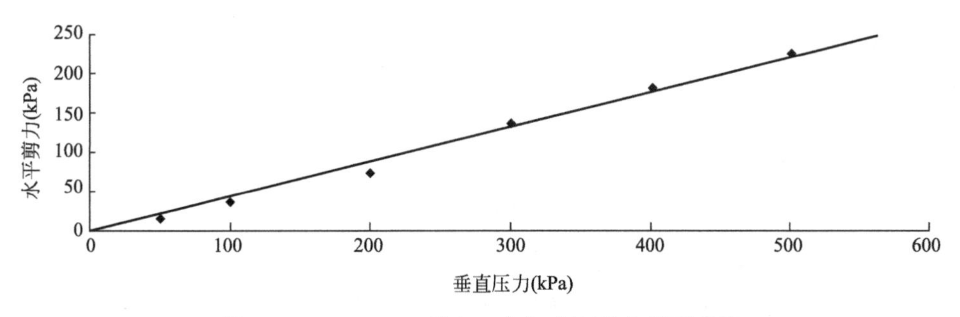

图7-14　AK600-04垂直压力与水平剪力关系曲线

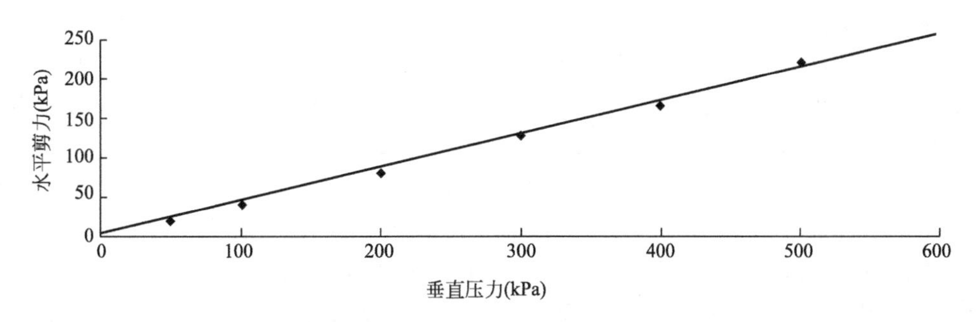

图7-15　AK600-06垂直压力与水平剪力关系曲线

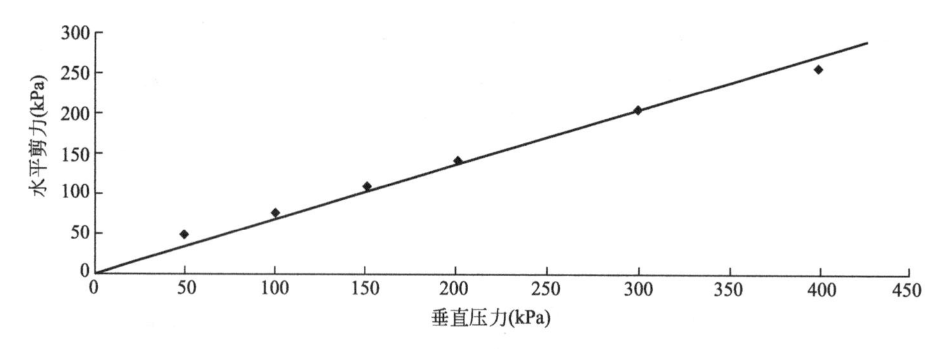

图 7-16 BK400-11 垂直压力与水平剪力关系曲线

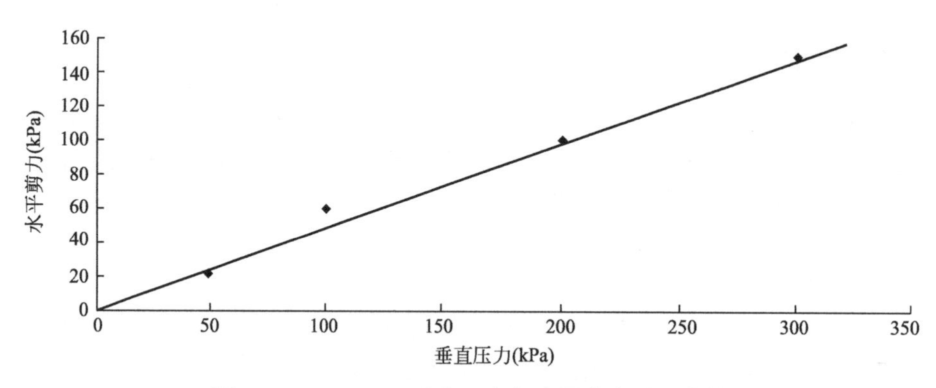

图 7-17 BK400-13 垂直压力与水平剪力关系曲线

7.8 工程应用及效果

7.8.1 碎石垫层设计

根据碎石垫层原体试验成果，施工铺填厚度 400mm 和 600mm 均可满足设计要求，但单层铺填厚度 600mm 相对单层铺填厚度 400mm 垫层工程性能要差一些。因此，地基设计时对于主厂房、锅炉、烟囱等荷载大的建（构）筑物地基，垫层厚度设计 3.0m，采用单层铺填厚度 400mm 的碎石垫层参数及施工方案，垫层底面置于$①_{3\text{-}2}$或$①_{3\text{-}3}$粉质黏土层上，进行严格的变形控制。对于冷却塔及附属建（构）筑物，环基垫层底面置于$①_{4\text{-}1}$砾砂层，采用单层铺填厚度 600mm 进行施工可满足要求，有利于加快施工进度。

以烟囱为例，±0.00m 相当于绝对标高 51.45m，烟囱基础为圆板形式，基础半径约为 18.7m，基础埋深 7.0m，按图 7-18 中所示基坑尺寸为碎石垫层回填所需的坑底尺寸。碎石垫层回填处理范围半径 21.0m，回填厚度 3.0m，垫层地基下卧层为$①_{3\text{-}2}$粉质黏土层，如遇开挖至基坑底标高仍未达到持力层时，应继续下挖至持力层，超挖部分采用毛石混凝土（毛石含量不大于 30%）或 C10 混凝土回填至碎石垫层底标高。

质量控制要求：每一碾压层的顶标高和底标高施工误差控制在±25mm，压实系数不小于 0.97，地基承载力特征值不小于 700kPa，主厂房地段变形模量不低于 80MPa，烟囱地段变形模量不低于 90MPa，冷却塔地段变形模量不低于 65MPa。

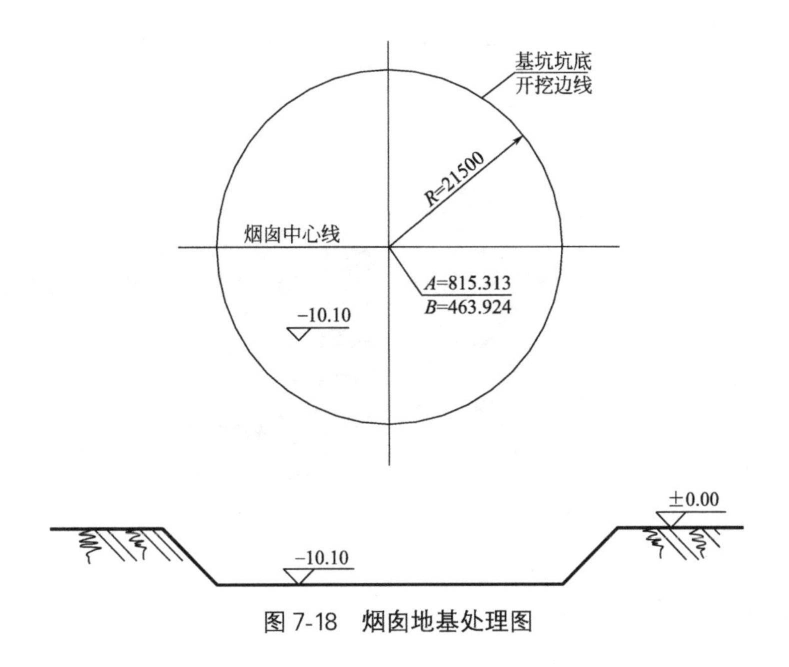

图 7-18 烟囱地基处理图

7.8.2 碎石垫层施工

1. 基坑开挖及降水

在基坑开挖前，需做好降水方案和施工组织措施。降水井点运行中，应定时测量水位降深，要求稳定水位下降至垫层底面下 1.5m，且稳定 24 小时后，方可进行试坑开挖。开挖至基底需预留 30cm 的保护层，采用人工开挖至基坑底面标高，防止对土层的扰动。在铺填碎石料前，基坑底面土质应为坚硬状态，若土质处于饱和或很湿的状态时，需晾晒至坚硬状态后方可铺填。

2. 碎石料及拌合

铺填所用碎石料为碎石厂的混合料及石粉，混合石料和石粉的拌合比例为 6∶1～7∶1。碎石料的原材料应为新鲜的灰岩，禁止采用风化岩石破碎，杜绝混入黏土块，含泥量应小于 3%。碎石最大粒径 80mm，粒径 60～80mm 的颗粒含量控制在 10%左右，大于 5mm 的颗粒含量宜控制在 60%～70%。

3. 铺填碎石

基坑清理干净后，先对基坑原土平碾一遍（不振动）。在施工现场将碎石至少要翻拌一遍，拌合均匀后运入基坑。从基坑最低处开始铺填，每层虚铺厚度不大于 400 mm，分两次铺设，每次铺设 200mm，以防止粗颗粒集中，表面应平整，含水量控制在 3%～5%。

4. 压实机械和施工工艺

碎石垫层碾压施工采用的施工机械为 YZ14JC 与 YZ18L 型振动压路机，最小工作质量为 14～18t，Ⅰ档振动行驶速度为 2.3～3.0km/h，驱动轮线荷载为 1030～1170N/cm。每层平碾 1 遍，而后振动碾压 6 遍，压路机的摆幅宽度 2/3 碾宽，即压茬 1/3 碾宽。为了控制压实质量，每一碾压层需检测密度和含水率，检测合格后方可铺填下一层，要求垫层压实系数不小于 0.97，如达不到设计要求的压实系数，则需调整级配和补压，直至达到要求为止。图 7-19 为主厂房碎石垫层施工，图 7-20 为冷却塔碎石垫层施工。

图 7-19　主厂房碎石垫层施工

图 7-20　冷却塔碎石垫层施工

7.8.3　垫层地基检测

主厂房、锅炉、烟囱地段碎石垫层施工自检干密度为 2.28～2.52g/cm^3，冷却塔地段施工自检干密度为 2.28～2.35g/cm^3，压实系数普遍大于 1.0，施工工艺与自检程序满足设计要求。

碎石垫层承载力检测采用静载荷试验，最大加载压力为 1400kPa，不小于设计荷载的 2 倍。主厂房、锅炉、烟囱地段完成静载荷试验 22 点，冷却塔地段完成静载荷试验 17 点，静载荷试验 p-s 曲线均未进入极限状态（图 7-21～图 7-24），碎石垫层地基的承载力特征值可满足 700kPa 的设计要求。主厂房、锅炉、烟囱地段变形模量为 87.4～164.2MPa，冷却塔地段变形模量为 67.5～141.2MPa，满足设计要求。

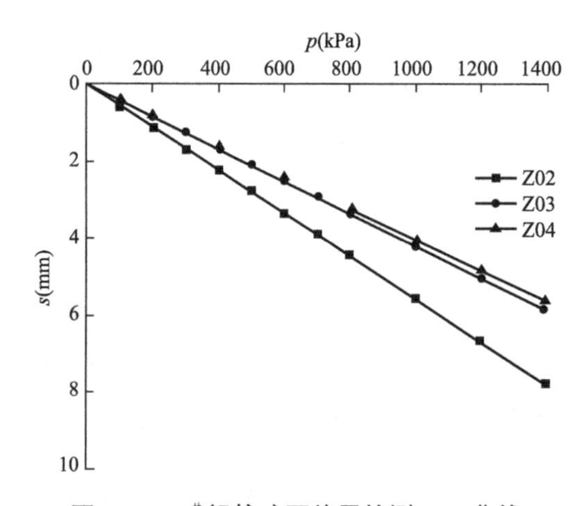

图 7-21　7# 锅炉碎石垫层检测 p-s 曲线

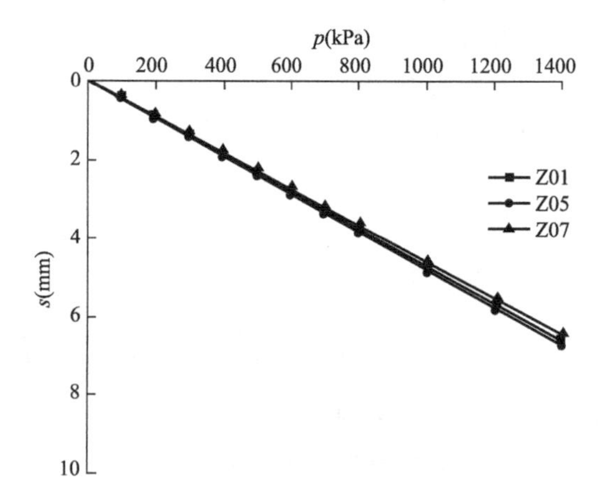

图 7-22　8# 锅炉碎石垫层检测 p-s 曲线

7.8.4　变形监测

本工程在施工期间及投产后均进行了沉降观测。两台机组全部投产后，2008 年 3 月

26 日至 2008 年 10 月 6 日 194 天的沉降观测量不超过 1mm，说明建（构）筑物沉降稳定。各建（构）筑物的沉降观测成果见表 7-10 及图 7-25～图 7-31。

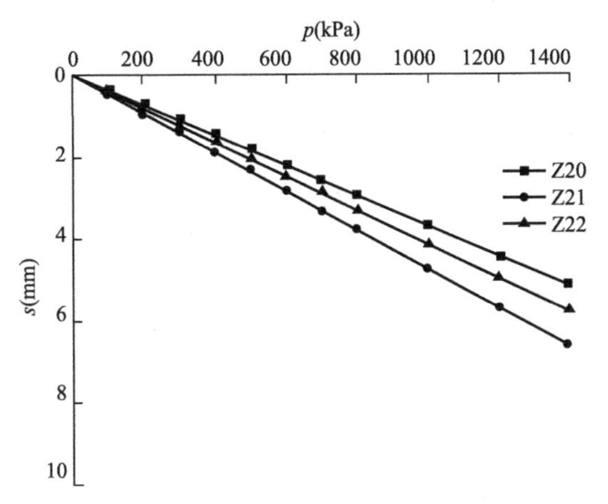

图 7-23 烟囱碎石垫层检测 p-s 曲线

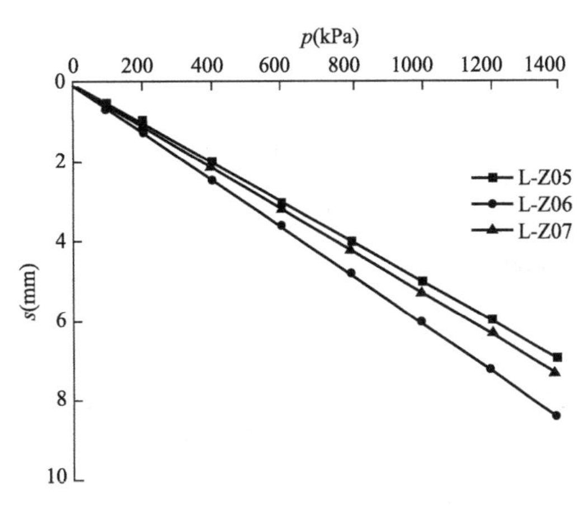

图 7-24 冷却塔碎石垫层检测 p-s 曲线

各建（构）筑物沉降观测成果　　表 7-10

建筑地段	最大沉降（mm）	最小沉降（mm）	投产后沉降速率（mm/d）	局部倾斜值	施工期沉降占总沉降量的百分比
$7^{\#}$锅炉	34.0	7.0	0.001	<1.0‰	99%
$8^{\#}$锅炉	13.5	10.5	0.008	0.04‰	94%
$7^{\#}$汽机	10.8	5.8	0.007	<1.0‰	75%
$8^{\#}$汽机	14.0	10.0	0.006	0.17‰	92%
$7^{\#}$主厂房	21.0	6.0	0.010	<1.0‰	95%
$8^{\#}$主厂房	12.0	8.0	0.005	0.5‰	92%
烟囱	33.0	24.0	0.011	0.25‰	82%～90%

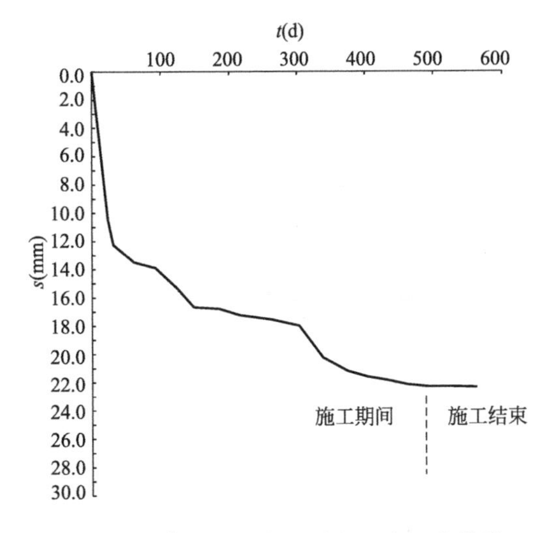

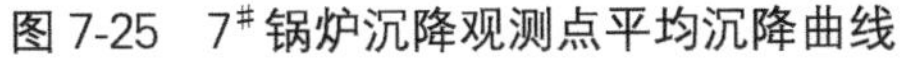
图 7-25 $7^{\#}$锅炉沉降观测点平均沉降曲线

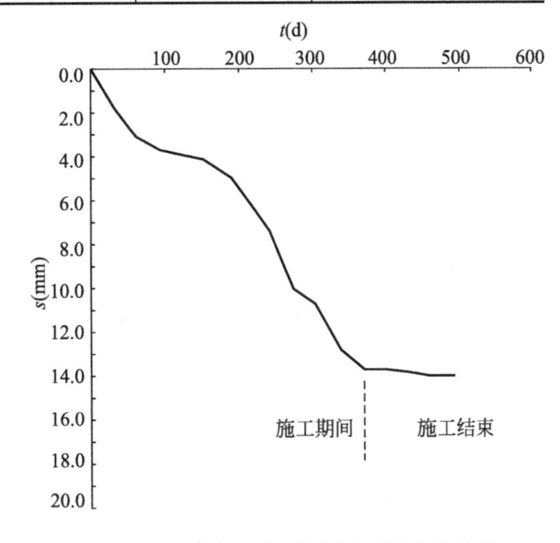

图 7-26 $7^{\#}$主厂房观测点平均沉降曲线

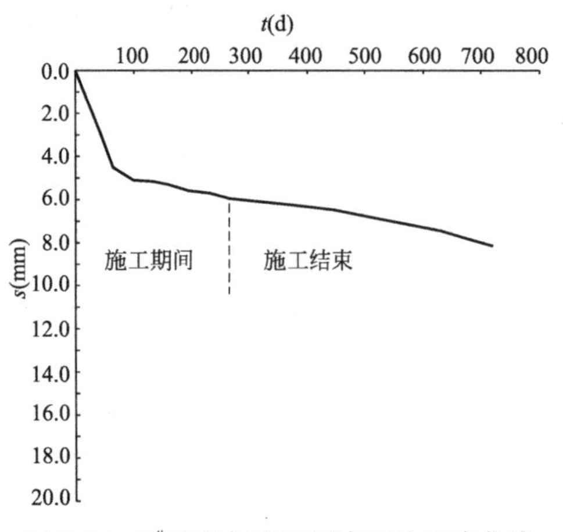

图 7-27　7# 汽机机座观测点平均沉降曲线

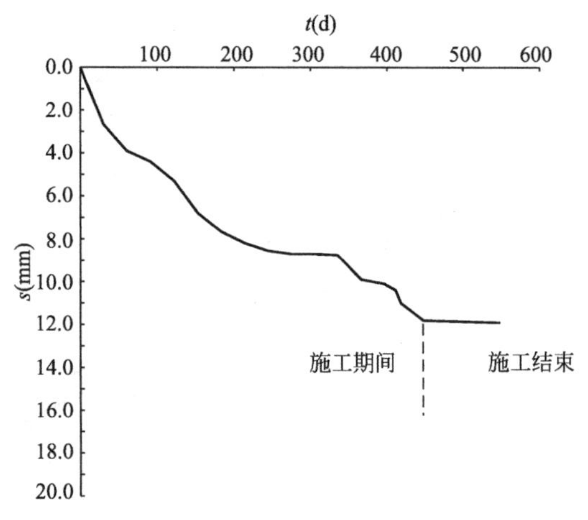

图 7-28　8# 汽机机座观测点平均沉降曲线

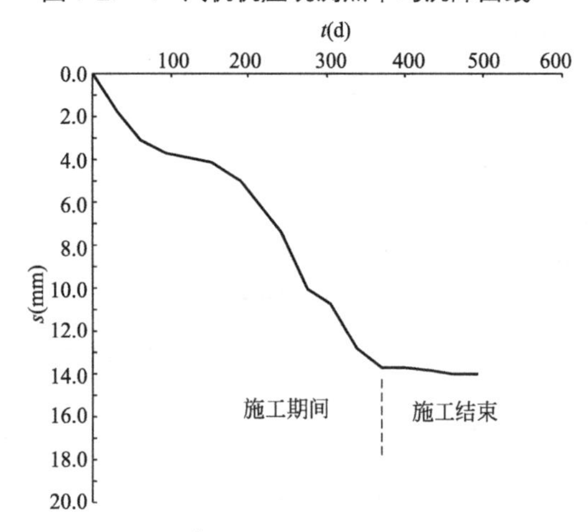

图 7-29　7# 主厂房观测点平均沉降曲线

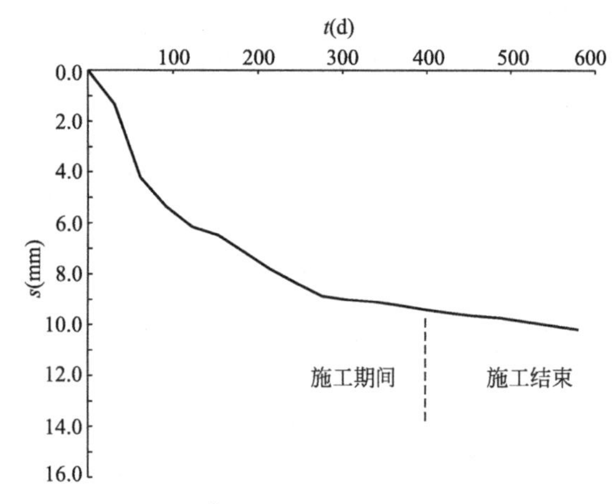

图 7-30　8# 主厂房观测点平均沉降曲线

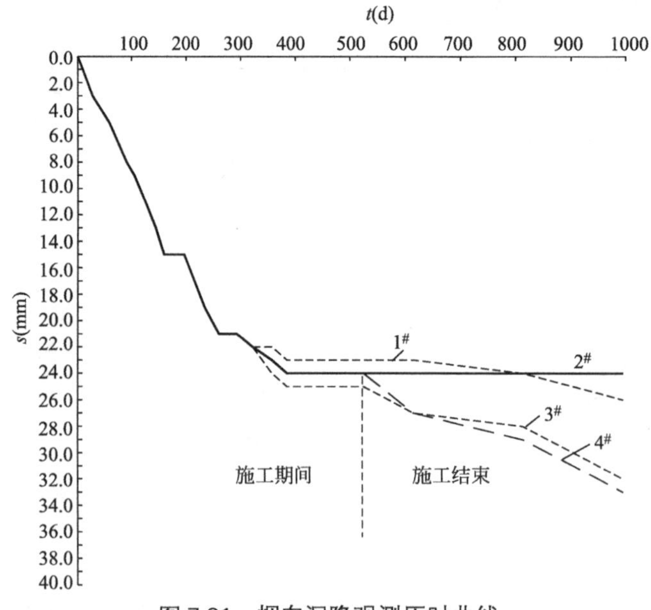

图 7-31　烟囱沉降观测历时曲线

沉降观测数据表明，施工期间的沉降量占总沉降量90%以上，施工期间完成了大部分沉降且变形均匀，垫层的工后沉降变形很小。建（构）筑物总沉降量很小且沉降均匀，说明垫层的抗变形能力和应力扩散能力强，能有效地控制下卧层的压缩变形。建（构）筑物平均沉降及差异沉降远远小于规范允许沉降不超过150mm的要求，说明地基处理效果明显。

7.8.5 总结

本工程采用碎石垫层地基处理在大型火力发电机组工程建设中的应用，施工周期短，经济效益显著，对环境友好。施工运行和沉降观测数据表明，施工期间完成了大部分沉降且变形均匀，垫层的工后沉降变形很小。建（构）筑物总沉降量很小且沉降均匀，垫层的抗变形能力和应力扩散能力强，能有效地控制下卧层的压缩变形，地基处理方案是非常成功的。

第8章 【实录2】安徽铜陵发电厂六期“以大代小”改扩建2×1000MW机组工程

8.1 工程概况

安徽铜陵发电厂位于铜陵市西南约9.2km，西邻长江，北有铜港路，东接S320省道，向南可直驶入京台高速，水陆交通十分便利。安徽铜陵发电厂六期“以大代小”改扩建工程，选用1000MW超超临界燃煤发电机组，属于国家鼓励建设的高参数、大容量、低能耗、环保型机组，是安徽省“861”重点项目和安徽省第一台百万千瓦机组，也是国内外采用EPC模式建设的第一台百万千瓦机组。工程场地位于三期主厂房固定端以西，铜港公路与电厂铁路专用线之间的三角形地带。

本期工程每台机组配备一座冷却面积为12500m^{2}的逆流式双曲线自然通风冷却塔，塔筒采用双曲线现浇钢筋混凝土壳体结构，塔高170.00m，进风口高度11.90m，喉部直径76.75m，采用环板基础，5$^{\#}$冷却塔地基采用本地区丰富的碎石料进行换填处理的方案。

本工程于2006年12月至2009年7月进行了场地岩土工程勘察和现场原体试验工作。2011年5月电厂5$^{\#}$机投入运行（见图8-1），该项目的建成投产，能够充分发挥安徽能源基地的优势，实现华东区域资源的优化配置，支持华东经济的持续发展和带动铜陵地区相关产业的发展，有利于加强电网结构，对“皖电东送”发挥支撑作用。该项目曾获2012年度电力行业优秀工程勘测一等奖。

图8-1 安徽铜陵发电厂六期“以大代小”改扩建工程全景

8.2 场地岩土工程条件

本期“以大代小”改扩建工程的建（构）筑物主要布置在长江南岸的Ⅰ、Ⅱ级阶地上，西南部（邻近桂家湖区）为湖沼区（见图8-2）。场地原始地形有起伏，大致呈北高南低、东高西低之势，地面标高10.20～34.77m。厂区的西北部有多个水塘分布，水深2.0～3.0m，塘底淤泥厚约1.0m。场地地层情况见表8-1，有关地基土物理力学指标见表8-2。本工程地基主要持力层为③层粉质黏土和④层含黏性土碎石（见图8-3、图8-4）。

图8-2 工程场地原始地貌

图8-3 粉质黏土

图8-4 含黏性土碎石

场地地层分布情况表 表8-1

层号	地层名称	层厚(m)	岩性特征
①	填土	0.5～8.0	杂色，以黏性土为主，夹少量碎石、煤渣、混凝土块、砖块，多呈松散状

续表

层号	地层名称	层厚(m)	岩性特征
②$_1$	淤泥质粉质黏土	1.0～4.8	青灰、灰褐、灰黑、黑色，饱和—很湿，软塑—流塑状，含腐殖质
②$_2$	粉质黏土	0.5～3.5	灰、灰褐、灰黄色，很湿，软塑—可塑，部分地段夹小石子和粗砂
③	粉质黏土	0.7～11.7	棕黄—黄褐色，湿，硬塑，局部含黑色铁锰质胶膜及灰白—灰绿色高岭土团块
④	含黏性土碎石	1.4～6.7	黄褐、棕黄色，湿，中密—密实，碎石成分主要为石英砂岩，含量为50%～60%，碎石间主要为棕黄色粉质黏土充填，稍湿，硬塑，含量为25%～30%
⑤	泥质砂岩		褐红色、紫红色，泥质结构，水平层状构造，含砾石。局部地段顶部0.5～1.0m为全风化，工程性能较差，以下渐变为强风化—中等风化

地基土主要物理力学性质指标表　　表 8-2

地层编号及岩性名称	天然含水量 w(%)	天然重度 γ (kN/m^3)	天然孔隙比 e	塑性指数 I_P	液性指数 I_L	压缩系数 $a_{1\text{-}2}$ (MPa^{-1})	压缩模量 $E_{s1\text{-}2}$ (MPa)	c (kPa)	φ (°)	标准贯入试验 N(击)	承载力特征值 f_{ak} (kPa)
②$_1$ 层淤泥质粉质黏土	31.3	18.8	0.927	14.3	0.79	0.58	3.9	15.4	9.3	3.7	70
②$_2$ 层粉质黏土	26.6	19.7	0.784	14.5	0.37	0.28	6.6	50.4	14.8	6.0	120
③层粉质黏土	23.3	20.0	0.688	15.6	0.07	0.16	10.7	76.4	17.6	22.3	300
④层含黏性土碎石	—	21.0	—	—	—	—	(70)	50.0	40.0	—	400
⑤层泥质砂岩(强风化)	0.26	22.0	—	—	—	—	(40)	50.7	35.8	—	400
备注	本表依据土工试验、原位测试及野外鉴定综合确定，()内为变形模量 E_0，c、φ 值为直剪(固快)建议值										

地下水为上层滞水和基岩裂隙水，主要接受大气降水的补给，呈团块状赋存于第四系土层孔隙和基岩裂隙中，整体来说，水量小，对建（构）筑物基础和施工影响不大，但在坳地、冲沟中水量较大。施工开挖时可采用以明沟和集水井为主要方式的降排水方案。

地基土、地下水对混凝土结构和混凝土结构中的钢筋具微腐蚀性。

8.3　地基处理方案简介

5#冷却塔地段，设计整平标高为 22.3m，环板基础埋深 4.5m，基础底面标高为 17.80m，要求地基承载力为 380kPa。基础底面的地层主要为③层粉质黏土，局部为①层填土，不能满足天然地基的要求。基础底面以下的粉质黏土、填土厚度 0.8～3.0m，地基处理采用将粉质黏土、填土层挖除，换填人工级配的碎石垫层至基础底面的方案，下卧层为④层含黏性土碎石。环基部分碎石垫层厚度约1.5～4.0m，塔芯利用③层或④层作为持力层，碎石垫层厚度约1.5m。

本工程初步设计审查会同意5#冷却塔地基采用碎石垫层换填处理的方案，并进行碎石垫层原体试验。兼顾锅炉地基处理备选方案，要求碎石垫层承载力特征值的期望值不低于700kPa。

8.4 碎石垫层试验目的和内容

碎石垫层地基按分层虚铺厚度400mm和600mm两种方案进行原体试验，试验的目的是验证碎石垫层换填处理方案的适宜性，试验的内容包括：

(1) 选择垫层材料和料场，对碎石料的不均匀系数、含泥量、颗粒级配等提出要求；

(2) 进行相对密度试验，确定碎石料的最大干密度；

(3) 根据试验所采用的垫层材料，确定适宜的压实设备和施工机具；

(4) 确定最佳的施工工艺，为设计、施工和施工质量控制标准等提供参数；

(5) 进行现场静载荷试验，确定碎石垫层的地基承载力特征值、变形模量等，检验碎石垫层承载力特征值是否能满足700kPa的期望值；

(6) 进行循环荷载板试验、波速测试，确定地基弹性模量、剪切模量；

(7) 进行模型基础动力参数测试，确定竖向、侧向、抗弯地基动刚度系数等动力参数；

(8) 进行基础摩擦试验，确定碎石垫层地基与基础的摩擦系数。

8.5 碎石垫层材料

在试验开始前，总承包项目部、试验及施工单位的有关人员，共同对本工程附近的碎石料场进行了踏勘调查。天然碎石料经勘查含泥量较大，且含大块碎石较多，级配较差；人工级配碎石料，碎石质量、加工能力及储量满足设计要求，且运输便利。考虑到工程用料应与试验用料相同，最终确定采用铜陵市木排冲石料厂的碎石料，碎石岩性为三叠系灰岩，灰色，致密坚硬，抗风化能力较强，运距约15km。

碎石料采用人工级配，选2～4cm粒径碎石占70%、石粉占30%和2～4cm粒径碎石占80%、石粉占20%两组混合料送试验室分别做相对密度试验，试验结果见表8-3。

碎石料室内试验成果表　　表8-3

碎石：石粉	大于5mm颗粒含量(%)	小于5mm颗粒含量(%)	含泥量(%)	不均匀系数C_u	曲率系数C_c	最大干密度(g/cm³)
7：3	78.4	21.6	3.15	16.1	8.2	2.23
8：2	83.5	16.5	2.60	12.7	7.5	2.15

根据相对密度试验结果，碎石：石粉为7：3时，级配较为合理，最大干密度也大，碎石垫层压实后可获得较好的密实度，确定采用2～4cm碎石占70%、石粉占30%的碎石混合料用于垫层试验，颗粒组成见图8-5。

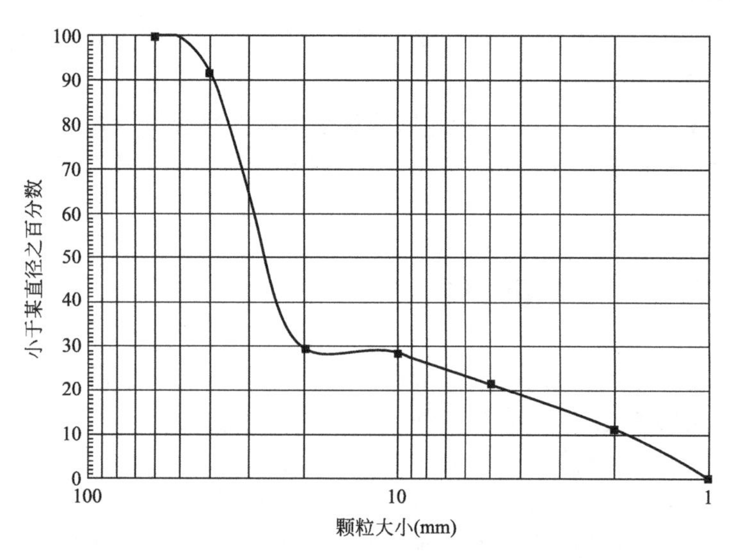

图 8-5 碎石料颗粒大小分配曲线

8.6 碎石垫层试验施工

8.6.1 场地选择

试验场地位于5#冷却塔东北侧，试坑尺寸 20m×30m，开挖深度 2.70m，坑底地层为③层粉质黏土。整个试坑从中间分为 15m×20m 的南、北两个区域，即 A 区（虚铺厚度 400mm）和 B 区（虚铺厚度 600mm）。

8.6.2 压实机械与工艺

试验采用的压实机械为徐工集团生产的 XSM220 型振动压路机，工作质量 20t，振动轮直径 1.55m，振动轮宽度 2.17m，振动行驶速度 2.63km/h，静线压力 435N/cm，激振力为 350kN，频率 28Hz，额定功率 128kW。

施工工艺如下：

① 在试验基坑 A 区范围内分 7 层铺填，每层虚铺 400mm，B 区范围内分 5 层铺填，每层虚铺 600mm。每层碎石垫层碾压前用挖掘机进行平整，铺填厚度偏差控制在±50mm 内。

② 每层虚铺平整后先平碾一遍，而后振动碾压 6 遍，碾压压茬为 1/3，振动压路机行驶速度在 2.63km/h 左右。

③ 每层碾压前后各测量一次标高，每层碾压完成后，测定该层的密度、含水量、颗粒级配等指标。测试数量为每层 3～9 点，检测合格后，再进行下一层铺填碾压。

8.6.3 碾压施工

A 区碎石垫层实际虚铺总厚度 3004mm，B 区碎石垫层实际虚铺总厚度 2967mm，施工统计数据见表 8-4、表 8-5。

A区（虚铺厚度400mm）施工数据统计表　　表8-4

序号	虚铺厚度（mm）	碾压前平均高程（m）	碾压后平均高程（m）	碾压平均沉降量（mm）	累计厚度（mm）	沉降量占比（%）
0	0	27.719	27.719	0	0	0
1	442	28.161	28.031	130	312	29.4
2	430	28.461	28.326	135	607	31.4
3	428	28.754	28.622	132	903	30.8
4	414	29.036	28.900	136	1181	32.8
5	420	29.320	29.184	136	1465	32.4
6	450	29.634	29.495	139	1776	30.9
7	420	29.915	29.777	138	2058	32.8
合计	3004			946		

B区（虚铺厚度600mm）施工数据统计表　　表8-5

序号	虚铺厚度（mm）	碾压前平均高程（m）	碾压后平均高程（m）	碾压平均沉降量（mm）	累计厚度（mm）	沉降量占比（%）
0	0	27.719	27.719	0	0	0
1	590	28.309	28.174	135	455	22.9
2	605	28.779	28.656	123	937	20.3
3	575	29.231	29.090	141	1371	24.5
4	577	29.667	29.521	146	1802	25.3
5	620	30.141	30.009	132	2290	21.3
合计	2967			677		

8.7 碎石垫层检测

8.7.1 测试项目和工作量

碎石垫层施工效果检测采用筛分试验、密度与含水量试验、静载荷试验、循环荷载板试验、超重型动力触探试验、波速测试、模型基础动力参数测试及基础摩擦试验等方法，测试工作量见表8-6。

碎石垫层测试工作量一览表　　表8-6

序号	测试项目	单位	规格	数量	备注
1	筛分试验	组		36	
2	密度与含水量试验	组		100	
3	静载荷试验	点	压板面积0.50m^2	6	A、B区各3点

续表

序号	测试项目	单位	规格	数量	备注
4	循环荷载板试验	点	压板面积 $0.25m^2$	2	A、B区各1点
5	超重型动力触探试验	点		12	A、B区各6点
6	波速测试	孔		6	A、B区各3孔
7	模型基础动力参数测试	点		2	A、B区各1点
8	基础摩擦试验	点		4	A、B区各2点

8.7.2 颗粒级配

从A、B区每一层有代表性的筛分试验结果来看，碎石垫层材料颗粒级配相同。粗颗粒（d>5mm）含量为78%，细颗粒含量（d<5mm）在22%左右，最大粒径不大于60mm；不均匀系数C_u最大值为14.6，最小值为11.6，平均值为13.0；曲率系数C_c最大值为7.2，最小值为3.5，平均值为5.8。在施工过程中要严把两种材料掺入的重量比，拌合要均匀，不符合要求的碎石料不能使用。

8.7.3 密度与含水量

A区每层平均干密度为2.16～2.57g/cm³，压实系数平均值1.02；B区每层平均干密度为2.17～2.49g/cm³，压实系数平均值1.00。A区和B区的压实系数相差不大，每层平均压实系数均不小于0.97，说明单层虚铺400mm或600mm，经平碾1遍和振动碾压6遍后均可达到密实状态。现场实测含水量A区每层平均在2.3%～3.9%，B区每层平均在2.2%～4.1%。

8.7.4 静载荷试验

在A、B区各进行静载荷试验3点，压板采用面积为$0.50m^2$的方形板，堆载法提供反力，采用相对稳定法加荷，试验成果见图8-6～图8-11和表8-7。

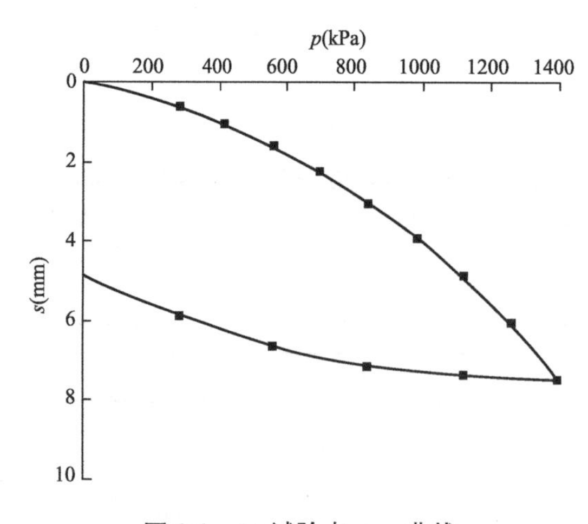

图8-6 A1试验点 p-s 曲线

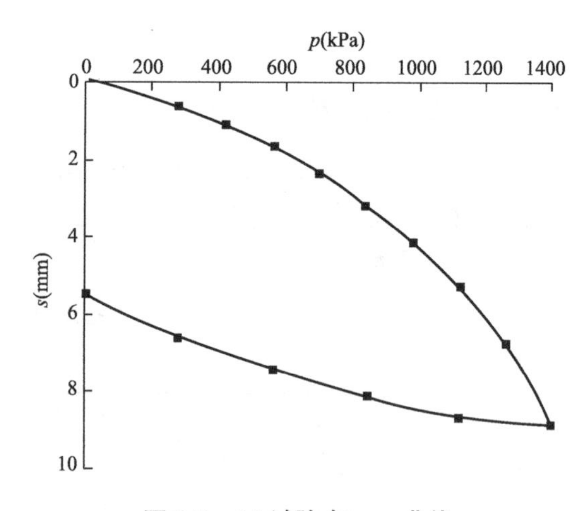

图8-7 A2试验点 p-s 曲线

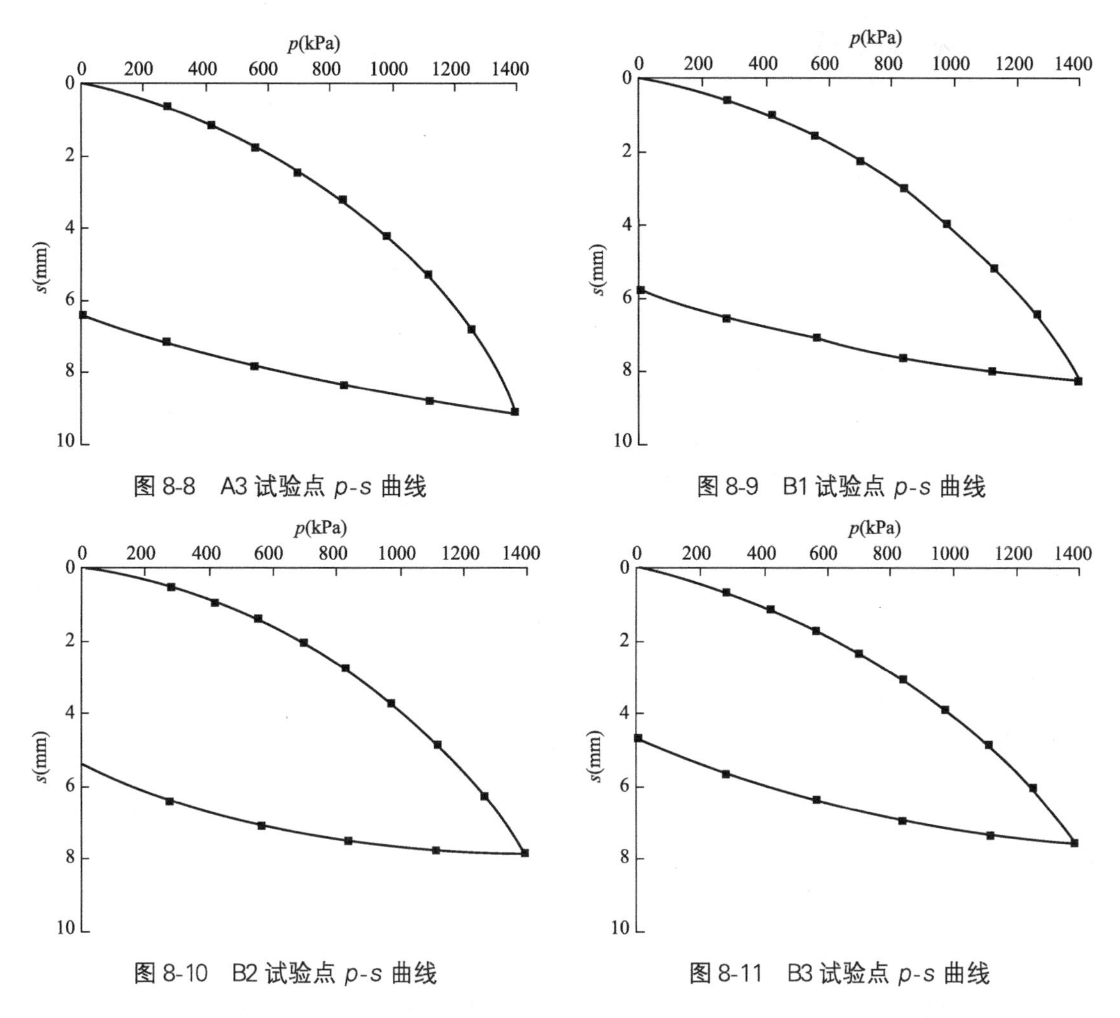

图 8-8 A3 试验点 p-s 曲线

图 8-9 B1 试验点 p-s 曲线

图 8-10 B2 试验点 p-s 曲线

图 8-11 B3 试验点 p-s 曲线

A、B 区 6 个点静载荷试验最大加载压力均为 1400kPa，满足 2 倍荷载的设计要求，各试验点地基受压尚未进入极限状态，碎石垫层变形均匀，按相对变形值和不超过最大加载一半的原则确定的地基承载力特征值为 700kPa。考虑到大面积施工质量难以严格控制和冷却塔的浸水几率大，结合类似工程经验，变形模量设计值单层虚铺厚度 400mm 时取 80MPa，单层虚铺厚度 600mm 时取 70MPa。

静载荷试验成果表　　表 8-7

试验点号	A1	A2	A3	B1	B2	B3
最大试验荷载(kPa)	1400	1400	1400	1400	1400	1400
地基最大沉降(mm)	8.87	7.45	7.56	9.14	8.22	7.89
最大回弹量(mm)	3.29	2.58	2.88	2.68	2.48	2.46
回弹率(%)	37.1	34.6	38.1	29.3	30.2	31.2
s/b=0.01 对应的承载力值(kPa)	1280	1360	1356	1278	1310	1326
地基承载力特征值(kPa)	700	700	700	700	700	700
变形模量 E_0(MPa)	168.9	177.1	171.3	164.9	178.8	196.2
载荷试验基床系数 K_v(kN/m^3)	29.2×10^4	30.6×10^4	29.6×10^4	28.6×10^4	30.8×10^4	33.8×10^4

8.7.5 循环荷载板试验

为了确定碎石垫层的地基弹性模量 E 和地基剪切模量 G，在 A 区和 B 区各做了 1 点循环荷载板试验。A 区的碎石垫层地基静弹性模量为 133.8～212.6MPa，经修正分析，地基弹性变形最终荷载按 700kPa 考虑时，碎石垫层地基弹性模量取 170MPa；地基剪切模量为 52.7～83.7MPa，修正后取 70MPa。B 区的碎石垫层地基弹性模量为 130.6～215.0MPa，经修正分析，地基弹性变形最终荷载按 700kPa 考虑时，碎石垫层地基弹性模量可取 160MPa；地基剪切模量为 51.4～84.6MPa，修正后取 63MPa。

8.7.6 超重型动力触探试验

在 A、B 区各进行超重型动力触探试验 6 点，代表性试验曲线见图 8-12 和图 8-13，试验数据统计见表 8-8。在深度 0.0～0.5m 左右垫层受侧向限制小，一般锤击数低，向下随垫层侧向限制增大，在深度 1.0m 后就很难贯入。

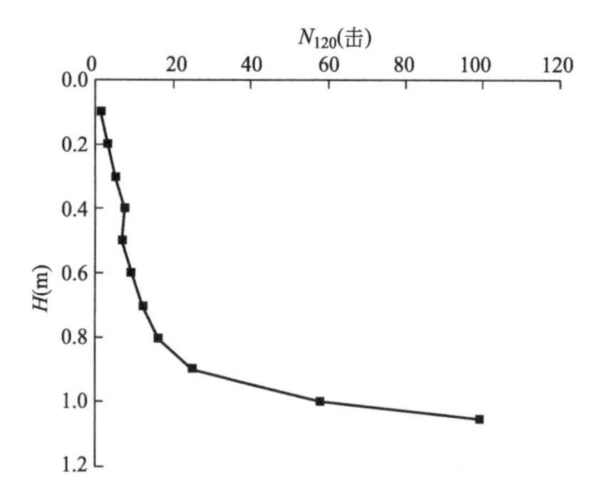

图 8-12　DA4 孔超重型动力触探试验曲线

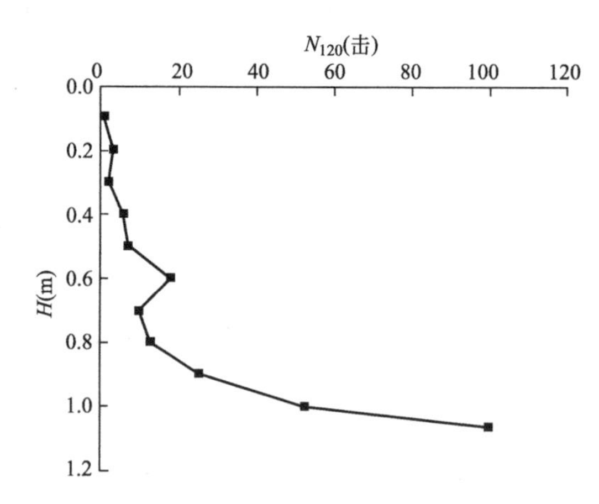

图 8-13　DB4 超重型动力触探试验曲线

A、B 区超重型动力触探统计表　　表 8-8

试验区	点号	总贯入深度(cm)	总击数(击)	最后 100 击的贯入度(cm)	备注
A	DA1	84.0	266.0	4.0	
	DA2	98.5	252.0	8.5	
	DA3	124.0	384.5	4.0	
	DA4	105.0	243.0	5.0	
	DA5	93.0	255.0	3.0	
	DA6	78.0	221.0	8.0	0.45～0.7m 钻孔取石
B	DB1	139.0	370.5	9.0	1.08～1.2m 钻孔取石
	DB2	117.0	267.0	7.0	
	DB3	137.0	387.5	7.0	1.04～1.3m 钻孔取石
	DB4	106.0	238.0	6.0	
	DB5	108.0	210.0	8.0	
	DB6	106.0	196.0	6.0	

8.7.7 波速测试

波速测试采用RS-1616K（P）工程检测分析仪和井中三分量检波器。在距钻孔1m处放置一块长方形的木板和正方形铁板，并使之与地面紧密耦合。用铁锤分别侧击长方形木板的两端，进行人工激发剪切波，用铁锤分别锤击正方形铁板，经地层向下传播，在孔内不同深度处依次用检波器接收，检测仪完成振动信号的采集并记录。经过数据处理得出压缩波速度和剪切波见表8-9、表8-10，计算得动弹性模量、动剪切模量及动泊松比见表8-11。

A区波速一览表　　表8-9

测试深度(m)	PA1		PA2		PA3	
	v_P(m/s)	v_s(m/s)	v_P(m/s)	v_s(m/s)	v_P(m/s)	v_s(m/s)
0.5	1610	330	1610	330	1650	350
1.0	1970	430	2000	490	1950	420
1.5	1850	420	1950	460	2050	490
2.0	1960	440	2150	530	2100	510
2.5	1800	370	1980	410	1930	410
3.0	1250	270	1350	290	1250	270

B区波速一览表　　表8-10

测试深度(m)	PB1		PB2		PB3	
	v_P(m/s)	v_s(m/s)	v_P(m/s)	v_s(m/s)	v_P(m/s)	v_s(m/s)
0.5	1500	300	1560	340	1600	350
1.0	1850	420	2020	450	1900	430
1.5	2000	470	2000	480	1960	480
2.0	1850	450	1900	440	2960	450
2.5	1850	420	1800	390	1900	410
3.0	1200	290	1250	310	1200	290

垫层动弹性模量、动剪切模量及动泊松比一览表　　表8-11

测试位置	动剪切模量 G_d(MPa)	动弹性模量 E_d(MPa)	动泊松比 μ_d
A区	406	1200	0.473
B区	375	1100	0.474

8.7.8 模型基础动力参数测试

在A区和B区分别现场浇筑尺寸为2.0m×1.5m×1.0m（长×宽×高）的模型基础进行地基动力参数的测试。根据振动测试采集的数据，通过室内滤波、富氏谱分析及平滑等多项处理，取得模型基础竖向、水平向与扭转振动幅频变化曲线，经计算和分析最后得到测试点的地基动力参数详见表 8-12。

碎石垫层地基动力参数测试结果　　表 8-12

参数＼试验点编号	MA2	MB1
基础竖向振动共振频率(Hz)	33.8	33.1
基础竖向阻尼比	0.10	0.13
参振总质量(t)	8.66	7.83
地基抗压刚度 K_z(kN/m)	390580	338670
地基抗压刚度系数 C_z(kN/m^3)	130193	112890
基础水平向振动共振频率(Hz)	17.6	16.2
基础水平向阻尼比	0.08	0.06
地基抗剪刚度 K_x(kN/m)	251376	174448
地基抗剪刚度系数 C_x(kN/m^3)	83791	58149
地基抗弯刚度 K_φ(kN·m)	51161	44561
地基抗弯刚度系数 C_φ(kN/m^3)	409287	356488
地基抗扭刚度系数 C_ψ(kN/m^3)	136703	118534

8.7.9 基础摩擦试验

测定碎石垫层地基与基础的摩擦系数采用现场浇筑尺寸为 2.0m×1.5m×1.0m（长×宽×高）的混凝土模拟基础进行试验。垂直荷载采用堆载法提供反力，水平荷载由固定的模拟基础提供反力，水平推力由 1 台 1000kN 千斤顶施加，在千斤顶与模拟基础接触处安置球形铰座，从而保证千斤顶作用力能水平通过模拟基础轴线。最大垂直荷载 269kN，分 4 级施加，施加的最大水平剪力为 213kN。基础摩擦试验结果见表 8-13。

基础摩擦试验结果汇总表　　表 8-13

试验点编号	垂直压力(kN)	地基破坏时的水平剪力(kN)	摩擦系数	黏聚力(kPa)
MA1	119	107	0.70	5.6
	169	130		
	219	164		
	269	213		
MA2	119	99	0.72	1.9
	169	119		
	219	160		
	269	206		

续表

试验点编号	垂直压力(kN)	地基破坏时的水平剪力(kN)	摩擦系数	黏聚力(kPa)
MB1	119	109	0.68	6.8
	169	130		
	219	160		
	269	213		
MB2	119	103	0.71	4.6
	169	127		
	219	165		
	269	208		

因混凝土浇筑、碎石碾压等多方面因素影响的不确定性，建议对试验所得到的摩擦系数和黏聚力按0.8的安全系数考虑。即：A区碎石垫层地基与混凝土基础的摩擦系数取0.57，黏聚力取3.0kPa；B区碎石垫层地基与混凝土基础的摩擦系数取0.56，黏聚力取4.5kPa。

8.8 工程应用及效果

8.8.1 5#冷却塔碎石垫层设计

5#冷却塔地基处理采用碎石垫层方案。环基部分垫层坐落在④层含黏性土碎石上，基坑开挖底面进入④层不少于0.3m，垫层厚度1.50～3.80m。塔芯部分垫层坐落在③层粉质黏土层，垫层厚1.0m，开挖如遇①层填土和②$_1$层淤泥质粉质黏土应全部挖除，然后分层回填碎石至设计基底高程，对局部分布②$_2$层粉质黏土处，垫层应加厚1.0m，加厚部分周边外放1.0m。工程地质剖面及地基处理设计见图8-14。

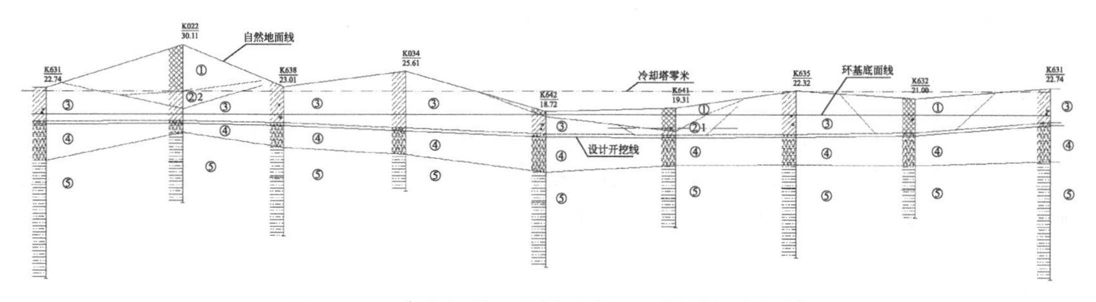

图8-14 5#冷却塔工程地质剖面及地基处理设计

8.8.2 碎石垫层施工

对于环基地基处理，要求挖至④层含黏性碎石，挖除部分用碎石换填。因环基基底土层分布不均，故基坑底面并非一个平面。西南部平均挖深为8.5m，东南部较浅平均挖深

4.7m。环基碎石换填最厚达4.3m，最薄0.5m，图8-15为环基碎石垫层施工。塔芯及东西压力进水沟碎石换填最大厚度为2.1m，其他均为1.0m，图8-16为塔芯碎石垫层施工。

图8-15　环基碎石垫层施工

图8-16　塔芯碎石垫层施工

1. 基坑开挖和验槽

① 施工单位应根据现场实际地质情况和相关标准确定开挖边坡坡度；

② 基坑开挖应连续进行，施工中边坡必须稳定，浮土应清除，基坑底部如有古井、洞穴、旧基础、暗塘等，应在回填前加以处理，并经检验合格后，方可铺填垫层；

③ 基坑开挖至设计标高前应预留0.3～0.5m厚保护土层，辅以人工开挖，避免对基底的扰动；

④ 基坑开挖后应及时回填，不应暴露过久或浸水，并防止践踏坑底。雨季施工时要设置挡水及排水设施，防止地面水流进基底及基坑受水浸泡；

⑤ 地下水赋存于局部地段土层孔隙和基岩裂隙中，施工开挖时可考虑采用明沟和集水井方式排水；

⑥ 基坑开挖工作完成后，应会同建设、监理、设计和地质工代进行验槽，合格后方

可进行下一步施工。

2. 碎石填料

回填所用的碎石料其材质和颗粒级配应与垫层试验所用的石料一致，禁止采用强风化料，杜绝混入黏土块。材料在二次倒运中应采取一定措施，防止在卸料、倒运、铺料过程产生较多的颗粒分离。如出现粗颗粒集中现象，应人工拌合均匀。

3. 压实机械和施工工艺

① 碾压机械采用工作质量不小于 20t 振动压路机施工；

② 基坑原土先平碾一遍（不振动），然后虚铺碎石料厚约 400mm。铺填过程中应采取措施避免粗颗粒集中现象，必要时应人工拌合，使粗细颗粒掺合均匀。每层虚铺平整后，先平碾 1 遍，再振动碾压 6 遍，行驶速度控制在 2.63km/h 左右；

③ 碾压时必须达到规定的遍数，防止漏压、超压，保证压实的均匀性，压路机的摆幅宽度 2/3 碾宽，即压茬 1/3 碾宽；

④ 靠近边坡部分的碾压应尽量靠边坡行车，个别部位碾压不到时，应专门用夯锤等小型压实机具压实，以保证整个垫层的密实度；

⑤ 为控制压实质量，须对每一碾压层按规定取样检测，合格后方可铺填下一层；

⑥ 环基部分开挖深度不同，基坑底土面应挖成阶梯搭接，按先深后浅的顺序进行垫层施工，搭接处应夯压密实。各层碾压面应平整、均匀，整个作业面内不得接坡；

⑦ 进料车不得在基坑内掉头、急转弯，以防破坏碾压好的垫层。

4. 施工质量控制

压实系数不小于 0.97，地基承载力特征值不小于 700kPa，变形模量不小于 80MPa。竣工验收采用静载荷试验检测地基承载力。

8.8.3 垫层地基检测

碎石垫层施工过程中，同步进行了分层密度测试，压实系数均不小于 0.97。碎石垫层施工完成后，采用静载荷试验检测地基承载力，环基检测 3 点、塔芯检测 2 点，压板采用面积为 0.50m² 的方形板，堆载法提供反力，最大加载 840kPa，p-s 曲线见图 8-17、图 8-18，检测结果汇总见表 8-14。

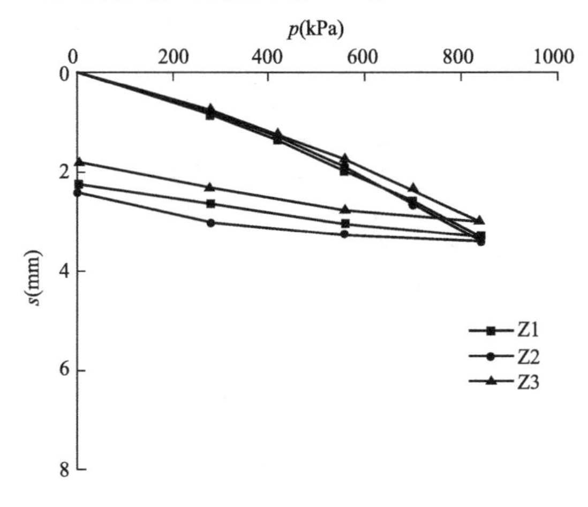

图 8-17 环基碎石垫层检测 p-s 曲线

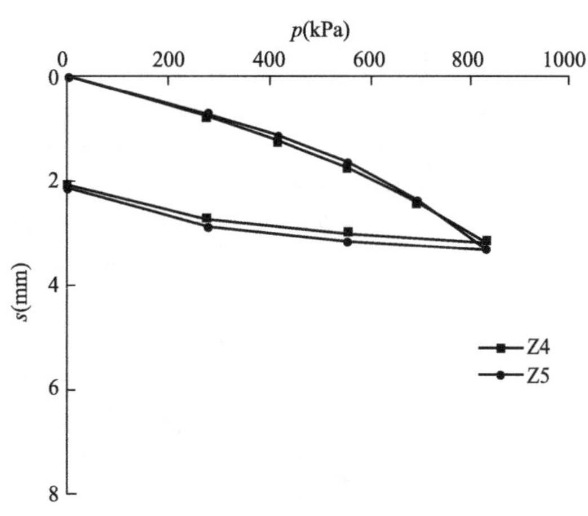

图 8-18 塔芯碎石垫层检测 p-s 曲线

碎石垫层检测结果汇总表　　表 8-14

检测点	最大加载量 (kPa)	最大沉降量 (mm)	回弹量 (mm)	回弹率 (%)	变形模量 (MPa)
Z1(环基)	840	3.33	1.07	32.1	155.7
Z2(环基)	840	3.41	0.99	29.0	153.4
Z3(环基)	840	3.01	1.17	38.9	172.2
Z4(塔芯)	840	3.22	1.12	34.8	168.0
Z5(塔芯)	840	3.34	1.18	35.3	168.7

从图 8-17、图 8-18 中 p-s 曲线可以看出，曲线形态基本一致，加载至 840kPa 时，各检测点沉降量很小且差别不大，沉降量最大 3.41mm，最小 3.01mm，沉降曲线基本在线性段，地基仍处于弹性变形。碎石垫层原体试验的 6 个静载荷试验点在 840kPa 荷载时对应的沉降量为 2.79～3.23mm，环基碎石垫层的变形与碎石垫层原体试验时的变形非常接近，说明垫层施工质量可以达到设计要求的标准。

8.8.4 变形监测

冷却塔人字柱支墩上共布设 12 个沉降观测点，点号为 S0101～S0112，从北向南顺时针编号，见图 8-19。冷却塔筒壁起始观测时间 2009 年 10 月 30 日，截止观测时间 2011 年

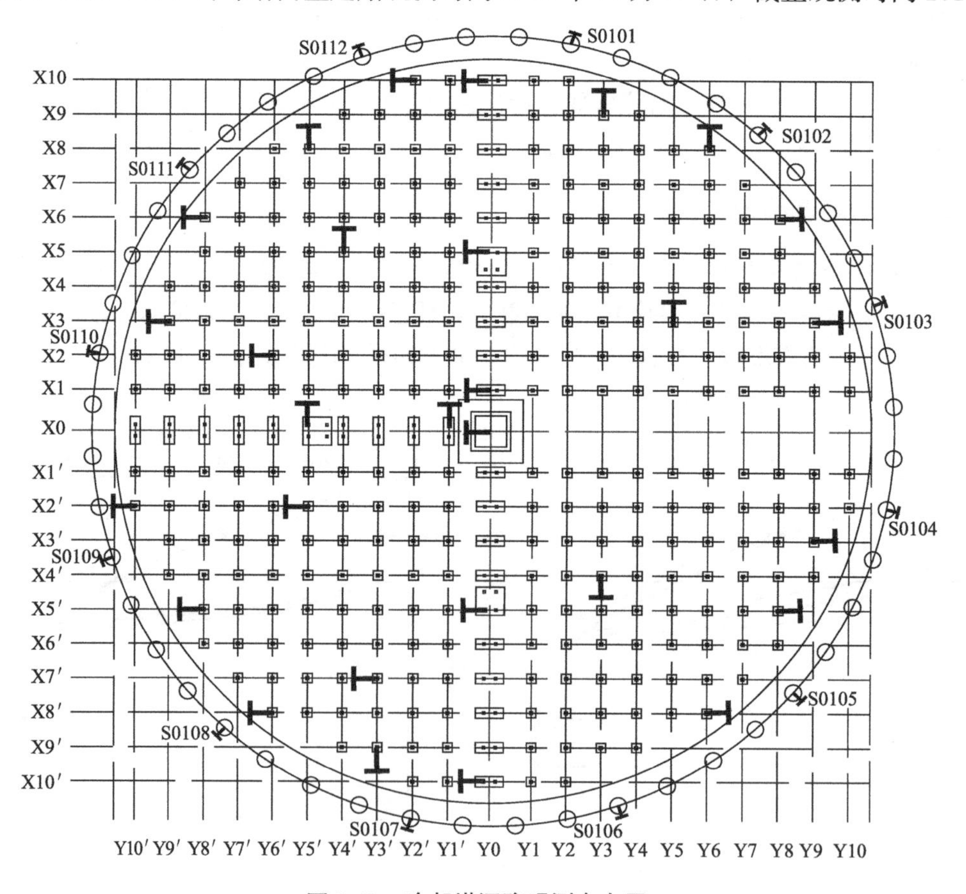

图 8-19　冷却塔沉降观测点布置

07月04日，累计时间612天，共观测14次，各观测点沉降过程曲线见图8-20～图8-23。筒壁最大累计沉降量出现在点S0108，累计沉降量12.89mm，累计沉降速率2.11mm/100d；累计沉降量最小点出现在S0104，累计沉降量9.57mm，累计沉降速率1.56mm/100d；累计最大和最小沉降量差值Δ_s=3.32mm，基础倾斜0.00003。筒壁基础累计沉降量平均值10.69mm，平均累计沉降量速率1.75mm/100d；近100天最大沉降速率0.01mm/d。总体而言，累计沉降量小，整体沉降均匀，近100天的沉降速率符合基础稳定期标准，冷却塔基础已趋稳定。

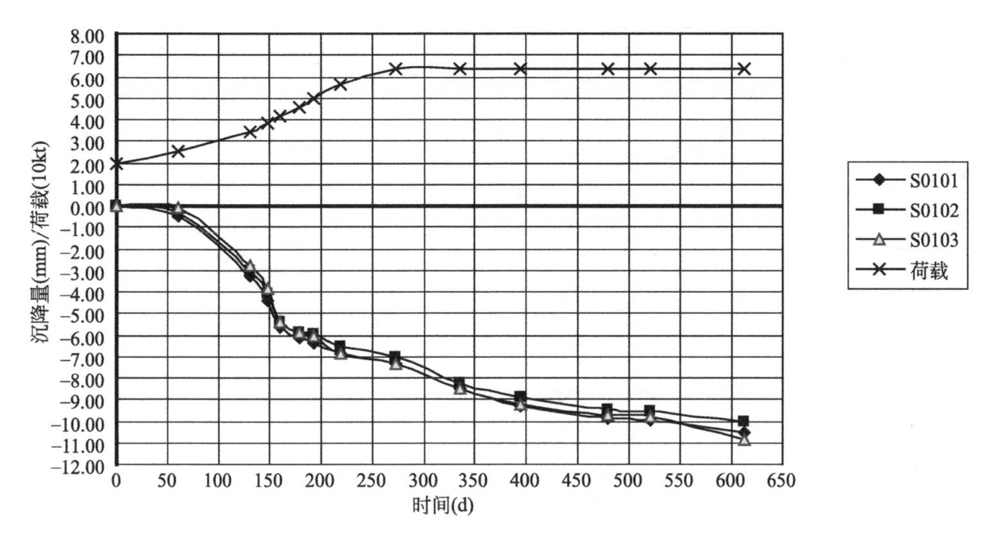

图8-20 S0101、S0102和S0103点沉降过程曲线

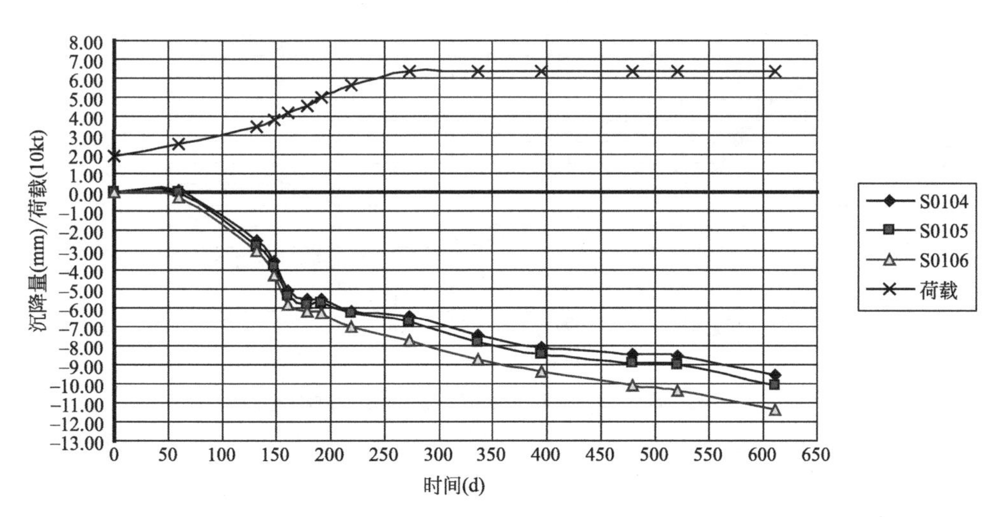

图8-21 S0104、S0105和S0106点沉降过程曲线

从沉降过程曲线还可以看出，最初随着荷载的增加沉降变形速率大，当荷载施加完成后，曲线开始变缓，沉降速率变小。沉降速率最小点S0104位于冷却塔东南，紧邻压力进水沟南，这里碎石垫层厚度最小（约0.5m）；沉降速率最大点S0108，位于冷却塔西南，这里碎石垫层厚度最大（约4.3m）。充分说明建（构）筑物的变形在施工加载期间由碎石

垫层产生的变形为主，地层厚度大则总的沉降变形量大，后期主要是下卧层的变形。5#冷却塔环基碎石垫层坐落在工程性能良好的④层含黏性土碎石上，沉降变形可以较快地进入稳定期。

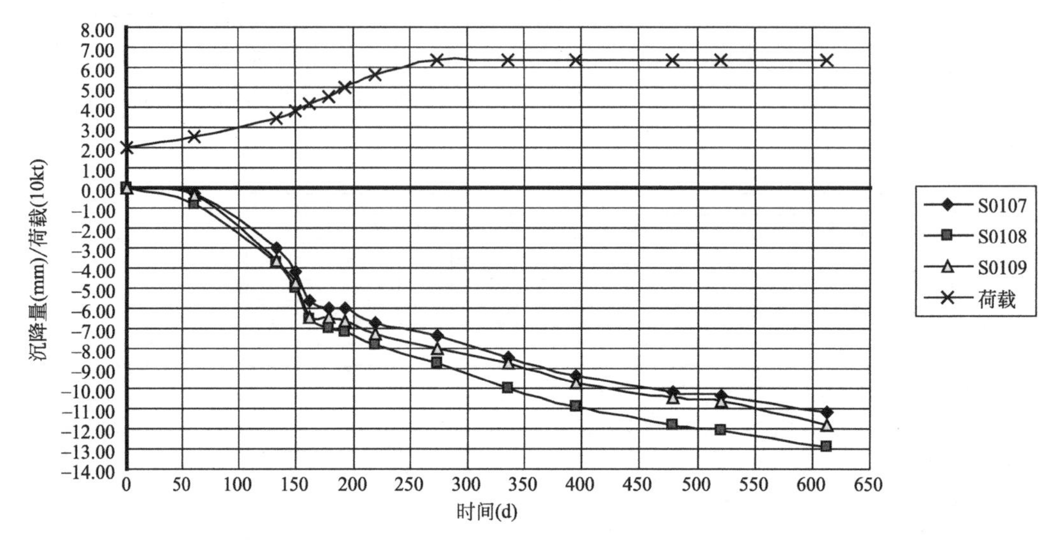

图 8-22 S0107、S0108 和 S0109 点沉降过程曲线

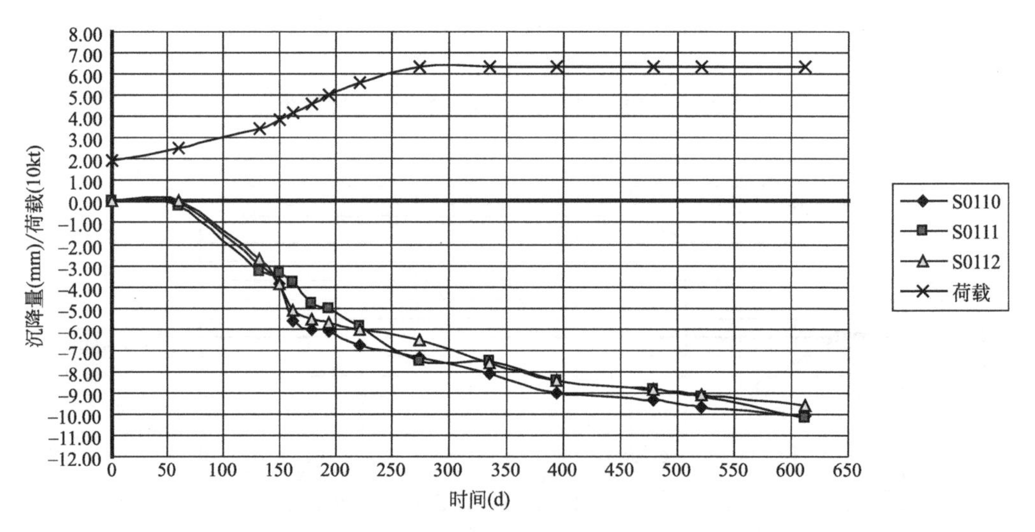

图 8-23 S0110、S0111 和 S0112 点沉降过程曲线

第9章 【实录3】华能沁北发电有限公司4×600MW+2×1000MW机组工程

9.1 工程概况

华能沁北电厂位于河南省西北部济源市五龙口镇境内，北倚太行山，南临沁河，距济源市区17km（焦作市50km、洛阳市60km），焦（作）克（井）公路沿焦枝铁路且靠厂区南侧通过，晋（城）洛（阳）国家级公路从厂区西侧通过，交通便利。由于华能沁北电厂位于华中、华北、西北电网的交汇处，它的建成对提高供电质量，支撑全国联网，实现区内资源优化配置具有重要作用。同时，华能沁北电厂为2000年燃煤优化设计示范电站，其工程设计水准与国际水平看齐，工程的建设对于发展民族工业，提高我国重大装备国产化水平，促进产业升级，推动电力结构调整和优化起到了示范作用。

华能沁北电厂总装机4400MW（图9-1），一期工程安装2×600MW超临界燃煤发电机组，2004年投入运行，荣获国家建筑工程鲁班奖、中国电力优质工程奖、河南省用户满意工程等荣誉；二期工程安装2×600MW超临界燃煤发电机组，2007年投入运行，荣获中国电力优质工程、国家优质工程银奖等荣誉；三期工程安装2×1000MW超超临界燃煤发电机组，2012年投入运行，荣获中国电力优质工程、中国安装工程优质奖、优秀吊装工程等荣誉。

图9-1 华能沁北发电有限公司4×600MW+2×1000MW机组工程全景

建设场地处于太行山山前洪积扇，为准确评价卵石层承载力和黄土夹层的湿陷性，岩土工程勘察完成了$2m^2$大板浸水载荷试验，采用支护措施开挖了大量超过40m深的探井采取不扰动样，取得了宝贵的资料，为电厂主厂房、烟囱、冷却塔等重要建（构）筑物采用砂砾石垫层为主的地基处理方案和其他建（构）筑物采用天然地基打下了基础。电厂投运以来，长期观测资料表明沉降和差异沉降均满足设计、运行要求，为后续工程提供了经验。

9.2 场地岩土工程条件

工程场地北部为太行山区，南部为沁河冲洪积平原，西部为白涧河，厂区坐落在白涧河洪积扇中上部，自然标高 166.4～199.7m，原地形以 3%～4%的坡度由西北向东南倾斜，形成西北高东南低的开阔地带（图 9-2）。厂区地貌单元属山前洪积扇，沉积了巨厚层第四系沉积物，其厚度大于 150m。厂区地表以下 50m 深度范围内，主要分布碎石类土（以卵石为主，见图 9-3）和黄土状粉土，受沉积旋回影响，地层分布不均匀、规律性差。卵石层中夹黄土状粉土薄层或透镜体；黄土状粉土中不同深度上夹有 0.1～0.3m 厚的卵石、圆砾薄层或透镜体；局部地段甚至形成由 2～3 层卵石和 2～3 层黄土状粉土卵石组成的互层土（图 9-4）。场地地层情况见表 9-1，有关地基土物理力学指标见表 9-2。

图 9-2 工程场地原始地貌

图 9-3 探井上部的卵石

图 9-4 卵石和黄土状粉土互层

场地地层分布情况表 表9-1

层号	地层名称	岩性特征
①$_1$	素填土	分布于厂区地表，主要成分为卵石夹黄土状粉土，松散—稍密，在施工过程中人工回填形成
①	卵石	灰色、青灰色、灰褐色，中密—密实，主要岩性成分为灰岩，有时见花岗片麻岩。呈亚圆形，粒径一般为20～100mm不等，磨圆度较好，分选性差。该层中多分布漂石，漂石最大粒径1200mm，有时见漂石或圆砾薄层。一般充填较好，局部钙质胶结
②	黄土状粉土	褐黄、黄褐、黄棕色，湿，可塑，可见虫孔、植物根孔和大孔隙，含少量贝壳碎屑及云母，含大量白色网状、纹状钙质物。多混有碎石、砾石、钙质结核，不同深度上夹有0.1～0.3m厚的卵石、圆砾薄层或透镜体。该层在厂区的分布数量、厚度仅次于卵石层，单层厚度变化较大，一般厚0.4～3.0m，最大厚度为9.0m
③	黄土状粉土与卵石互层土	该层由多层卵石和黄土状粉土组成，单层厚度小于0.5m。卵石与黄土状粉土的岩性特征同上。该层厚度约1.5～3.0m

地基土主要物理力学性质指标表 表9-2

地层编号及岩性名称	天然含水量 w(%)	天然重度 γ (kN/m^3)	天然孔隙比 e	塑性指数 I_P	液性指数 I_L	压缩系数 $a_{1\text{-}2}$ (MPa^{-1})	压缩模量 $E_{s1\text{-}2}$ (MPa)	c (kPa)	φ (°)	承载力特征值 f_{ak} (kPa)
①卵石	5.0	21.0	—	—	—	—	(45)	—	36.0	500
②黄土状粉土	23.4	18.1	0.844	9.6	0.47	0.127	18.1	27.5	21.1	200/230
③黄土状粉土与卵石互层土	18.0	19.0	—	—	—	—	30.0	—	23.0	230/250
备注	本表依据土工试验、原位测试及野外鉴定综合确定；()内为变形模量 E_0；c、φ 值为直剪(固快)建议值；承载力特征值“/”前值为浸水状态下的承载力特征值，“/”后为天然状态下的承载力特征值									

由于受地层生成条件的影响，黄土的湿陷性很不均匀，整个厂区有湿陷性探井在平面上无明显分布规律，竖向上各探井湿陷量差别亦较大，上部不湿陷，下部可能会湿陷。黄土状粉土室内湿陷性试验成果表明：②层黄土状粉土自重湿陷系数 δ_{zs} 为0～0.048，湿陷系数（标准压力）δ_s 为0.015～0.040，湿陷起始压力 P_{sh} 为102～600kPa。黄土状粉土从地表下4.0m左右逐渐增多，4.0～10.0m深度内的湿陷系数也较大，湿陷量主要产生于该段，即地表下4.0～10.0m深度范围内的黄土状粉土为主要湿陷性土层，湿陷下限一般为10～15m，个别超过20m。表9-3为二期工程场地主厂房地段探井湿陷量计算成果，表中可以看出：场地为非自重湿陷性黄土场地，地基的湿陷等级为Ⅰ级（轻微）。

主厂房地段探井湿陷量计算成果 表9-3

井号	自重湿陷量 Δz_s(cm)	湿陷量 Δs(cm)	湿陷下限 (m)	湿陷类型	湿陷等级
J2039	6.9	9.3	20.6	非自重	Ⅰ级

续表

井号	自重湿陷量 Δz_s(cm)	湿陷量 Δs(cm)	湿陷下限 (m)	湿陷类型	湿陷等级
J2041	4.1	15.8	11.7	非自重	Ⅰ级
J2043	0.0	2.7	11.2	非自重	Ⅰ级
J2048	3.9	10.8	11.1	非自重	Ⅰ级
J2096	0.0	2.4	6.8	非自重	Ⅰ级

厂区地下水以第四系松散沉积物孔隙性潜水为主，补给来源于北部太行山区的基岩裂隙水和大气降水，埋深大于50m，升降幅度较小，可不考虑地下水上升对地基及基础的不良影响。由于黄土状粉土上部的卵石层透水性强，日后电厂运行中水工建筑物或管道漏水和大气降水经长时间下渗，可能使黄土层受浸泡以致其湿陷性得以充分发生，建筑物最终将产生不均匀沉降，建筑物周围需采取一定的排水和防水措施。

9.3 地基处理方案简介

场地地貌为洪积扇中上部，地基土主要为卵石，其间含有不规律的、具有轻微非自重湿陷性黄土状粉土夹层，地基土均匀性较差。本工程地基处理方案可根据建（构）筑物埋深、荷载及对沉降的要求，考虑采用天然地基、砂砾石垫层地基或采用桩基础。

整个厂区表部多分布4～5m厚呈中密状态的砂卵石层，一般充填较好，分布较稳定，承载力高。辅助、附属建筑一般荷载较小，对沉降不甚敏感，应尽可能浅埋采用天然地基，充分利用上部砂卵石层为地基持力层。

对主厂房、烟囱、冷却塔等重要建（构）筑物，因卵石层中夹的黄土状粉土在大压力下（400～500kPa）具不可忽视的湿陷性，且地基承载力不高，为相对软弱层，可考虑采用砂砾石垫层地基或采用桩基础。采用桩基础的优点是可穿透黄土状粉土夹层，桩端置于卵石层中，单桩承载力高，抗变形能力强，且技术成熟、安全可靠，但灌注桩对本场地的适宜性不够，主要表现在：

（1）施工困难：当采用机械成孔，存在漏浆、卡钻、遇漂石处理难度大等问题，所需的工期无法控制，施工时间较长；当采用人工挖孔灌注桩，存在安全风险大、孔壁需采取特殊支护措施、施工时间较长等问题。

（2）设计桩长及承载力难以确定：考虑到黄土状粉土夹层分布极不均匀，如何选择合适的单桩长度和确定承载力都较为困难。

（3）施工周期长：桩基成桩时间难以控制，不能很好地满足工期要求。

（4）安全风险高：无论采用机械成孔或是采用人工挖孔，均存在重型吊装设备等；采用人工挖孔更是在受限空间内的作业，其安全风险极高。

采用换填垫层法处理，可调整基底压力，以弥补黄土状土的强度不足和控制变形。本工程勘察设计过程中，对主要建（构）筑物采用砂砾石垫层地基方案进行了细致深入的研究。试验结果和施工后的沉降观测数据均显示对主厂房、烟囱地基采用基坑超挖砂砾石压实垫层并设相应防水层处理的方案是适宜的。

9.4 砂砾石垫层试验目的和内容

砂砾石垫层地基原体试验的目的是验证砂砾石换填处理方案的适宜性。由于场地需进行大面积的挖填，为了解决回填土地基承载力和可能产生的不均匀沉降问题，同时开展场地回填土碾压试验。试验的内容包括：

（1）选择垫层材料和料场，对砂砾料的不均匀系数、含泥量、颗粒级配等提出要求；

（2）进行相对密度试验，确定砂砾料的最大干密度；

（3）根据试验所采用的垫层材料，确定适宜的压实设备和施工机具；

（4）确定最佳的施工工艺，为设计、施工和施工质量控制标准提供参数；

（5）进行现场静载荷试验，确定砂砾石垫层的天然状态下和浸水状态下的地基承载力特征值、变形模量、基床反力系数等，检验砂砾石垫层承载力特征值是否能满足500～550kPa的期望值；

（6）确定砂砾石垫层的动弹性参数。

9.5 砂砾石垫层材料

碾压回填的砂砾石试验材料有天然级配和人工级配两种。原则上以现场开挖的天然级配砂砾石为主，当不满足设计要求时进行人工级配，人工级配采用补充某粒组材料之不足为原则。

天然级配砂砾石料筛分试验数据表明：去掉上部2m的石料（含黏土量较高），2m以下砂砾石料黏土含量小于5%，天然砂砾石料C_u均大于10，但C_c为2.0～9.2，这表明天然砂砾石级配并非良好级配，其表现在颗粒组的连续性稍差，缺少中间粒径的颗粒。

人工级配砂砾石是在天然砂砾石料的基础上掺入约6%的中砂，使得粗颗粒组和细颗粒组的比例达到（或接近）75∶25。

9.6 砂砾石垫层试验施工

9.6.1 场地选择

试验场地位于主厂房及烟囱范围东侧，设计布置试坑A和试坑C。试坑A的尺寸为24.1m×22.3m，开挖深度为6.5m，进行天然级配和人工级配两种试验；试坑C的尺寸为12.3m×16.1m，开挖深度为3.3m，进行场地回填砂砾石碾压试验，对黏土含量未作要求。

9.6.2 压实机械与工艺

试验选用YZ14型重型振动压路机，自重14t，激振力260kN。

施工工艺如下：

① 回填的垫层厚度均为2m，每层虚铺厚度不大于400mm。

② 每一分层平碾2遍，振动碾压10遍，碾压压茬1/3，机械压路机行驶速度控制在2km/h左右。

③ 每层碾压前后根据埋设的对角标杆各测量一次高度，每层碾压完成后，测定该层的密度、颗粒级配等指标。测试数量为每层 6 点，检测合格后，再进行下层铺填碾压。

9.6.3 碾压施工

砂砾石回填碾压施工统计数据见表 9-4。

施工数据统计表　　表 9-4

试坑 A								试坑 C			
天然级配				人工级配							
层号	虚铺厚度（mm）	碾压平均沉降量（mm）	碾压平均沉降量占虚铺厚度百分比（%）	层号	虚铺厚度（mm）	碾压平均沉降量（mm）	碾压平均沉降量占虚铺厚度百分比（%）	层号	虚铺厚度（mm）	碾压平均沉降量（mm）	碾压平均沉降量占虚铺厚度百分比（%）
1	388	67	17.3	1	391	54	13.8	1	385	63	16.4
2	395	57	14.4	2	394	63	16.0	2	383	48	12.5
3	392	52	13.3	3	398	58	14.6	3	387	61	15.8
4	400	57	14.3	4	396	53	13.4	4	380	50	13.2
5	393	49	12.5	5	390	42	10.8	5	400	43	10.8
6	392	53	13.5	6	388	51	13.1	6	387	48	12.4

9.7 砂砾石垫层检测

9.7.1 测试项目和工作量

砂砾石垫层施工效果检测采用筛分试验、密度与含水量试验、静载荷试验、波速测试等方法，测试项目和完成工作量见表 9-5。

砂砾石垫层测试工作量一览表　　表 9-5

序号	测试项目	单位	规格	数量	备注
1	筛分试验	组		18	
2	密度与含水量试验	组		108	
3	静载荷试验	点	压板面积 2.0m^2	4	其中 1 点浸水
4	静载荷试验	点	压板面积 0.5m^2	6	其中 1 点浸水
5	波速测试	点		2	在试坑中进行

9.7.2 颗粒级配

试坑 A 天然砂砾石料典型颗粒级配百分比曲线见图 9-5。从筛分试验结果来看，粗颗粒含量（$d>5\text{mm}$）为 70.5%～74.6%，细颗粒含量（$d<5\text{mm}$）为 25.4%～29.5%，不

均匀系数 C_u 最大值为 177.8，最小值为 32.6，平均值为 77.7；曲率系数 C_c 最大值为 8.0，最小值为 2.1，平均值为 3.5。

试坑 A 人工级配砂砾石料典型颗粒级配百分比曲线见图 9-6。从筛分试验结果来看，粗颗粒含量（$d>5$mm）为 67.8%～75.0%，细颗粒含量（$d<5$mm）为 25.0%～32.2%，不均匀系数 C_u 最大值为 233.3，最小值为 72.6，平均值为 125.9；曲率系数 C_c 最大值为 12.2，最小值为 1.4，平均值为 5.0。可以看出，掺入 6%的中砂后，砂砾石料的细颗粒含量增加，不均匀系数增大，级配更好。

试坑 C 天然砂砾石料典型颗粒级配百分比曲线见图 9-7。从筛分试验结果来看，粗颗粒含量（$d>5$mm）为 68.1%～77.5%，细颗粒含量（$d<5$mm）为 22.5%～31.9%，不均匀系数 C_u 最大值为 376.5，最小值为 44.3，平均值为 196.7；曲率系数 C_c 最大值为 14.2，最小值为 3.0，平均值为 8.5。可以看出，场地回填砂砾石料对黏土含量未作要求，颗粒组成变化较大。

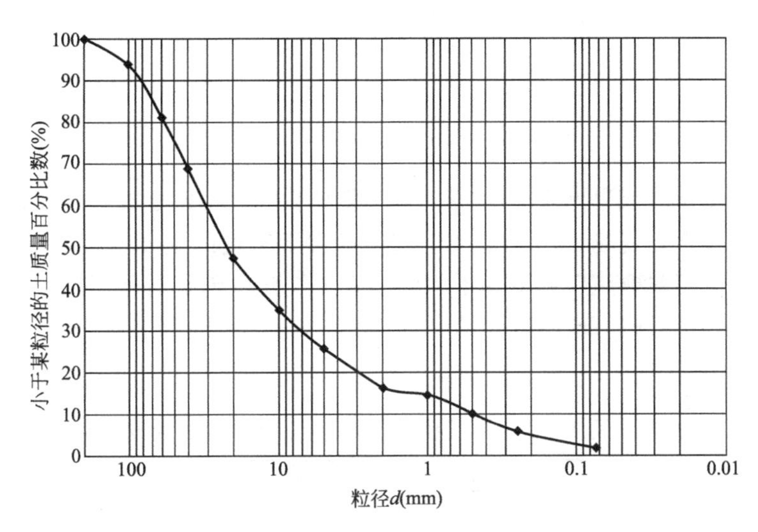

图 9-5　试坑 A 天然砂砾石料颗粒大小分配曲线

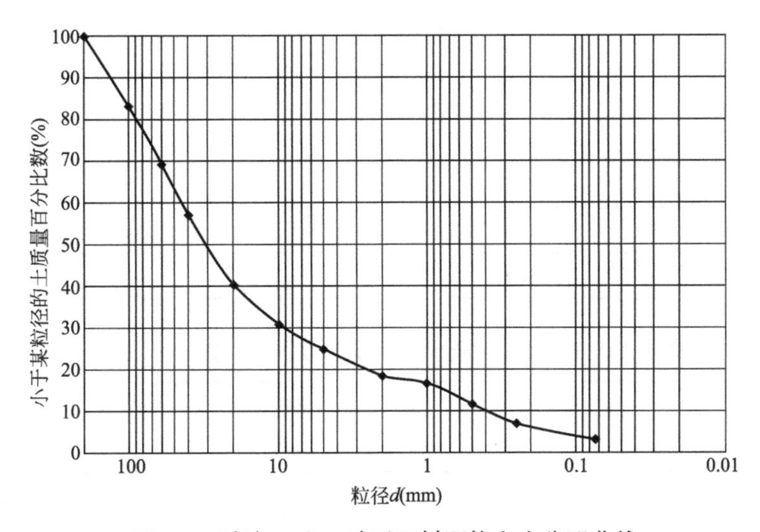

图 9-6　试坑 A 人工砂砾石料颗粒大小分配曲线

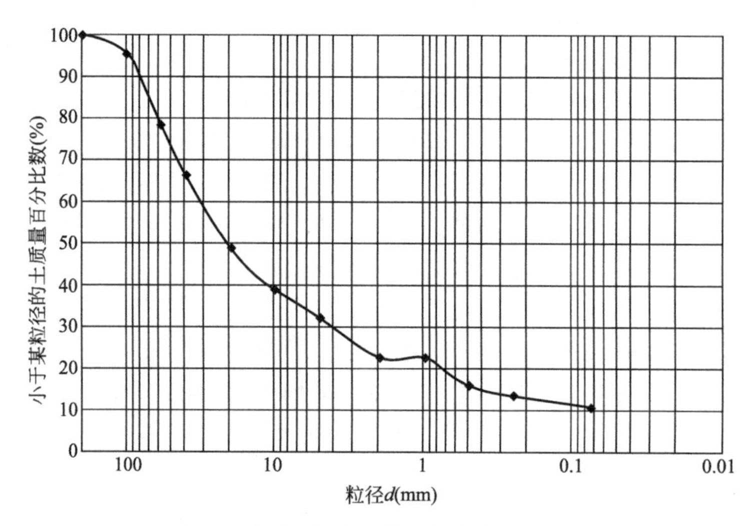

图 9-7　天然砂砾石料颗粒大小分配曲线

9.7.3　密度与含水量

密度与含水量试验成果见表 9-6～表 9-8。实测平均干密度为 2.40～2.45g/cm³，压实系数一般在 1.0 以上，现场试验结果大于室内最大干密度的主要原因是现场压实功率较大。天然级配砂砾石料碾压后的平均干密度较人工级配砂砾石料碾压后的平均干密度大，主要原因是人工级配砂砾石料中掺入了中砂。现场实测含水量为 2.2%～6.1%，平均含水量为 3.4%。

试坑 A 天然级配砂砾石垫层实测密度、含水量试验成果表　　　表 9-6

层号	平均含水量 w(%)	平均干密度 ρ_d(g/cm³)	平均压实系数 λ_c
第一层	2.2	2.48	1.02
第二层	2.6	2.48	1.02
第三层	2.8	2.45	1.01
第四层	3.4	2.50	1.03
第五层	2.7	2.43	1.00
第六层	4.5	2.36	0.97
平均值	3.0	2.45	1.01

试坑 A 人工级配砂砾石垫层实测密度、含水量试验成果表　　　表 9-7

层号	平均含水量 w(%)	平均干密度 ρ_d(g/cm³)	平均压实系数 λ_c
第一层	4.5	2.30	0.95
第二层	2.2	2.48	1.02

续表

层号	平均含水量 w(%)	平均干密度 ρ_d(g/cm^3)	平均压实系数 λ_c
第三层	3.2	2.46	1.01
第四层	3.4	2.38	0.98
第五层	2.6	2.46	1.01
第六层	6.1	2.31	0.95
平均值	3.7	2.40	0.99

试坑 C 砂砾石垫层实测密度、含水量试验成果表　　表 9-8

层号	平均含水量 w(%)	平均干密度 ρ_d(g/cm^3)	平均压实系数 λ_c
第一层	3.0	2.44	1.00
第二层	2.6	2.46	1.01
第三层	2.8	2.41	0.99
第四层	3.4	2.42	1.00
第五层	2.8	5.45	1.01
第六层	2.8	2.49	1.02
平均值	2.9	2.44	1.00

9.7.4 静载荷试验

静载荷试验采用压板面积为 2.0m^2 的方形板和 0.5m^2 的圆形板，堆载法提供反力，相对稳定法加荷，2.0m^2 板最大荷载压力为 1200kPa，0.5m^2 板最大荷载压力为 4800kPa。

试坑 A 人工级配砂砾石垫层静载荷试验压板面积 0.5m^2 进行 2 点（Z2、Z3），压板面积 2.0m^2 进行 1 点（Z6），试验成果见图 9-8～图 9-10 和表 9-9。

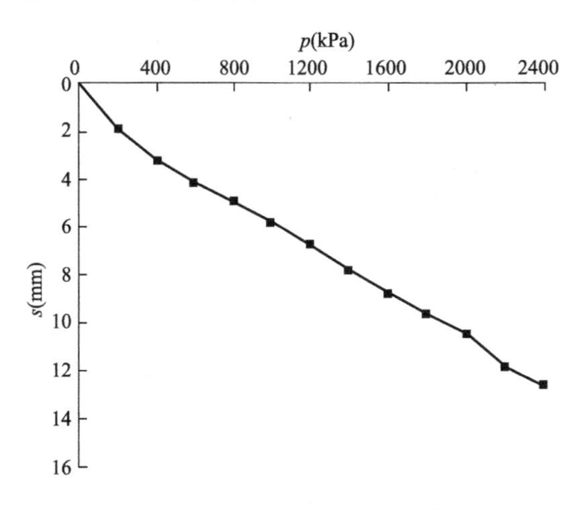

图 9-8　Z2 试验点 p-s 曲线

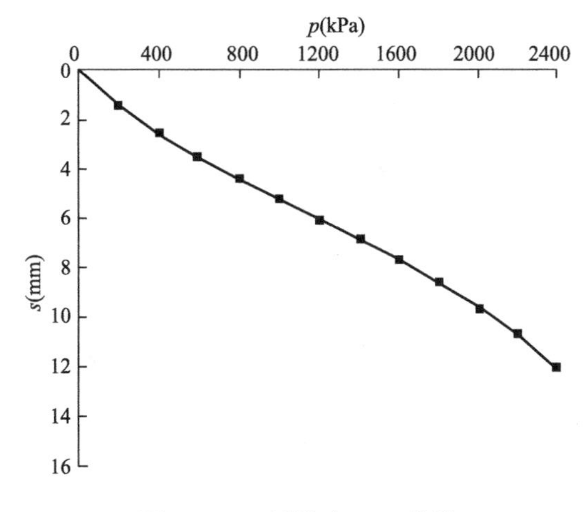

图 9-9　Z3 试验点 p-s 曲线

试坑 A 天然级配砂砾石垫层静载荷试验压板面积 2.0m² 进行 3 点（Z7～Z9，其中 Z8 浸水），压板面积 0.5m² 进行 4 点（Z10～Z13，其中 Z13 浸水），试验成果见图 9-11～图 9-17 和表 9-10。

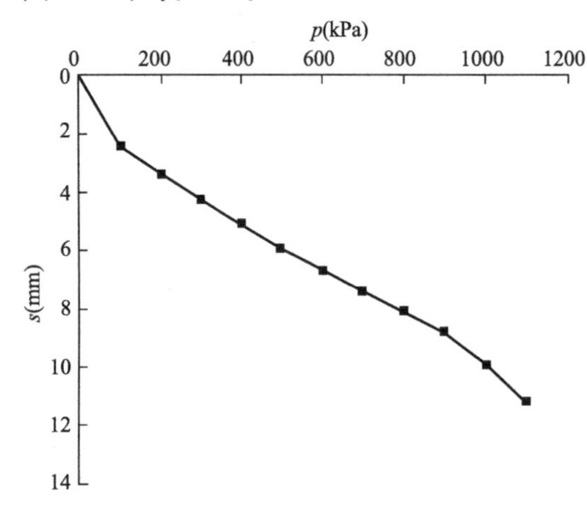

图 9-10　Z6 试验点 p-s 曲线

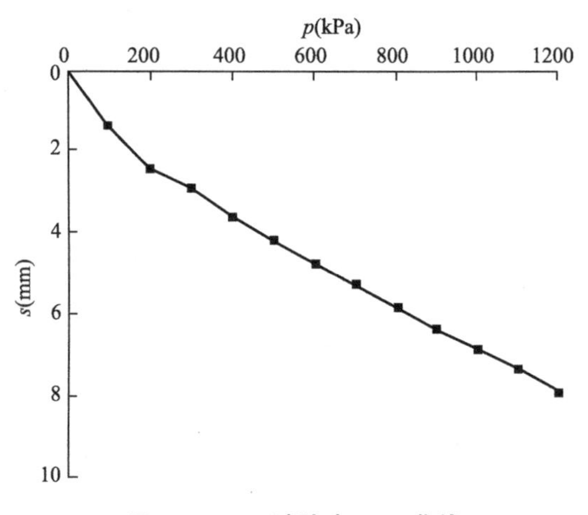

图 9-11　Z7 试验点 p-s 曲线

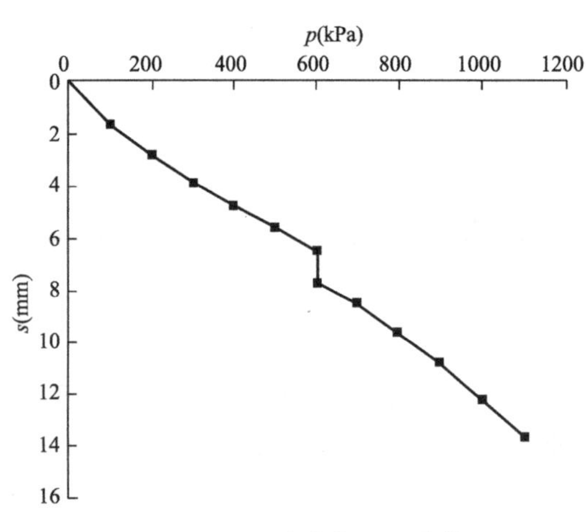

图 9-12　Z8 试验点 p-s 曲线

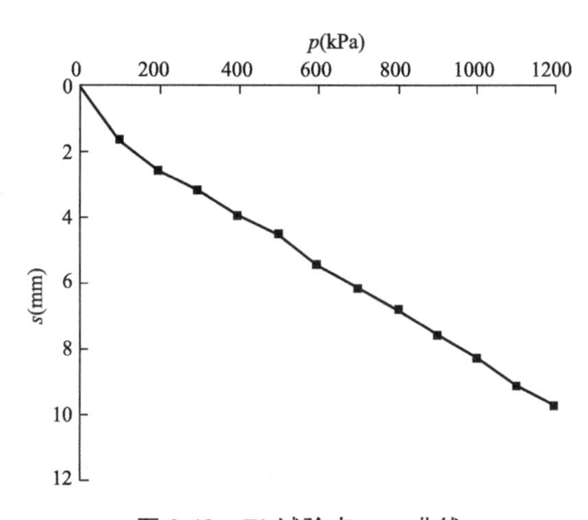

图 9-13　Z9 试验点 p-s 曲线

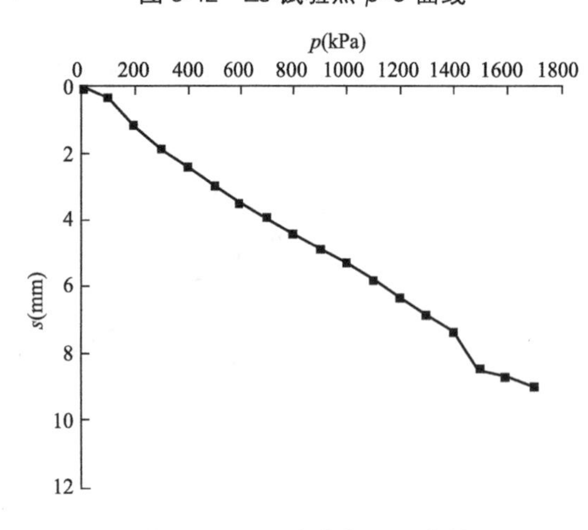

图 9-14　Z10 试验点 p-s 曲线

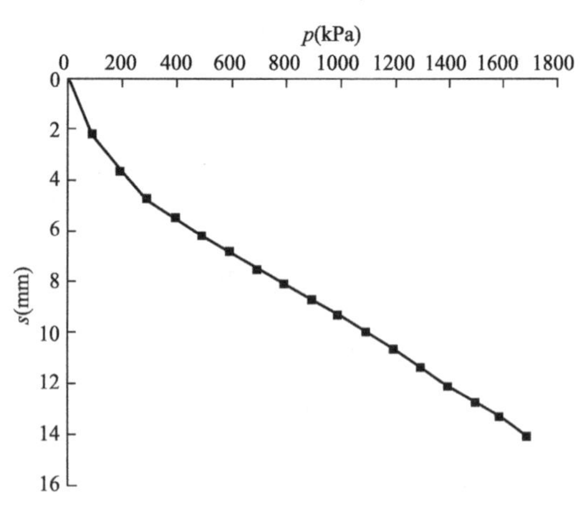

图 9-15　Z11 试验点 p-s 曲线

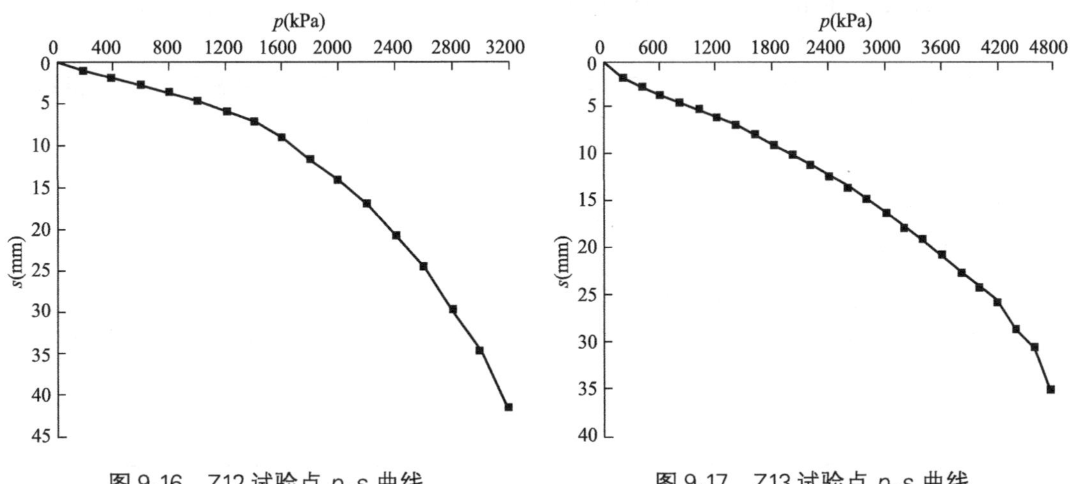

图 9-16 Z12 试验点 *p-s* 曲线

图 9-17 Z13 试验点 *p-s* 曲线

试坑 A 人工级配砂砾石垫层静载荷试验成果表 表 9-9

试验点号	Z2	Z3	Z6
压板面积(m^2)	0.5	0.5	2.0
最大试验荷载(kPa)	2400	2400	1100
地基最大沉降(mm)	12.66	12.10	11.21
$s/d=0.01$ 或 $s/b=0.01$ 对应的承载力值(kPa)	1445	1670	>1100
变形模量 E_0(MPa)	122.6	127.9	148.3

试坑 A 天然级配砂砾石垫层静载荷试验成果表 表 9-10

试验点号	Z7	Z8	Z9	Z10	Z11	Z12	Z13
压板面积(m^2)	2.0	2.0	2.0	0.5	0.5	0.5	0.5
最大试验荷载(kPa)	1200	1100	1200	1700	1700	3200	4800
地基最大沉降(mm)	7.95	13.66	9.78	9.02	14.05	41.68	35.34
$s/d=0.01$ 或 $s/b=0.01$ 对应的承载力值(kPa)	>1200	>1100	>1200	1460	780	1475	1630
变形模量 E_0(MPa)	205.8	121.6	169.2	111.3	93.4	122.1	141.0

从试坑 A 试验结果可以看出：2.0m^2 板其 *p-s* 曲线均未出现比例界限，可以认为至少不小于 1200kPa；0.5m^2 板其 *p-s* 曲线出现比例界限和极限荷载；人工级配砂砾石和天然级配砂砾石垫层地基承载力均很高，远大于设计 500～550kPa 的地基承载力要求。因此，用天然级配砂砾石垫层作为主厂房及烟囱地基能满足设计要求。

计算地基变形模量 E_0 值为 93.4～205.8MPa，建议设计取值 85MPa。依据 *p-s* 曲线所对应的比例界限值计算基床反力系数 K_v 为 19.7×10^4～25.0×10^4kN/m^3，建议取值为

22.8×10^{4}kN/m^3。根据荷载卸荷回弹资料计算砂砾石垫层的静弹性模量 E 为 258.0～592.3MPa，建议取值为 200～260MPa。

试坑 A 静载荷试验确定的砂砾石垫层地基承载力很高，试坑 C 砂砾石垫层未进行静载荷试验，参照试坑 A 天然级配砂砾石垫层试验成果，其地基承载力特征值可按 400kPa 设计。

9.7.5 波速测试

波速测试在人工开挖试坑中进行，坑深 2m，在坑壁设置检波器，测试成果见表 9-11。表 9-11 中所提供的压缩波和剪切波值为多个数据平均值，从中可以看出天然级配砂砾石料和人工级配砂砾石料差异不大。

波速测试成果表　　表 9-11

地基类型	测试深度（m）	各深度评价		平均压缩波速（m/s）	平均剪切波速（m/s）	动弹性模量（MPa）	动剪切模量（MPa）	动泊松比
		压缩波速 v_P(m/s)	剪切波速 v_s(m/s)					
天然级配	0.00	621	317	684	346	816	308	0.325
	1.00	703	344					
	1.80～2.00	728	377					
人工级配	0.00	678	342	688	350	819	309	0.326
	1.00	675	337					
	1.80～2.00	712	372					

9.8 工程应用及效果

9.8.1 砂砾石垫层设计

本工程各期主厂房区砂砾石垫层设计基本相似，现以二期工程主厂房区砂砾石垫层设计为例进行论述。二期工程主厂房区零米标高 184.5m，柱基础与主设备基础埋深不同，大部分基础埋深为 7.0m，基坑开挖深度为 13.5m，设计砂砾石垫层厚度为 6.5m，即地基处理至标高 171.0m。垫层底面标高下遇到黄土状粉土需挖除换填砂砾石，基础底面以上基坑回填用砂砾石分层碾压，垫层与基础之间设置土工膜防水。典型地层与开挖、换填关系如图 9-18 所示，各期砂砾石垫层需按图 9-19 进行碾压接茬处理。

9.8.2 碎石垫层施工

1. 基坑开挖和验槽

（1）基坑开挖边坡应根据岩土工程勘察建议坡比并结合现场实际确定，并采取有效措施保障施工安全及相邻建（构）筑物安全。

（2）开挖过程中必须采取有效的防排水措施，开挖后基坑内不得积水。

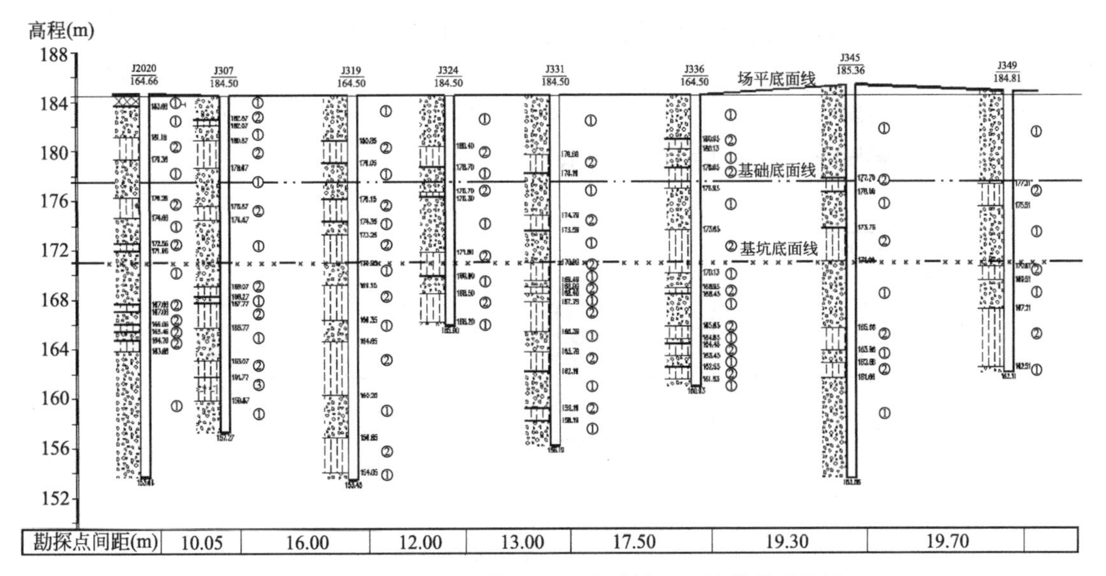

图 9-18 主厂房区域典型工程地质剖面及地基处理设计

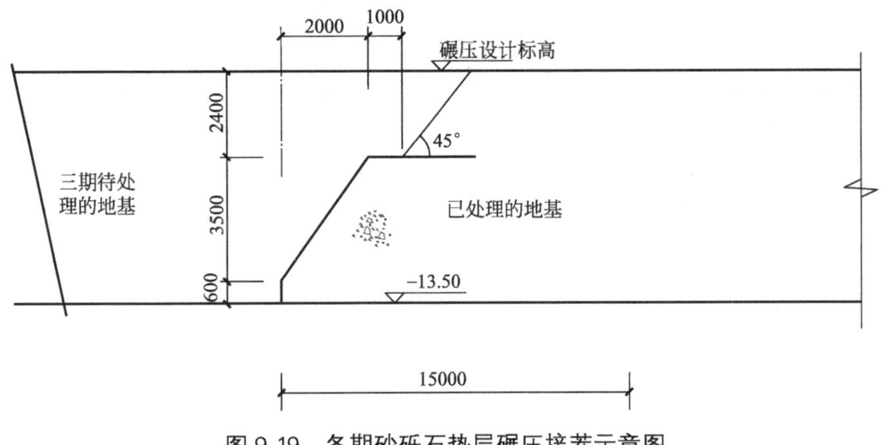

图 9-19 各期砂砾石垫层碾压接茬示意图

(3) 机械最深开挖至绝对标高 171.50m，为避免地基土扰动，171.50m 以下采用人工开挖。

(4) 基坑开挖工作完成后，应会同建设、监理、设计和地质工代进行验槽，合格后方可进行下一步施工。

2. 砂砾石填料

按天然级配砂砾石进行施工，需采取措施清除夹杂在砂砾石中的黄土。回填用的砂砾石料须保证良好的级配，卵石最大粒径不大于 150mm，且 150mm 卵石不超过碾压量的 10%并分散分布。现场砂砾石至少要翻拌一遍，搅拌均匀后，方可运入基坑。

3. 压实机械和施工工艺

(1) 砂砾石垫层碾压机械选用 YZ14 型重型振动压路机，激振力 260kN，行驶速度控制在 3km/h，每次碾压压茬不小于 1/3。

(2) 砂砾石料每一碾压层的虚铺厚度不大于 400mm，分两次铺填，每次铺填 200mm

以防止粗颗粒集中，每一碾压层的顶标高和底标高施工误差控制在±25mm。

(3) 碾压顺序：开挖至坑底标高后先碾压两遍，然后进行砂砾石垫层铺填，铺填完成后平碾两遍，振动碾8遍。每一分层检验合格后，方可进行下一层铺填碾压。

砂砾石垫层碾压施工工序如图9-20所示。

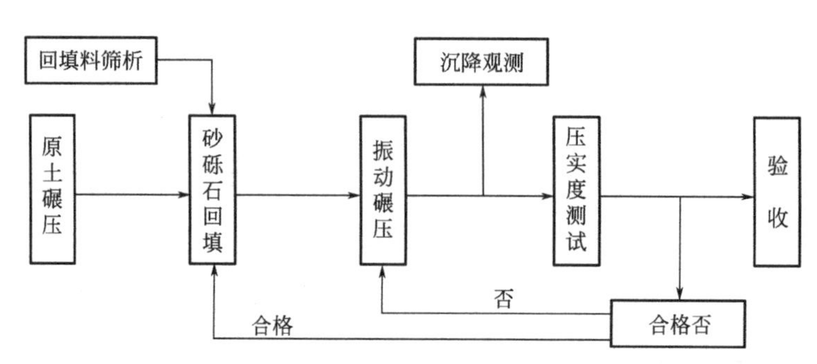

图9-20 砂砾石垫层碾压工序

4. 施工质量控制

砂砾石垫层施工控制干重度为22.6kN/m³，压实系数不低于0.97。砂砾石垫层地基承载力不低于850kPa，变形模量不低于85MPa。

施工单位应编写质量控制大纲，并按现行的有关施工验收标准自检，测定垫层每一分层的虚铺厚度和压实厚度，测定垫层每一分层的干重度，并做出相应的颗粒分析，当干重度低于控制最小干重度时，应立即分析原因并采取补救措施。施工单位自检完成后，形成自检报告。检测位置应根据施工情况每层随机抽样进行，每层不少于8处。垫层施工到设计标高后需进行原位测试，在汽机房除氧煤仓间框架和锅炉房等建筑物区域的静载荷试验不少于3点，试验承压板面积采用0.5m²。

9.8.3 变形监测

1#烟囱高度240m，环板式基础，基础直径36m，地基处理采用砂砾石换填，垫层厚度5m，垫层设计承载力400kPa，在建筑物施工期间和施工结束后均进行了沉降观测。共设1#、2#、3#和4#共4个沉降观测点，沉降观测结果见图9-21。从结果来看，总沉降量很小，沉降稳定后最大仅12mm，沉降差2mm，倾斜0.06/1000，施工期间沉降占总沉降量的70%～80%。2#烟囱沉降观测结果见第5章图5-8。

锅炉房建筑高度约80m，地基处理采用砂砾石换填，垫层厚度6.5m，最大基础尺寸10.0m×9.6m，垫层设计承载力650kPa，在建筑物施工期间和施工结束后均进行了沉降观测。1#、2#锅炉分别设16、17个沉降观测点，从结果来看，总沉降量很小，沉降稳定后最大20mm，沉降差也很小。图9-22为1#锅炉、2#锅炉沉降观测结果，从1#锅炉、2#锅炉沉降观测点平均沉降对比曲线结果来看，两个建筑物的沉降曲线几乎重合。3#锅炉基础观测点累计最大沉降量为19.53mm，累计最小沉降量为17.00mm，末次最大沉降量为0.24mm，沉降速率0.007mm/d。4#锅炉基础观测点累计最大沉降量为19.77mm，累计最小沉降量为16.63 mm，末次最大沉降量为0.24mm，沉降速率0.007mm/d。图9-23为3#锅炉、4#锅炉沉降观测点最大沉降对比曲线，两个建筑物的沉降曲线几乎重合，施工期间沉降占总沉降量的90%左右。

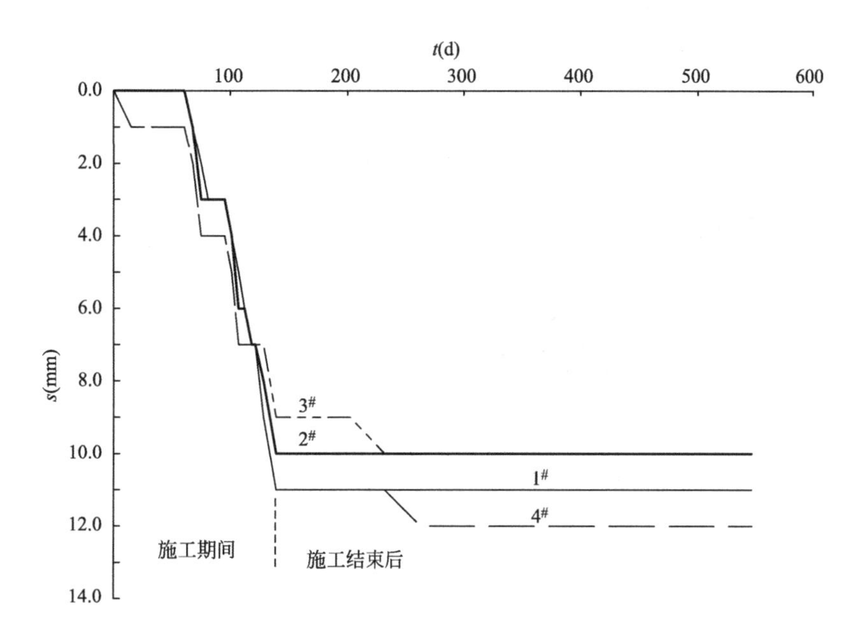

图9-21 1#烟囱沉降观测历时曲线

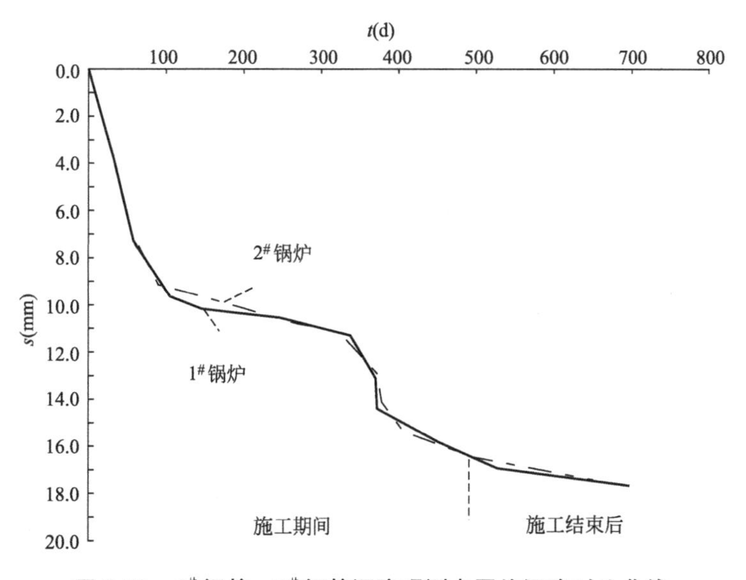

图9-22 1#锅炉、2#锅炉沉降观测点平均沉降对比曲线

从以上分析表明，经砂砾石换填处理后的地基性质均匀，无论是单个建筑物，还是荷载相同的不同建筑物变形均匀，沉降差很小。建筑物的沉降主要发生在建筑物施工期间，施工结束后建筑物的沉降很小。

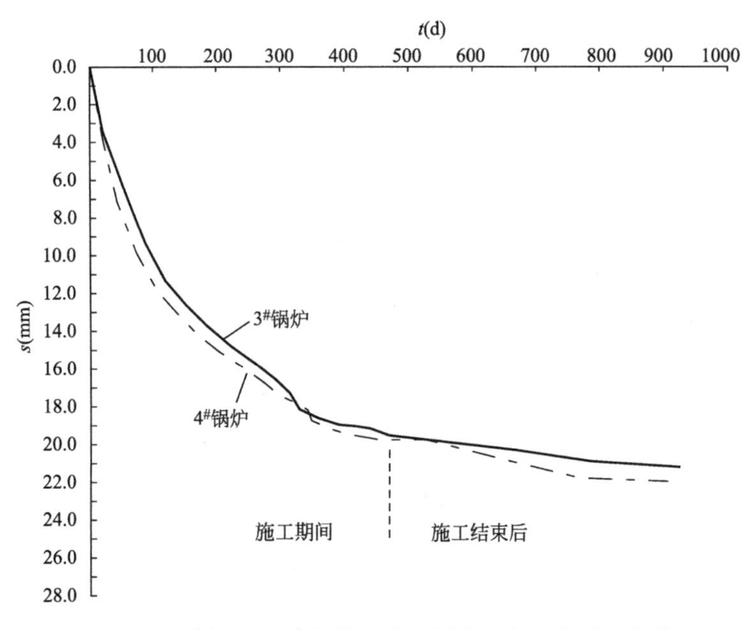

图 9-23　3# 锅炉、4# 锅炉沉降观测点最大沉降对比曲线

第 10 章 【实录 4】陕西国华锦界 4×600MW 煤电工程

10.1 工程概况

陕西国华锦界煤电工程位于陕西省北部神木市神府经济开发区锦界工业园区，是具典型意义的“煤电一体化”开发建设项目，属国家“西电东送”工程的启动项目，陕北能源化工基地建设的标志性工程（见图 10-1）。一、二期总装机 4×600MW 一次连续勘测设计，一期工程 1#、2#两台机组分别于 2006 年 9 月和 2007 年 5 月发电，配套煤矿同步投产，二期工程 3#、4#两台机组分别于 2007 年 12 月和 2008 年 6 月发电，每年有近 600 万吨原煤就地转化为优质电能输送向华北地区。

本工程位于我国毛乌素沙漠南缘的风沙草滩区，地形地貌和地质条件极其复杂，勘测时间由 1993 年至 2005 年，岩土工程勘察工作针对沙漠地区地形地貌特点，解决了松散风积砂、烧变岩和地基处理论证优化等一系列难题。二期工程 3#主厂房、4#主厂房地段地基基础设计由灌注桩改为碎石垫层，通过垫层厚度调整地基变形量满足设计要求，节约了地基处理费用，加快了施工进度。该项目岩土工程勘察与试验曾获 2008 年度电力行业优秀工程勘测一等奖和全国优秀工程勘察设计铜奖。

图 10-1 建设过程中的陕西国华锦界 4×600MW 煤电工程全景

10.2 场地岩土工程条件

工程场地地处陕北黄土高原北侧，毛乌素沙漠南缘，为典型的沙丘草滩地貌。厂区地形开阔，总体趋势为北、东、南三面地势较高，中部向西地势较低。主厂房 1#、2# 机地段地势相对较高，地面标高在 1153～1165m，均高于设计零米标高（1153m），处于挖方区。主厂房 3#、4# 机地段地势相对较低，地面标高在 1147～1157m，地貌上呈凹槽形，除 3# 主厂房东部高于设计零米标高（1153m）外，其余大部分均低于零米标高，为填方区（见图 10-2）。

厂区上部地层主要为第四系风积、冲洪积的黄土状土、砂类土和粉土等，下伏侏罗系泥岩、砂岩。场地地层情况见表 10-1，有关地基土物理力学指标见表 10-2。本工程地基主要持力层为粉土和泥岩、砂岩（见图 10-3），3# 主厂房、4# 主厂房接壤地带为隐伏的古冲沟，受煤层自燃等因素的影响还分布烧变岩（见图 10-4），从而导致原岩工程性能不同程度的改变。

图 10-2 工程场地原始地貌

图 10-3 粉土和泥岩、砂岩

图 10-4 烧变岩

场地地层分布情况表　　表10-1

层号	地层名称	层厚(m)	岩性特征
①$_1$	粉细砂	0.5～5.5	浅黄—褐黄色,松散,分布于场地表层
①	黄土状粉土	1.3～9.6	褐黄色,稍湿,稍密—中密,砂含量较高,局部混大量钙质结核
②	粉砂	0.5～14.0	浅黄—褐黄色,稍密—中密,混多量黏性土
③	细砂	0.7～10.7	浅黄—褐黄色,稍密—中密,混黏性土
④	粉土	0.2～16.1	褐黄—灰黄色,稍湿—湿,中密—密实,土质较均匀,见水平微层理,局部粉砂含量高,摇振反应强烈,底部偶见钙质结核
⑤	粉土		褐黄—灰黄色,稍湿—湿,密实,土质较均匀,见水平微层理,局部分布
⑥	粉质黏土(残积土)		灰黄—灰绿色,湿,可塑—硬塑,土质不均匀,混风化岩块,分布不连续
⑦	泥岩、砂岩		灰色—灰绿色,烧变后呈紫红—砖红色或灰白色,泥质结构(泥岩)或细粒结构(砂岩),层理构造,产状近水平,局部夹薄煤层

地基土主要物理力学性质指标表　　表10-2

地层编号及岩性名称	天然含水量 w(%)	天然重度 γ (kN/m^3)	天然孔隙比 e	塑性指数 I_P	液性指数 I_L	压缩系数 $a_{1\text{-}2}$ (MPa^{-1})	压缩模量 $E_{s1\text{-}2}$ (MPa)	c (kPa)	φ (°)	标准贯入试验 N(击)	承载力特征值 f_{ak} (kPa)
①$_1$层粉细砂	3.9	15.8	0.795	—	—	—	(10)	—	25.0	8.0	100
①层黄土状粉土	13.4	17.7	0.735	7.7	0.10	0.10	9.1	25.0	23.4	12.0	150
②层粉砂	4.5	16.5	0.701	—	—	—	(12)	—	30.0	19.0	180
③层细砂	8.2	18.3	0.592	—	—	—	(16)	—	32.0	26.0	210
④层粉土	21.3	20.0	0.639	8.8	0.38	0.16	12.8	23.4	26.9	22.0	200
⑤层粉土	21.7	20.2	0.609	7.2	0.36	0.11	15.5	27.6	28.1	31.0	230
⑥层粉质黏土	20.1	20.9	0.552	12.6	0.07	0.11	14.1	74.2	26.8	34.0	250
⑦层泥岩、砂岩(强风化)	2.7	24.7	—	—	—	—	(30)	260.0	33.0	—	350
备注	本表依据土工试验、原位测试及野外鉴定综合确定,()内为变形模量 E_0,c、φ 值为直剪(固快)建议值										

厂区地下水类型为潜水型，分为第四系松散层孔隙潜水（沙漠滩地潜水）和基岩及烧变岩裂隙孔洞潜水。主厂房、烟囱、炉后地段按设计零米标高1153m衡量时，地下水位埋深为2.5～15.7m，标高为1137.3～1150.5m。地下水位随季节性变化而变化，年变幅一般在1.5m左右。

地基土、地下水对混凝土结构和混凝土结构中的钢筋具微腐蚀性。

10.3 地基处理方案简介

本工程主厂房地段设计零米标高为1153m，基础埋深按 $d=7$m 考虑。据勘探成果，主厂房地段第四系覆盖层厚度变化大，基岩顶面标高为1126.0～1153.3m，基岩面起伏较大。1#主厂房、2#主厂房地段，基岩埋深较浅，采用天然地基和局部素混凝土垫层进行处理。

3#主厂房、4#主厂房地段，基岩强风化顶面标高为1126.0～1146.3m，基础埋深按 $d=7$m 考虑时，中等风化基岩顶面标高均在1146m以下，且在3#主厂房、4#主厂房接壤地带为基岩面陡降的地质异常区。对基岩埋藏相对较浅的区域可采用素混凝土垫层或碎石垫层换填法进行处理。对基岩埋藏相对较深的区域：第一，可采用在基岩深埋区加大碎石垫层换填厚度，有利于减小因基岩面的变化引起的沉降差异。第二，采用振冲碎石桩复合地基与碎石垫层相结合的方案，即在基岩埋藏深、基岩面陡降区域下部采用振冲碎石桩复合地基，上部采用碎石垫层换填法进行处理。通过振冲碎石桩复合地基竖向增强体来提高下部土体的强度与变形特性，利用其作为下卧层有利于减小因基岩面的变化引起的沉降差异。第三，可采用灌注桩。根据地基和基础设计的有关要求，同一结构单元的基础不宜设置在性质截然不同的地基上或部分采用天然地基或部分采用桩基。因此，3#主厂房、4#主厂房地段地基处理考虑碎石垫层换填方案，换填厚度按最终基础实际尺寸对下卧层的承载力和地基变形验算的基础上确定，接壤地带隐伏的古冲沟区可加大碎石垫层换填厚度，调整地基的变形和基础间的差异沉降。另外，碎石垫层法处理时，烧变岩的上覆岩土达到一定厚度，可利用烧变岩作为下卧层，避免采用灌注桩时烧变岩对设计和施工的影响。

10.4 碎石垫层试验目的和内容

碎石垫层地基按分层虚铺厚度450mm方案进行原体试验，试验的目的是验证碎石垫层换填处理方案的适宜性，试验的内容包括：

（1）选择垫层材料和料场，对碎石料的不均匀系数、含泥量、颗粒级配等提出要求；

（2）进行相对密度试验，确定碎石料的最大干密度；

（3）根据试验所采用的垫层材料，确定适宜的压实设备和施工机具；

（4）确定最佳的施工工艺，为设计、施工和施工质量控制标准等提供参数；

（5）进行现场静载荷试验，确定碎石垫层的地基承载力特征值、变形模量等，检验碎石垫层承载力特征值是否能满足500kPa的期望值；

（6）进行循环荷载板试验，确定地基静弹性模量、剪切模量。

10.5 碎石垫层材料

由于建设场地地处陕北黄土高原北侧，毛乌素沙漠南缘，遍地是砂，天然级配的砂砾石分布很少，故本次试验采用人工级配的碎石作为换填材料。在试验开始前期，会同业主、设计对该地建筑用碎石进行了调查。在神木孙家岔的泥岩、砂岩中夹一层钙质砂岩，当地建有采石场将其开采使用。在山西保德，广泛分布中—中厚层灰岩，岩石致密、坚硬。经现场取样进行岩石试验，神木料场岩石饱和抗压强度平均值为 82.3MPa，山西保德料场岩石饱和抗压强度平均值为 81.7MPa，两地材料均能满足碎石垫层的设计用料要求。考虑到价格、运距和开采、运输方便等条件，确定采用神木料场碎石料，见图 10-5。碎石料的含泥量为 0.1%～1.1%，颗粒级配百分比曲线见图 10-6，从图中可以看出细颗粒偏少。将碎石料与石粉掺合配比后进行相对密度试验，其最大干密度为 1.91g/cm³。

图 10-5　碎石料

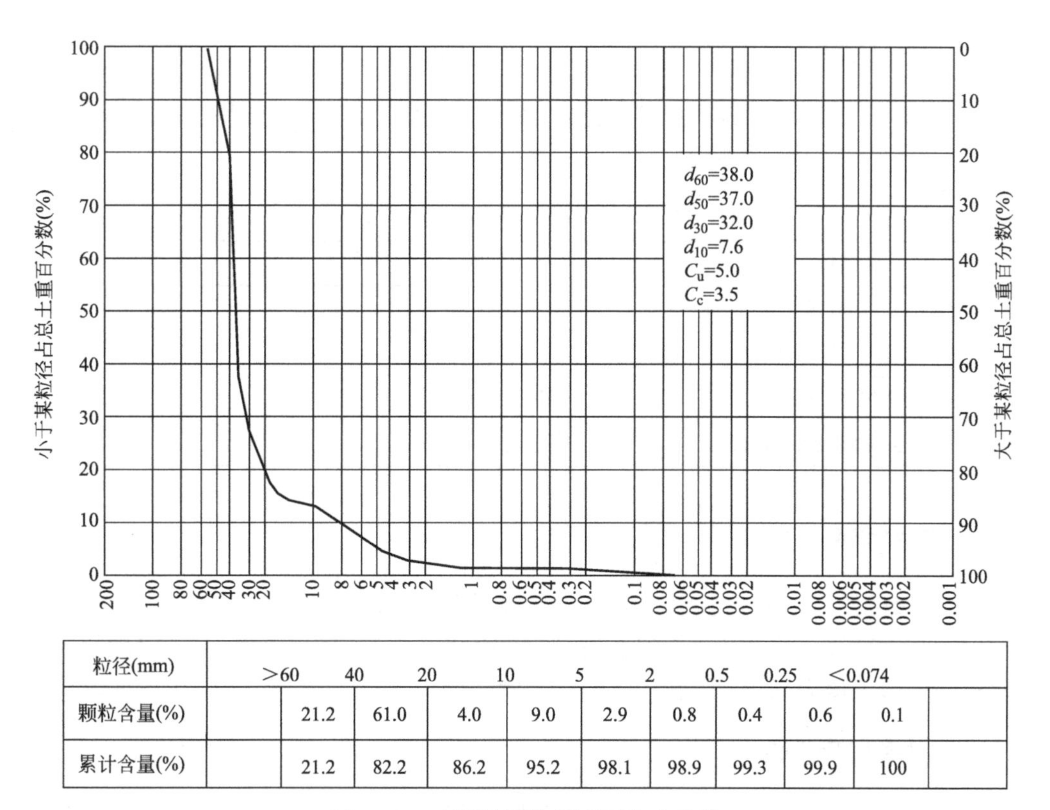

粒径(mm)		>60	40	20	10	5	2	0.5	0.25	<0.074	
颗粒含量(%)		21.2	61.0	4.0	9.0	2.9	0.8	0.4	0.6	0.1	
累计含量(%)		21.2	82.2	86.2	95.2	98.1	98.9	99.3	99.9	100	

图 10-6　碎石料颗粒级配百分比曲线

10.6 碎石垫层试验施工

10.6.1 场地选择

试验场地选择在上部地层为④层粉土区域，试坑尺寸 14m×24m，开挖深度 2m。

10.6.2 压实机械与工艺

试验采用的机械为徐州 YZ10 型振动压路机，自重 10.9t，激振力为 240kN，频率 30Hz，额定功率 80kW。

施工工艺如下：

① 在试验基坑内分 5 层铺填，每层虚铺 450mm，实际铺填总厚度 2.25m，含水量控制在 3%～5%。

② 每层平碾 1 遍，而后振动碾压 6 遍，碾压压茬为 1/3，机械行驶速度控制在 2km/h 以内。

③ 每层碾压完成后，测定该层的密度、含水量、压实系数、颗粒级配等指标。测试数量为每层取 6 点。检测合格后，再进行下一层的铺填碾压。

10.7 碎石垫层检测

10.7.1 测试项目和工作量

碎石垫层施工效果检测采用筛分试验、密度与含水量试验、静载荷试验、循环荷载板试验，测试项目和完成工作量见表 10-3。

碎石垫层试验检测工作量一览表　　表 10-3

序号	测试项目	单位	规格	数量	备注
1	筛分试验	组		30	
2	密度与含水量试验	组		30	
3	静载荷试验	点	压板面积 0.25m^2	3	
4	循环荷载板试验	点	压板面积 0.25m^2	1	

10.7.2 颗粒级配

碎石垫层材料筛分试验表明，粗颗粒含量（$d>5$mm）为 75%～85%，细颗粒含量（$d<5$mm）为 15%～25%。不均匀系数 C_u 最大值为 25.3，最小值为 2.0，平均值为 8.8。曲率系数 C_c 最大值为 7.0，最小值为 0.4，平均值为 3.0。

10.7.3 密度与含水量

密度与含水量试验成果见表 10-4。根据现场密度试验结果，实测平均干密度为

2.06g/cm^3，大于室内试验最大干密度，压实系数一般在 1.0 以上。现场试验干密度大于室内试验最大干密度的主要原因是现场的碾压功率较大，考虑这些因素，现场基准最大干密度应适当提高至 2.00g/cm^3。现场实测含水量在 1.9%～10.5%，平均含水量为 5.1%，施工时含水量应控制在 5%左右。

各碾压层密度、含水量试验成果表　　表 10-4

层号	平均含水量 w(%)	平均干密度 ρ_d(g/cm^3)	平均压实系数 λ_c
第一层	3.1	2.01	1.05
第二层	7.4	2.04	1.07
第三层	5.4	2.01	1.05
第四层	5.4	2.06	1.08
第五层	4.4	2.16	1.13

10.7.4 静载荷试验

静载荷试验采用堆载法提供反力，相对稳定法加荷，最大加载压力为 1200kPa，试验成果见图 10-7～图 10-9 和表 10-5。从试验 p-s 曲线可以看出，各试验点地基受压尚未进入极限状态，碎石垫层变形均匀，按相对变形值确定的承载力特征值较大，按不超过最大加载一半的原则确定的地基承载力特征值为 600kPa。变形模量平均值为 86.9MPa。

10.7.5 循环荷载板试验

碎石垫层循环荷载板试验成果见图 10-10。经计算分析，垫层静弹性模量为 202.4～286.1MPa，平均值为 245.4MPa；垫层静剪切模量为 81.0～114.4MPa，平均值为 98.2MPa。

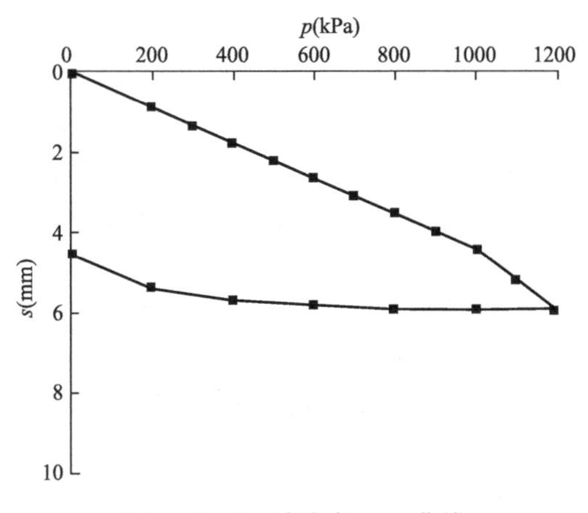

图 10-7　Z1 试验点 p-s 曲线

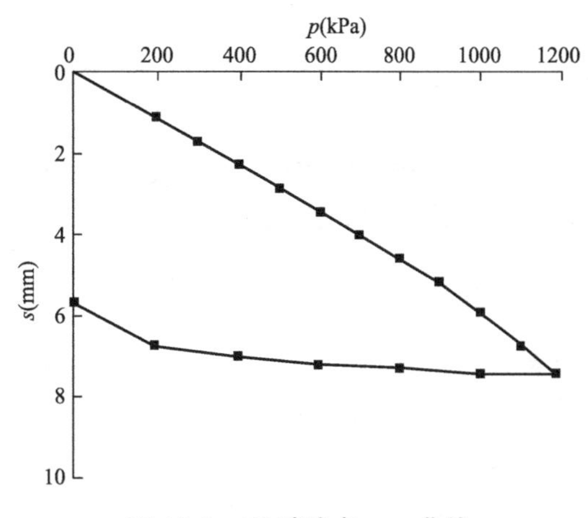

图 10-8　Z2 试验点 p-s 曲线

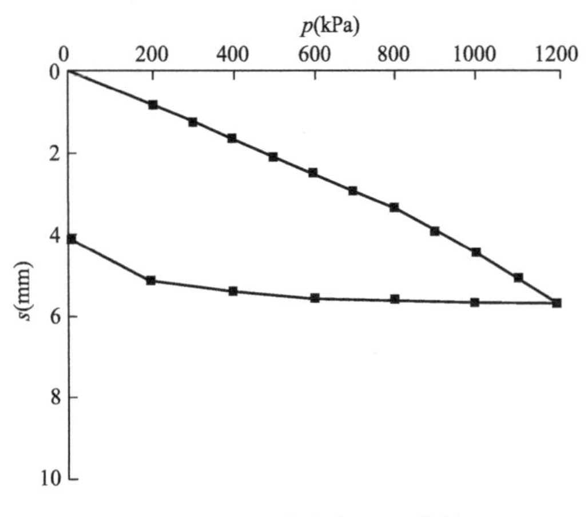

图 10-9　Z3 试验点 *p*-*s* 曲线

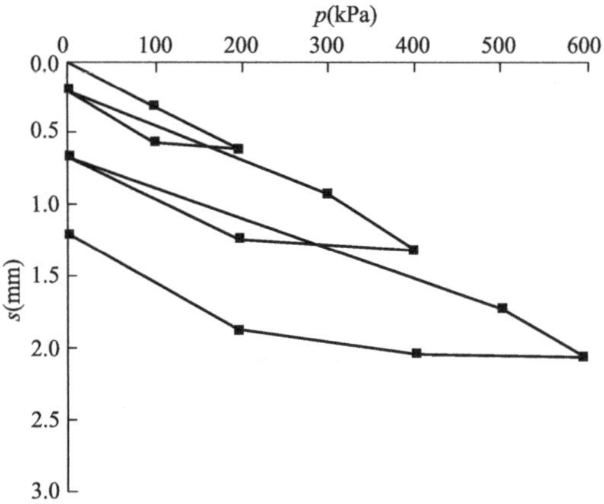

图 10-10　Z4 试验点 *p*-*s* 曲线

静载荷试验成果表　　表 10-5

试验点号	Z1	Z2	Z3
最大试验荷载(kPa)	1200	1200	1200
地基最大沉降(mm)	5.90	7.53	5.73
最大回弹量(mm)	1.37	1.80	1.57
回弹率(%)	23.2	23.9	27.4
s/d=0.01 对应的承载力值(kPa)	1166	956	1186
地基承载力特征值(kPa)	600	600	600
变形模量 E_0(MPa)	93.2	70.7	96.9
载荷试验基床系数 K_v(kN/m³)	22.7×10^4	17.2×10^4	23.6×10^4

10.8　工程应用及效果

10.8.1　3#主厂房、4#主厂房碎石垫层设计

3#主厂房、4#主厂房接壤地带为基岩陡降的隐伏古冲沟区，现场勘探在基岩埋深陡降孔周围进行了加密钻孔控制，勘探点间距压缩到 3.0～6.5m，勘探点之间基岩顶面的变化在 2.2～7.4m。

3#主厂房、4#主厂房±0.0m 为高程 1153m，基础埋深 7m，地基处理采用碎石垫层方案，垫层坐落在④层粉土上。基岩埋藏浅的基础位置垫层厚度为 4m；基岩埋藏深的隐伏古冲沟区，垫层厚度加大为 6m，见图 10-11。在垫层厚度 4m 与 6m 衔接的斜坡处采用台阶状碾压搭接，见图 10-12。

碎石垫层施工控制最大干密度为 2.00g/cm³，压实系数不小于 0.97，地基承载力特征值不小于 600 kPa，变形模量不小于 80MPa。

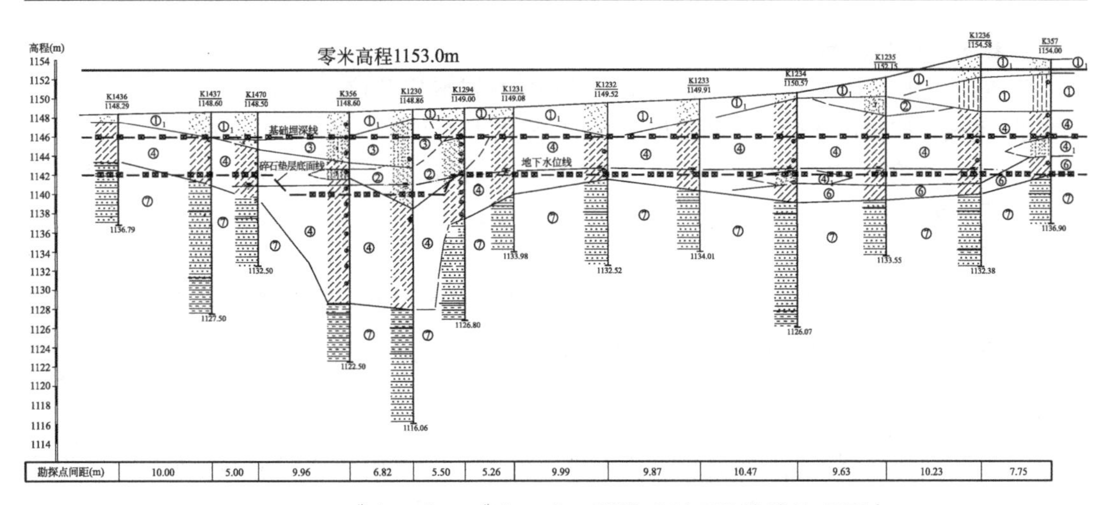

图 10-11 3# 主厂房、4# 主厂房工程地质剖面及地基处理设计

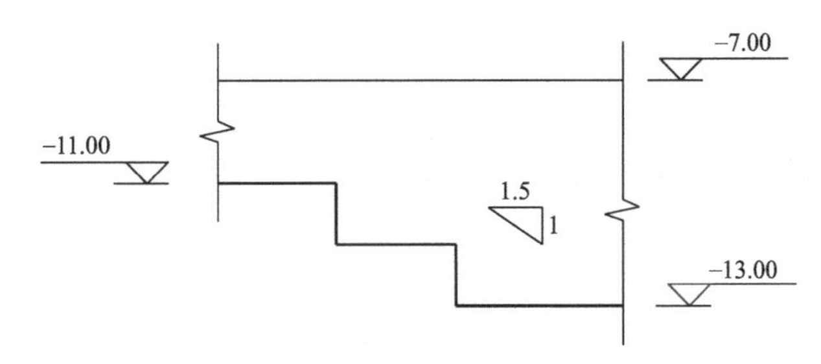

图 10-12 不同标高的碎石垫层放阶梯搭接

10.8.2 碎石垫层施工

基坑开挖深度为 11.0～13.0m，坑底标高处于地下水位附近和以下，采取轻型井点降水和基坑内明沟排水结合的降水方案，从而保证碎石垫层的正常施工。碎石垫层碾压施工时，采用 50E 装载机进行拌合摊平，采用 YZ20JC 型振动压路机进行碾压，工作质量 16t，频率为 30Hz，标定功率 128kW，压实宽度 2.13m。见图 10-13。

(a) 基坑降水

(b) 垫层碾压

图 10-13 碎石垫层施工

1. 基坑开挖和验槽

① 施工单位应根据现场实际地质情况和相关标准确定开挖边坡坡度；

② 机械开挖至设计标高顶部留出 300mm 需用人工开挖，避免对基底的扰动；

③ 基坑开挖工作完成后，应会同建设、监理、设计和地质工代进行验槽，合格后方可进行下一步施工。

2. 碎石填料

回填所用的碎石料其材质和颗粒级配与垫层试验所用的石料一致，禁止采用强风化料，杜绝混入黏土块。碎石料搅拌均匀后方可运入基坑，如出现粗颗粒集中现象，应人工拌合均匀。

3. 施工工艺

① 碎石料每一碾压层的虚铺厚度不大于 400mm，分两次铺设，每次铺 200mm，以防止粗颗粒集中，每一碾压层的顶标高和底标高施工误差控制在±25mm。碎石含水量须保持在 5%左右；

② 基坑原土先平碾 1 遍（不振动），每层虚铺平整后，先平碾 1 遍，再振动碾压 6 遍，行驶速度控制在 2km/h 以内；

③ 碾压时必须达到规定的遍数，防止漏压、超压，保证压实的均匀性，压路机的摆幅宽度 2/3 碾宽，即压茬 1/3 碾宽；

④ 每一层应测定碾压后的密度、含水量及颗粒级配等，检验合格后，方可进行下一层的铺填碾压。

4. 施工质量控制

① 测定垫层每一分层的干密度，每 100m^2 的面积检测 1 点，检测位置应根据施工情况每层随机抽样进行，同时进行级配分析，每层不少于 8 点。当干密度低于控制干密度时，应立即分析原因并采取补救措施；

② 竣工验收采用静载荷试验检测地基承载力。垫层施工到设计标高后需进行地基检测，在每台机的汽机房、除氧煤仓间、锅炉房及集控楼等建筑物区域的静荷载试验分别不少于 3 点，试验承压板面积不小于 0.50m^2。

10.8.3 变形监测

本工程在施工和运行期间进行了系统的沉降观测工作，表 10-6 为 3# 机组、4# 机组主要建筑物从初始观测至 2013 年 11 月的累计沉降量，沉降量及沉降差均在规范要求范围之内，呈现均匀沉降趋势。

3#、4#机组主要建筑物沉降分析统计表　　表 10-6

统计项目		3#、4#主厂房	3#汽机平台	3#汽机基础	3#锅炉钢架	4#汽机平台	4#汽机基础	4#锅炉钢架
累计沉降量最大的点位		A16	1	3	1	10	9	1
累计沉降量(mm)		10.52	6.66	10.10	13.83	6.63	8.22	9.49
累计沉降量最小的点位		A14	8	4	11	3	4	12
累计沉降量（mm）		4.11	3.35	5.41	9.08	2.72	4.37	7.70

续表

统计项目		3#、4#主厂房	3#汽机平台	3#汽机基础	3#锅炉钢架	4#汽机平台	4#汽机基础	4#锅炉钢架
最后两次沉降速率最大点位	点位	B12	3	14	9	8	10	1
沉降速率(mm/100 天)	速率	0.29	0.68	0.23	0.23	0.74	0.44	0.46
最后两次沉降速率最小点位	点位	B12	9	10	2	4	2	12
沉降速率(mm/100 天)	速率	0.06	0.42	0.00	0.06	0.54	0.17	0.18
沉降类型		均匀	均匀	均匀	均匀	均匀	均匀	均匀

为了更准确地反映建筑物的沉降趋势以及沉降规律，图 10-14～图 10-16 给出了建筑物沉降观测点最大沉降曲线。可以看出，总体沉降量小，施工期间沉降占总沉降量的 58.5%～64.2%，运行期间沉降曲线呈缓慢沉降变形的特点，已达了到稳定状态。

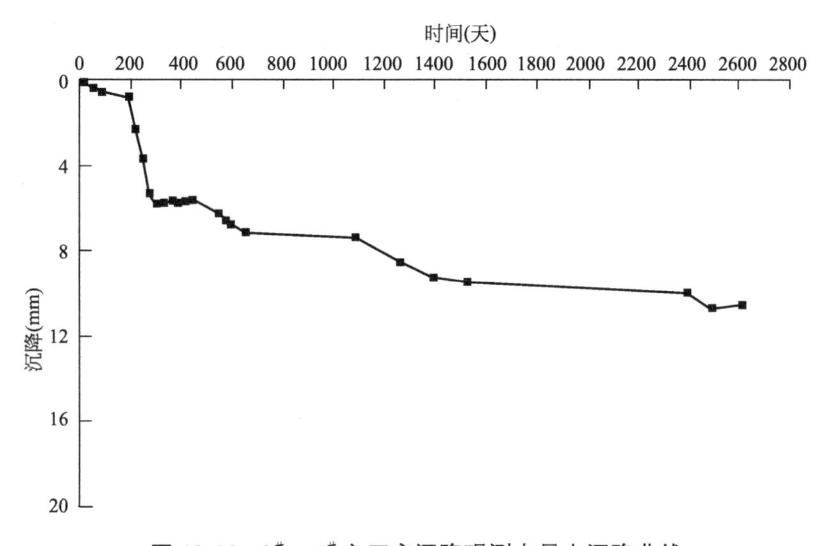

图 10-14 3#、4#主厂房沉降观测点最大沉降曲线

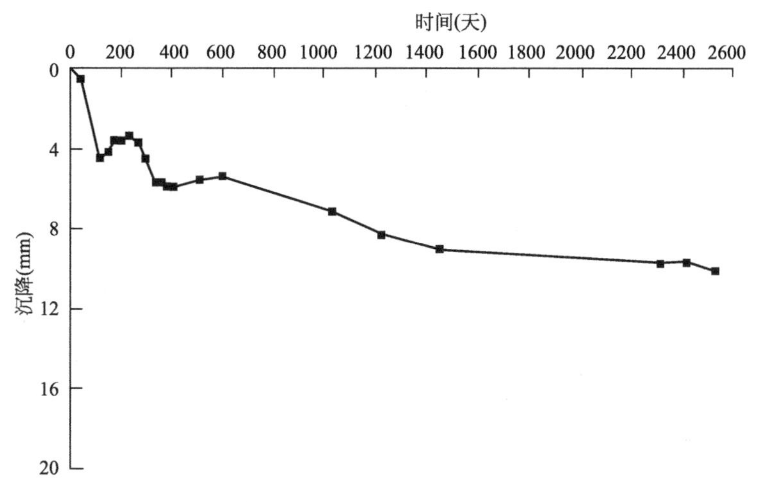

图 10-15 3#汽机基座房沉降观测点最大沉降曲线

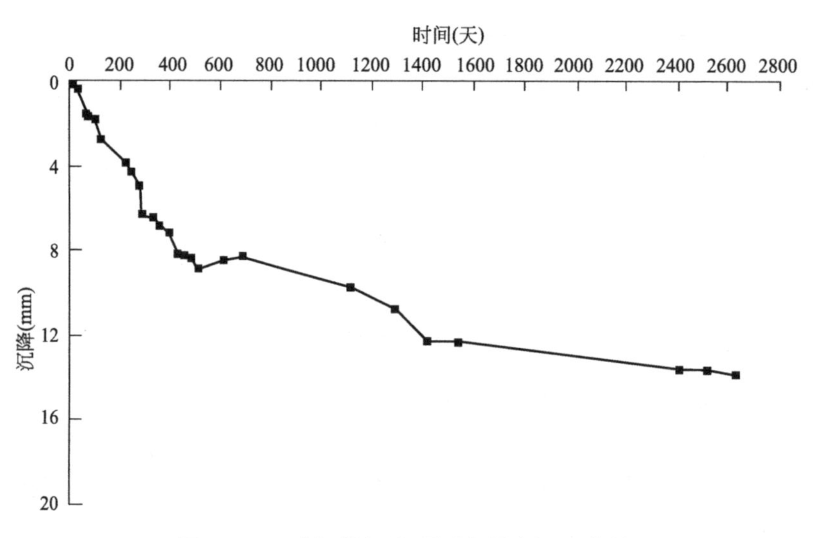

图 10-16　3#锅炉沉降观测点最大沉降曲线

第11章 【实录5】陕西秦华发电有限责任公司2×600MW机组工程

11.1 工程概况

陕西秦岭发电厂位于秦岭北麓山前冲洪积扇群上，北部为秦岭山前倾斜平原及渭河阶地，工程场地距黄河较大支流——渭河约12km，南侧依次为老厂铁路专用线及陇海铁路。陕西秦华发电有限责任公司2×600MW机组（7#、8#机）工程位于二、三期工程（主厂区）扩建端，机组采用间接空冷系统及三塔合一方案。本工程符合国家“上大压小，节能减排”的政策要求，对于减轻地区空气污染，改善环境质量起到积极的作用。工程于2010年3月正式开工建设，至2011年12月26日7#机通过168小时整套试运行并投入商业运行（图11-1）。该项目曾获2013年度电力行业优秀工程勘测二等奖。

图11-1 陕西秦华发电有限责任公司2×600MW机组工程全景

11.2 场地岩土工程条件

厂区地貌单元属秦岭北麓山前冲洪积扇群的中上部，原始地形整体由南向北倾斜，地面坡降约5%～7%（图11-2）。由于工程建设及其他人类活动的影响，地形比较凌乱，高差约30m。冲洪积扇群的主要物质来源是花岗岩和黄土，其次是片麻岩，其岩相复杂，既有黏土微粒也有2m以上的漂石，粗颗粒土层和黄土状土交互分布（见图11-3、图11-4）。

考虑到地基土的复杂性、土层的分布特点、土层由上至下湿陷性总趋势渐弱等，将场地的地基土分为 3 大层，场地地层情况见表 11-1，有关地基土物理力学指标见表 11-2。本工程地基主要持力层为②$_3$、③$_3$ 层卵石。

图 11-2 工程场地原始地貌

图 11-3 场地分布的漂石

图 11-4 粗颗粒土层和黄土状土交互分布

场地地层分布情况表 表 11-1

层号		地层名称	层厚(m)	岩性特征
①		杂填土	0.5～9.7	主要以粉煤灰、砂卵石、黏性土、建筑垃圾及路基填土等为主，松散—稍密，局部呈中密
②	②$_1$	黄土状粉土	0.4～15.0	褐黄—黄褐色，稍湿—湿，中密，土质较均匀，粉粒含量较高，部分为黄土状粉质黏土，见针状孔隙及虫孔，部分见微斜层理
	②$_2$	中细砂	0.5～2.0	灰黄—灰褐色，中密，分选差，部分见微斜层理，成层性差，呈薄层或透镜体零星分布
	②$_3$	卵石	0.4～12.2	中密—密实，分选性差，呈亚圆—次棱角状，成分以花岗岩为主，少量片麻岩，一般粒径 50～200mm，最大可见粒径大于 2m(长轴方向)，局部为漂石层

续表

层号		地层名称	层厚(m)	岩性特征
③	③$_1$	黄土状粉土	0.6～8.3	褐黄—黄褐色,稍湿—湿,中密—密实,土质较均匀,粉粒含量较高,部分为黄土状粉质黏土,见针状孔隙及虫孔,部分见微斜层理
	③$_2$	中细砂	1.2～3.3	灰黄—灰褐色,湿,中密,分选差,该层成层性差,呈薄层或透镜体零星分布
	③$_3$	卵石		中密—密实,分选性差,呈亚圆—次棱角状,卵石主要成分以花岗岩为主,少量片麻岩,一般粒径 50～200mm,最大可见粒径大于 2m

地基土主要物理力学性质指标表　　表 11-2

地层编号及岩性名称	天然含水量 w(%)	天然重度 γ (kN/m^3)	天然孔隙比 e	塑性指数 I_P	液性指数 I_L	压缩系数 $a_{1\text{-}2}$ (MPa^{-1})	压缩模量 $E_{s1\text{-}2}$ (MPa)	c (kPa)	φ (°)	标准贯入试验 N(击)	承载力特征值 f_{ak} (kPa)
②$_1$ 层黄土状粉土	17.4	16.4	0.937	9.0	<0	0.26	11.6	32.5	25.0	11.4	160
②$_2$ 层中细砂	—	17.0	—			—	(23)	—	28.0	—	180
②$_3$ 层卵石	—	20.0	—	—	—	—	(45)	—	35.0	—	430
③$_1$ 层黄土状粉土	21.7	17.7	0.678	10.0	0.18	0.20	12.7	45.8	25.2	17.7	180
③$_2$ 层中细砂	—	18.5	—	—	—	—	(28)	—	32.0	—	200
③$_3$ 层卵石	—	21.0	—	—	—	—	(50)	—	38.0	—	450
备注	本表依据土工试验、原位测试及野外鉴定综合确定,()内为变形模量 E_0,c、φ 值为直剪(固快)建议值										

工程场地地基土中黄土状粉土室内湿陷性试验成果见表 11-3。②$_1$ 层黄土状粉土为湿陷性土;③层总体呈现出卵(漂)石夹黄土状粉土的特征,③$_1$ 层呈透镜体分布,湿陷起始压力大于 500kPa,呈现出老黄土的特征,即使局部土层有轻微的湿陷特征,其总湿陷变形量也较小,工程中可不予考虑,故本场地的③$_1$ 层可按非湿陷性黄土考虑。工程场地为自重湿陷性场地,地基湿陷等级按Ⅱ级考虑,湿陷下限为③层顶部。

地基土主要物理力学性质指标表　　表 11-3

指标项	②$_1$		③$_1$	
	范围值	平均值	范围值	平均值
湿陷起始压力 P_{sh}(kPa)	26.0～582.0	218.0	>500	>500
湿陷系数 δ_s	0.001～0.139	0.035	0.004～0.014	0.008
自重湿陷系数 δ_{zs}	0.000～0.056	0.015	0.004～0.012	0.007

地下水属第四系孔隙潜水,主要接受秦岭山前冲洪积扇群的侧向补给,其次也接受大气降水及耕地灌溉下渗等补给,向渭河径流排泄,整体呈南补北泄之势,水位埋深大于 30m。地基土、地下水对混凝土结构和混凝土结构中的钢筋具微腐蚀性。

11.3 地基处理方案简介

厂区地基土由冲洪积地层组成，无规律地分布着厚度变化很大的黄土状粉土，且属自重湿陷性场地，地基湿陷等级为Ⅱ级。同时，地基土中混有很多1.0m以上的大漂石及各种岩性的薄层或透镜体，地基土均匀性很差，属不均匀地基，建（构）筑物无法满足天然地基要求，需要采用人工地基。对电厂主厂房、烟囱、冷却塔等主要建（构）筑物地基处理的目的是消除地基土湿陷性的同时提高基础底地基的承载力，可供选择的方案有灌注桩及碎石垫层换填处理等。

采用灌注桩的优点是可穿透湿陷性黄土层，桩端置于③$_3$卵石层中，单桩承载力高，抗变形能力强，且技术成熟、安全可靠，但灌注桩有以下缺点：

（1）施工困难

因地基土中分布有较多的卵（漂）石层，桩成孔难度大。按估算单桩承载力3630kN需桩长30m。如采用机械成孔，存在漏浆、卡钻、缩径、遇大漂石处理难度大等问题，所需的工期无法控制，施工时间较长；如采用人工挖孔灌注桩，存在安全风险大、孔壁需采取特殊支护措施、施工时间较长等问题，对本场地而言适应性差。

（2）设计单桩承载力难以确定

地基土均匀性很差，卵石层中夹有不成层的、局部的黄土状粉土、中细砂层，在桩长范围内厚度不等，最厚为4.7m，若采用灌注桩方案须在施工之前逐桩钻孔以确定单桩承载力。本场地湿陷土层不连续，具有自重湿陷性，部分是在卵石层下，如何考虑桩侧负摩擦力的影响，即使桩基试验采取浸水状态，也存在如何选择代表性试验场地及试验数据的准确性控制难等问题。

（3）难以满足业主对工期要求

采用碎石垫层换填处理的优点是有已建电厂的成功经验，垫层下部局部湿陷性土采用挖除后毛石混凝土回填，且毛石混凝土同时有隔水的作用。厚度较大的垫层对地基的不均匀性具有调整的作用，施工安全性相对较好，工期可按要求的时间进行。缺点为在现场将形成深度较大的大型基坑，坑壁需按规定要求放坡，占地面积较大；垫层的厚度较大，需要严格控制压实质量。

本工程对主要建（构）筑物地基基础方案进行了经济比较，采用超挖部分毛石混凝土换填，其上设置5m厚碎石垫层方案投资少，施工相对方便，工期易控制，质量也容易保证。主厂房区域基底下需处理深度为1.3～12.7m，冷却塔区域基底下需处理的深度为0.0～14.7m。

11.4 碎石垫层试验目的和内容

碎石垫层地基原体试验的目的是验证换填处理方案的适宜性，试验的内容包括：

（1）选择垫层材料和料场，对碎石料的不均匀系数、含泥量、颗粒级配等提出要求；

（2）进行相对密度试验，确定碎石料的最大干密度；

（3）根据试验所采用的垫层材料，确定适宜的压实设备和施工机具；

（4）确定最佳的施工工艺，为设计、施工和施工质量控制标准提供参数；

(5) 进行现场静载荷试验，确定碎石垫层的地基承载力特征值、变形模量、基床反力系数等，检验碎石垫层地基承载力特征值是否能满足 600kPa 的期望值；

(6) 进行循环载荷板试验，确定碎石垫层的静弹性模量、静剪切模量等；

(7) 进行重型动力触探试验，检测碎石垫层密实度及随深度的变化规律。

11.5 碎石垫层材料

在试验开始前，业主与试验人员共同对本工程附近的天然砂砾石料和人工级配碎石料进行了踏勘调查。首先对距厂区不远处一条最大冲沟进行了调查，沟底为卵砾石，但其与黄土状土互层分布，不易开采，且含泥量较大、级配不良，不经处理质量较难保证。位于厂区南约 3.4km 有石料场，料场的碎石岩性为花岗岩，可满足本工程用料需求，从料场到厂区有简易砂石路和省级道路，运输较便利。考虑到工程用料应与试验用料相同，最终确定试验采用人工级配碎石料，室内试验成果见表 11-4。

碎石料室内试验成果表　　表 11-4

大于 5mm 颗粒含量(%)	小于 5mm 颗粒含量(%)	含泥量 (%)	不均匀系数 C_u	曲率系数 C_c	最大干密度 (g/cm^3)	最小干密度 (g/cm^3)
81.9	18.1	1.18	34.3	7.9	2.35	1.85

11.6 碎石垫层试验施工

11.6.1 场地选择

试验场地位于主厂房北端约 55m，试坑面积 20m×22m，开挖深度 2.50～2.80m。

11.6.2 压实机械与工艺

采用的压实机械为洛阳重型机械集团生产的 LSS220 型振动压路机，工作质量 20t，碾压宽度 2.13m，振动行驶速度 2km/h（1 档），激振力为 350kN（高振），额定功率 132kW。

施工工艺如下：

① 在试坑内分 6 层铺填，每层虚铺 400mm，碾压前先用铲车进行平整，随后用人工平整，每层铺填厚度偏差小于±50mm。含水量控制在 4%～6%；

② 每层虚铺平整后先平碾 1 遍，而后振动碾压 6 遍（高振），碾压压茬为 1/3，振动压路机行驶速度控制在 2km/h 左右；

③ 每层碾压前后根据埋设的对角标杆各测量一次高度，每层碾压完成后，测定该层的密度、含水量、颗粒级配等指标。测试数量为每层 3～6 点，检测合格后，再进行下一层的铺填碾压。

11.6.3 碾压施工

碎石垫层实际虚铺总厚度 2470mm，施工统计数据见表 11-5。

施工数据统计表　　表 11-5

层号	虚铺厚度（mm）	碾压平均沉降量（mm）	碾压平均沉降量占虚铺厚度百分比（%）
1	410	80	19.5
2	390	80	20.5
3	430	110	25.6
4	410	90	21.9
5	410	80	19.5
6	420	110	26.2

11.7 碎石垫层检测

11.7.1 测试项目和工作量

碎石垫层施工效果检测采用筛分试验、密度与含水量试验、静载荷试验、循环荷载板试验、重型动力触探试验等方法，完成工作量见表 11-6。

碎石垫层试验检测工作量一览表　　表 11-6

序号	测试项目	单位	规格	数量	备注
1	筛分试验	组		36	
2	密度与含水量试验	组		36	
3	静载荷试验	点	压板面积 $0.50m^2$	3	
4	循环荷载板试验	点	压板面积 $0.25m^2$	2	
5	重型动力触探试验	点		3	总进尺 2.06m

11.7.2 颗粒级配

碎石料颗粒大小分配曲线见图 11-5。从筛分试验结果来看，粗颗粒含量（$d>5$mm）一般为 81%～90%，细颗粒含量（$d<5$mm）一般为 10%～19%；不均匀系数 C_u 最大值为 40.8，最小值为 13.2，平均值为 25.4；曲率系数 C_c 最大值为 12.4，最小值为 1.7，平均值为 4.6。在施工过程中要严把两种材料掺入的重量比，拌合要均匀，对不符合要求的碎石料不能使用。

11.7.3 密度与含水量

密度与含水量试验成果见表 11-7。实测平均干密度为 2.39～2.42g/cm^3，压实系数一般在 1.0 以上，现场试验干密度大于室内最大干密度的主要原因是现场压实功率较大。现场实测含水量为 3.6%～6.6%，平均含水量为 4.8%，施工时含水量可控制在 4%～6%。

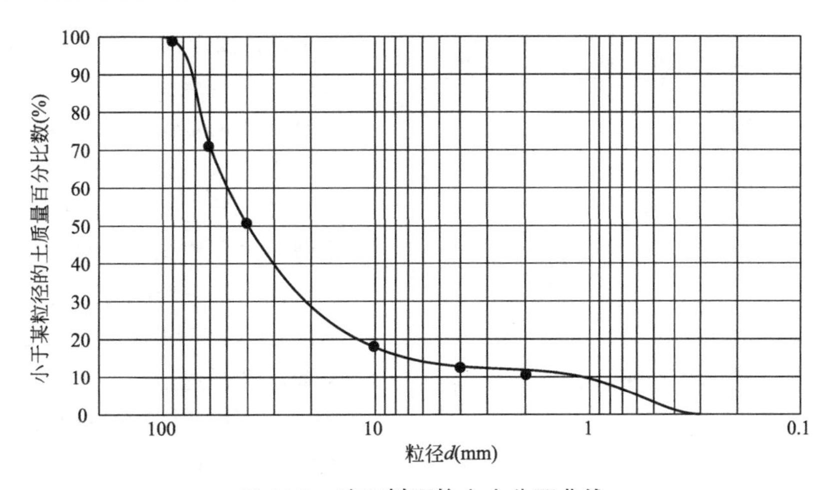

图 11-5 碎石料颗粒大小分配曲线

各碾压层密度、含水量试验成果 表 11-7

层号	平均含水量 w(%)	平均干密度 ρ_d(g/cm³)	平均压实系数 λ_c
第一层	6.6	2.40	1.02
第二层	6.1	2.39	1.01
第三层	4.3	2.42	1.02
第四层	3.9	2.40	1.02
第五层	3.6	2.39	1.02
第六层	4.2	2.42	1.03

11.7.4 静载荷试验

静载荷试验压板采用面积为 0.50m² 的圆形板，堆载法提供反力，采用相对稳定法加荷，试验成果见图 11-6～图 11-8 和表 11-8。静载荷试验最大加载压力为 1320～1440 kPa，

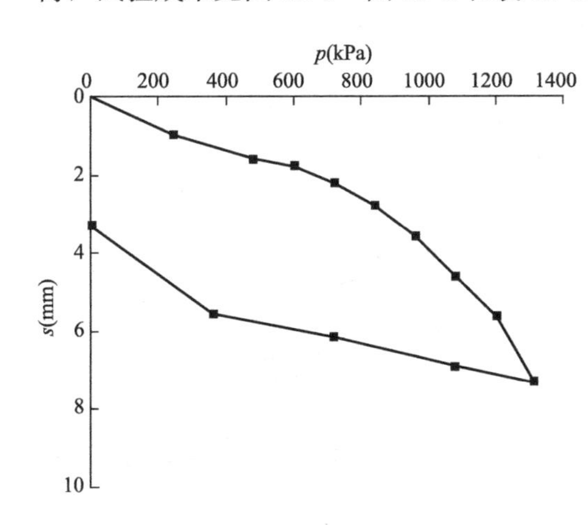

图 11-6 Z1 试验点 p-s 曲线

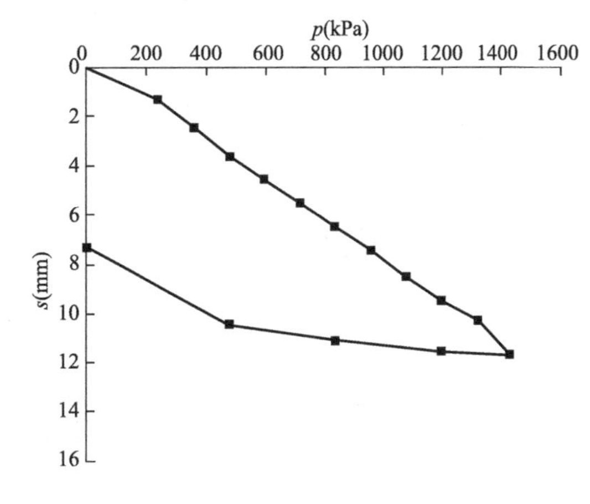

图 11-7 Z2 试验点 p-s 曲线

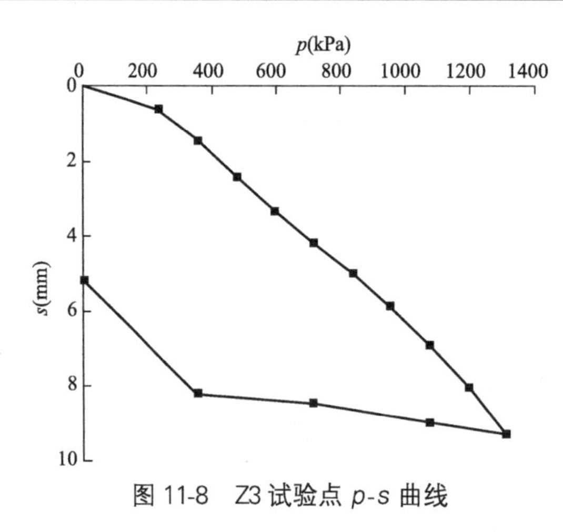

图 11-8　Z3 试验点 p-s 曲线

大于设计要求荷载的 2 倍，p-s 曲线均未进入荷载极限状态，地基承载力特征值按最大加载量的一半取值为 660～720kPa。由于试验采用的是人工级配碎石料，考虑到大面积施工时碎石料比例、拌合均匀程度等因素，建议地基承载力特征值按 600kPa 考虑，变形模量 E_0 取 75MPa。从静载荷试验结果来看，碎石垫层可以用于厂区各类建（构）筑物，但设计时应考虑下卧层黄土可能浸水的影响。

静载荷试验成果表　　表 11-8

试验点号	Z1	Z2	Z3
最大试验荷载(kPa)	1320	1440	1320
地基最大沉降量(mm)	7.32	11.74	9.29
最大回弹量(mm)	4.04	4.45	4.07
回弹率(%)	55.2	37.9	43.8
s/d=0.01 对应的承载力值(kPa)	>1320	1020	1193
地基承载力特征值(kPa)	660	720	660
变形模量 E_0(MPa)	198.5	75.6	103.3
载荷试验基床系数 K_v(kN/m^3)	34.1×10^4	13.0×10^4	17.7×10^4

11.7.5　循环荷载板试验

循环荷载板试验 p-s 曲线见图 11-9、图 11-10。碎石垫层地基静弹性模量为 178.8～259.7MPa，地基静剪切模量为 70.4～102.2MPa，经修正分析，地基弹性变形最终荷载按 600kPa 考虑时，碎石垫层地基静弹性模量可取 226.6MPa，静剪切模量可取 89.2MPa。

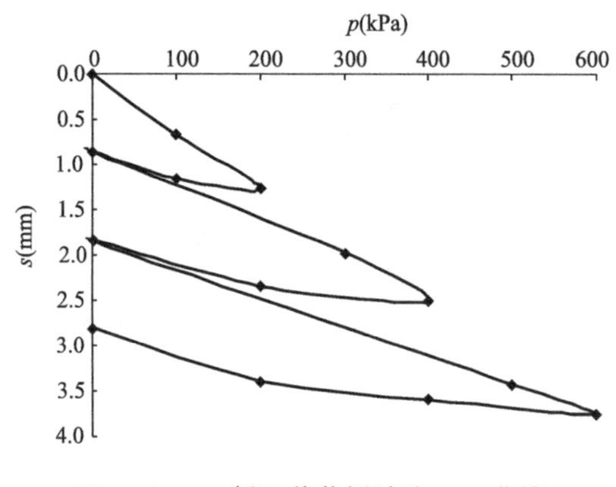

图 11-9　X1 循环荷载板试验 p-s 曲线

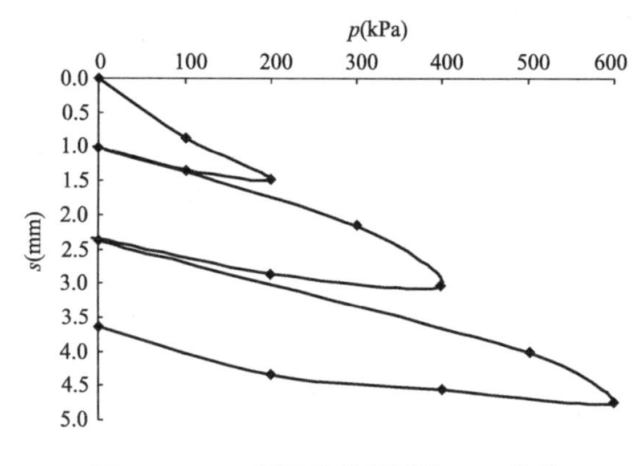

图 11-10　X2 循环荷载板试验 p-s 曲线

11.7.6 重型动力触探试验

重型动力触探试验锤击数随深度变化曲线见图 11-11～图 11-13，数据统计见表 11-9。在上部深度 0.5m 左右垫层受侧向限制小，一般锤击数低，向下随垫层侧向限制增大锤击数增加较大，触探锤反弹强烈，探杆来回摆动，且反力支架出现晃动不稳定情况，因此未贯穿垫层即停止试验。

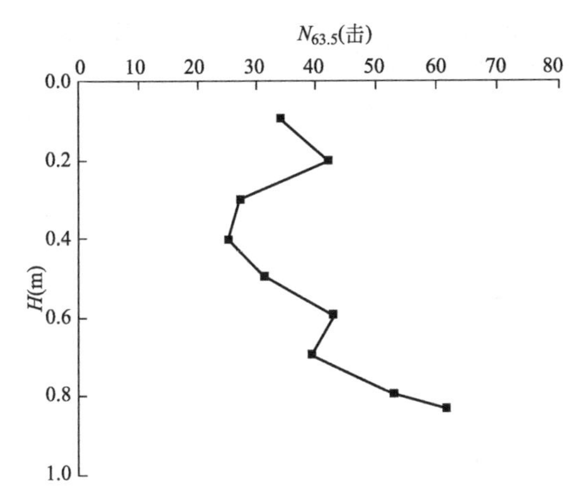

图 11-11 D1 孔重型动力触探试验曲线

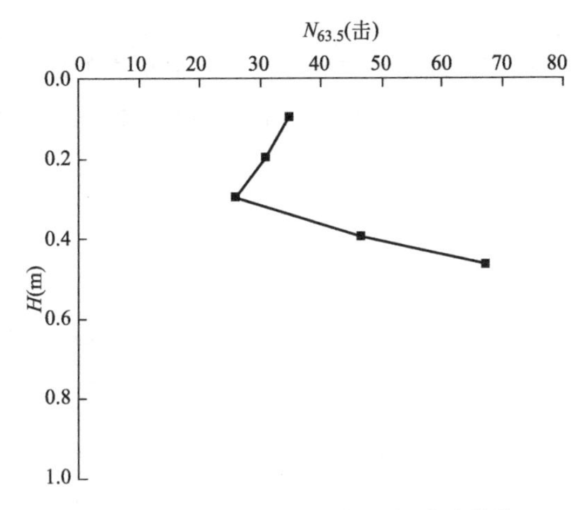

图 11-12 D2 孔重型动力触探试验曲线

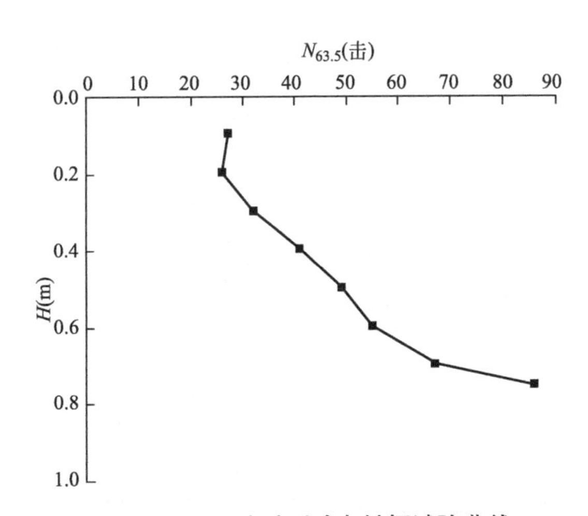

图 11-13 D3 孔重型动力触探试验曲线

重型动力触探统计表　　表 11-9

点号	总贯入深度（cm）	总击数（击）	最后贯入深度（cm）	最后贯入深度对应的锤击数（击）
D1	84.0	349	4.0	62
D2	47.0	202	7.0	68
D3	75.0	375	5.0	86

11.8 工程应用及效果

11.8.1 碎石垫层设计

本工程主厂房区锅炉、集控楼基础埋深5.6m，主厂房基础埋深7.1m，汽轮发电机基础埋深7.60 m，碎石垫层设计厚度4～6m，垫层地基下卧层选用③$_3$卵石层，如开挖至基坑标高仍未到卵石层需继续下挖或存在软弱土层时需全部清除，超挖部分用C10毛石混凝土回填至设计垫层底标高。不同标高的碎石垫层相接处放阶梯如图11-14所示，换填处理设计如图11-15所示。主厂房区代表性工程地质剖面见图11-16，建筑物基础底面以下最大处理厚度达12.7m。

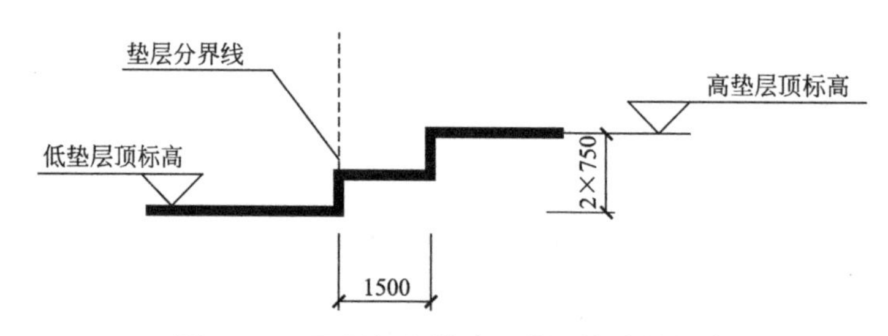

图11-14 不同标高的碎石垫层放阶梯相接

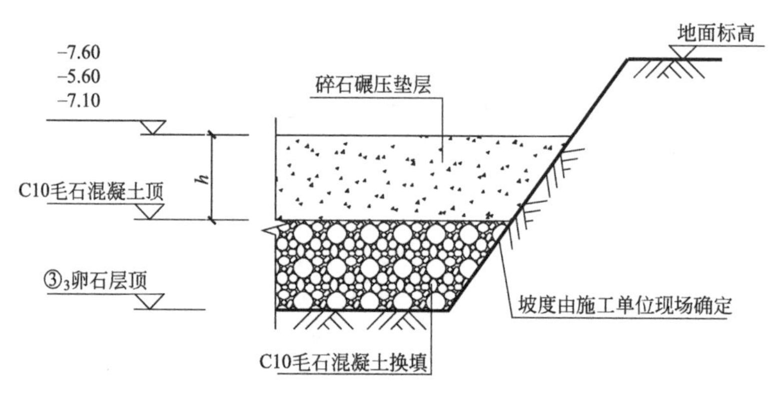

图11-15 主厂房区换填处理设计

冷却塔基础埋深6.7m，碎石垫层设计厚度6.0m，垫层地基下卧层选用③$_3$卵石层，超挖部分用C10毛石混凝土回填至设计垫层底标高，见图11-17。冷却塔环基代表性地基处理展开图见图11-18，基础底面以下最大处理厚度达14.7m。

11.8.2 碎石垫层施工

1. 基坑开挖和验槽

① 基坑开挖应连续进行，开挖边坡应遵照相关规定进行并制定详细的施工组织方案，浮土应清除。基坑周围应有安全防护措施，防止发生安全事故；

② 施工用水应妥善管理，防止管网漏水，并应做好防、排水措施，防止施工用水流入基坑；

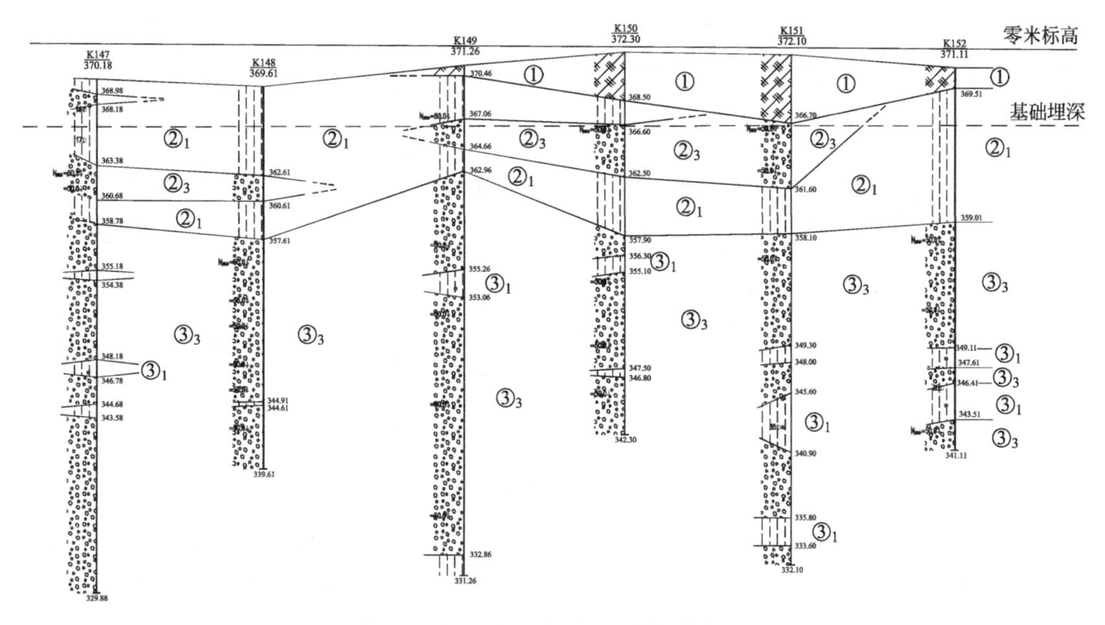

图 11-16 主厂房区工程地质剖面

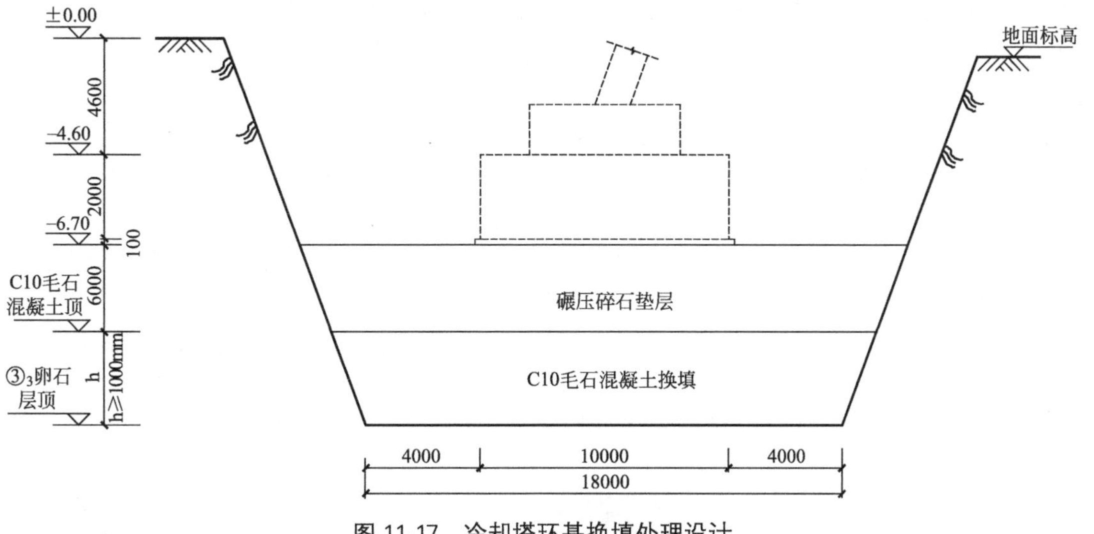

图 11-17 冷却塔环基换填处理设计

③ 基坑开挖至设计标高前应预留 0.3～0.5m 厚保护土层，辅以人工开挖，避免对基底的扰动；

④ 基坑开挖工作完成后，应会同建设、监理、设计和地质工代进行验槽，合格后方可进行下一步施工。

2. 碎石填料

回填所用的碎石料其材质和颗粒级配应与垫层试验所用的石料一致，在施工过程中要严把材料掺入的比例，拌合要充分、均匀，对不符合要求的碎石料不能使用。

3. 压实机械和施工工艺

① 压实机械采用工作质量不小于 20t 振动压路机施工；

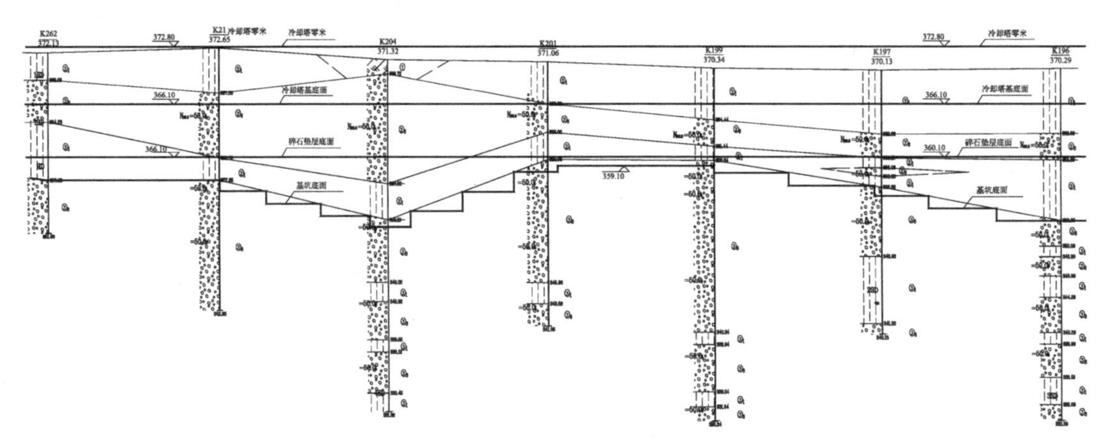

图 11-18　冷却塔环基地基处理展开图

② 垫层按每层虚铺厚度 400mm，表面应整平，每层铺填厚度允许偏差为±50mm，碎石料含水量应控制在 4%～6%，当含水量偏低时需洒水。铺填过程中需防止粗细颗粒分离，如粗细颗粒不均，则需人工拌合，并达到规定的级配要求；

③ 碾压顺序：底部原状土上平碾 1 遍（不振动），每层虚铺平整后先平碾 1 遍，然后振动碾（高振）6 遍，每次碾压压茬按 1/3 控制，振动压路机行驶速度控制在 2km/h 左右。垫层最后一层施工完后需平碾 1 遍，使垫层达到一定的平整度；

④ 为保证压实厚度接近设计厚度，每层碾压完成后应测量标记下层回填标高，保证铺料厚度。进料车不得在基坑内掉头，以防破坏碾压好的地基；

⑤ 靠近边坡部分的碾压应尽量靠边坡行车，个别部位碾压不到时，应专门用夯锤等小型压实机压实，以保证整个垫层的密实性；

⑥ 混凝土中掺用的毛石应选用坚实、未风化、无裂缝、洁净的石料，强度等级不低于 MU40，软化系数不小于 0.8，毛石尺寸不大于 300mm；

⑦ 应保持毛石顶部有不少于 100mm 厚的混凝土覆盖层，所掺用毛石数量应控制不超过总体积的 25%。

图 11-19 为基坑开挖及毛石混凝土回填施工，图 11-20 为冷却塔碎石垫层施工。

图 11-19　基坑开挖及毛石混凝土回填

图 11-20　冷却塔碎石垫层施工

4. 施工质量控制

每层碾压施工结束后，应对垫层的碾压质量进行检测，最大干密度基准值按 $2.35g/cm^3$，压实系数要求不小于0.97，当干密度低于控制最小干密度时，应立即分析原因并采取补救措施。竣工验收采用静载荷试验检测地基承载力，地基承载力特征值不小于600kPa，变形模量不小于75MPa。

11.8.3 垫层地基检测

每台机汽机房、除氧煤仓间、锅炉房、集控楼等建筑物区域的静荷载试验分别不少于3点，各冷却塔静荷载试验检测点数不少于3点。垫层厚度5～6m时，垫层施工3.0m厚时进行一次静载荷试验检测。检测点位置由监理单位、建设方等有关方协商确定。

主厂房和冷却塔区碎石垫层静载荷试验最大加载至1216kPa，均未达到极限荷载，检测结果见表11-10，代表性检测点 p-s 曲线见图11-21～图11-24，从中可以看出碎石垫层施工质量和工程性能总体稳定和均匀。

碎石垫层静载荷试验检测结果汇总表 表11-10

检测区域	检测数量（点）	压板直径（cm）	最大加载（kPa）	最大加载对应的沉降量（mm）	承载力特征值（kPa）	特征值对应的沉降量（mm）	变形模量（kPa）
7# 主厂房（下部3m）	10	100	1216	5.53～9.42	608	3.75～5.66	78～118
7# 主厂房（上部3m）	10	100	1216	6.46～9.20	608	3.72～5.82	76～119
8# 主厂房（下部3m）	10	80～100	1216	6.71～10.29	608	4.14～5.30	75～101
8# 主厂房（上部3m）	10	100	1216	6.23～9.12	608	3.88～5.92	75～114
7# 冷却塔（下部3m）	6	100	1216	7.36～10.01	608	4.54～5.93	75～97
7# 冷却塔（上部3m）	6	100	1216	7.35～9.57	608	4.27～5.05	88～104
8# 冷却塔（下部3m）	6	100	1216	6.87～7.87	608	3.90～4.90	90～113
8# 冷却塔（上部3m）	6	100	1216	6.80～7.86	608	4.02～4.81	92～110

8# 主厂房下部3m垫层进行了8个超重型动力触探试验，深度2.6～2.7m。一般上部0.4m击数小，向下逐渐增大，深度1.5m以下很难贯入，见图11-25、图11-26。各试验点0～0.4m检测数据不参与统计分析，超重型动力触探试验锤击数平均为26.9～37.1击，整个场地试验点平均击数为33.3击，说明碎石垫层密实度好。

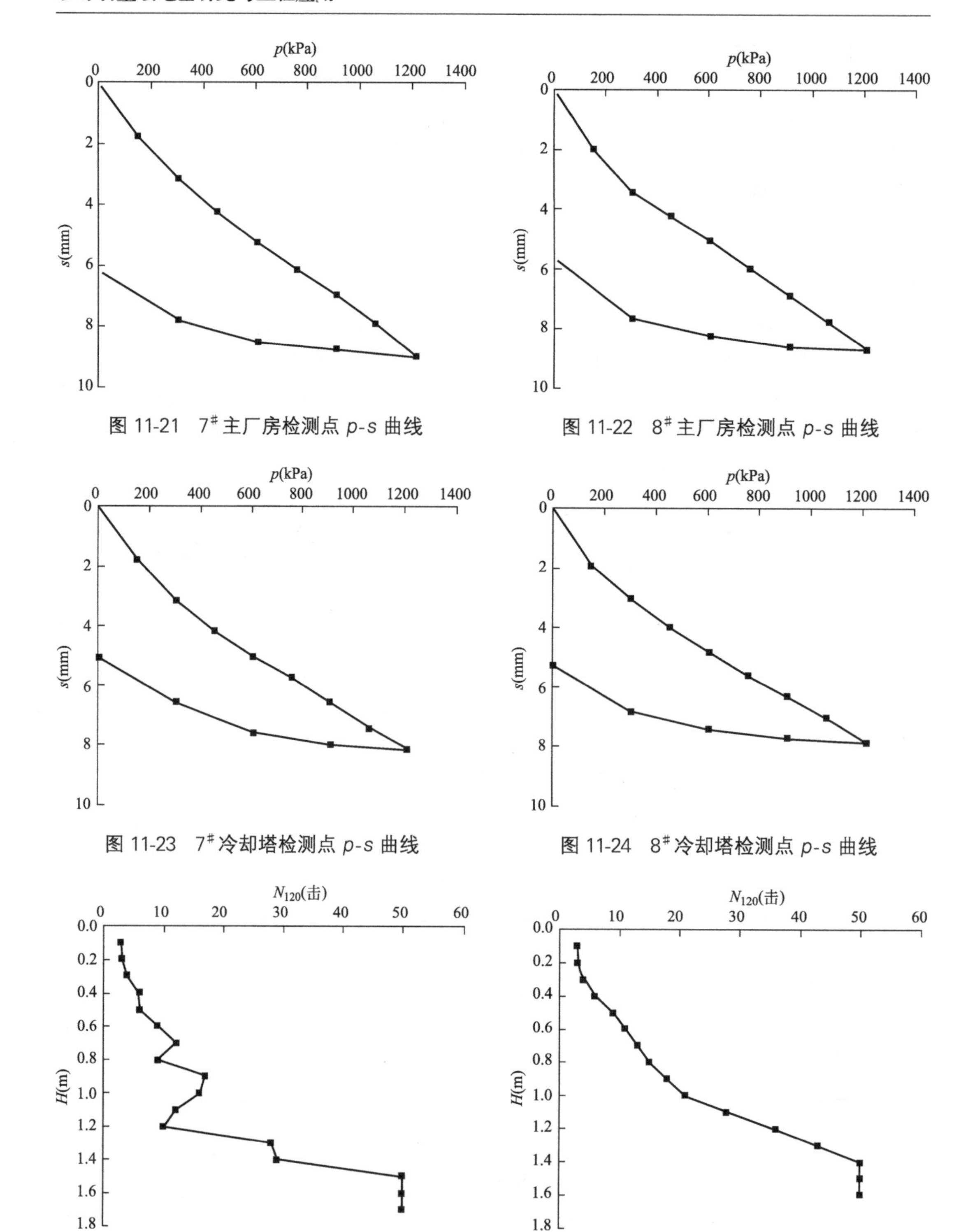

图 11-21　7# 主厂房检测点 p-s 曲线

图 11-22　8# 主厂房检测点 p-s 曲线

图 11-23　7# 冷却塔检测点 p-s 曲线

图 11-24　8# 冷却塔检测点 p-s 曲线

图 11-25　D5 孔超重型动力触探曲线

图 11-26　D20 孔超重型动力触探曲线

依据静载荷试验及超重型动力触探试验综合评价，地基承载力特征值和变形模量均满足设计要求。

11.8.4 变形监测

7# 锅炉钢架共布设沉降观测点 12 个，共进行 19 次沉降观测，代表性观测点沉降过程曲线见图 11-27。最大累计沉降量为 28.95mm，最后一次观测沉降基本均匀，平均沉降速率为 0.25mm/100 天，从资料分析 7# 锅炉钢架沉降趋于稳定。

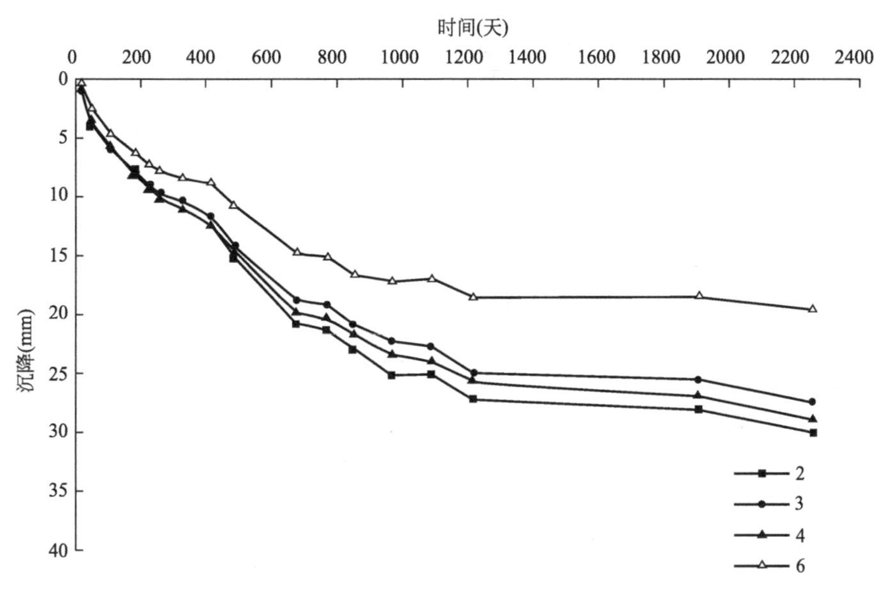

图 11-27 7# 锅炉观测点沉降过程曲线

7# 主厂房钢架共布设沉降观测点 9 个，共进行 17 次沉降观测，代表性观测点沉降过程曲线见图 11-28。最大累计沉降量为 41.25mm，最后一次观测沉降基本均匀，仅东侧沉降较大，最大沉降量为 2.98mm，平均沉降速率为 0.49mm/100 天，从资料分析 7# 主厂房钢架沉降不均匀，仍未稳定。

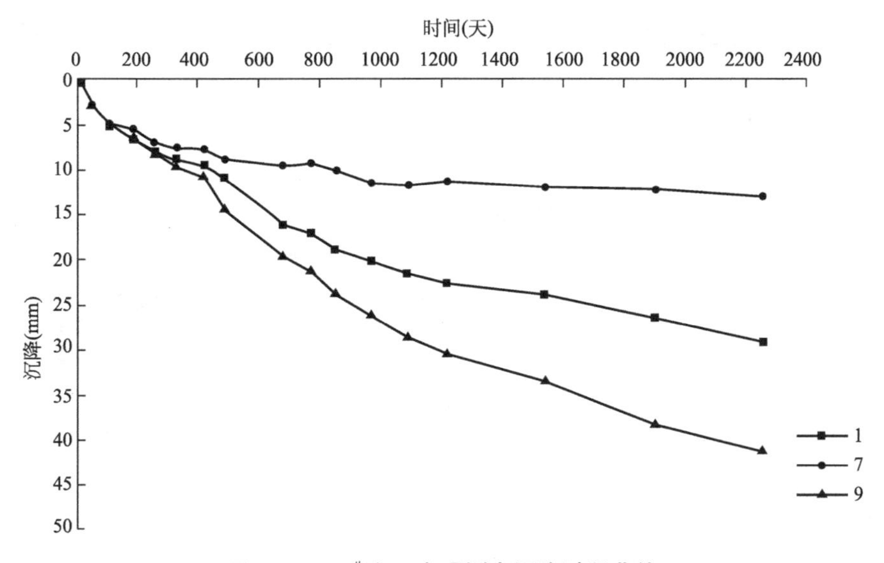

图 11-28 7# 主厂房观测点沉降过程曲线

7# 冷却塔共布设沉降观测点 8 个，共进行 17 次沉降观测，代表性观测点沉降过程曲线见图 11-29。最大累计沉降量为 18.35mm，最后一次观测沉降东北部大于西南，最大沉降量为 2.00mm，最小沉降量为 0.26mm，平均沉降速率为 0.17mm/100 天。从资料分析 7# 冷却塔沉降基本稳定。

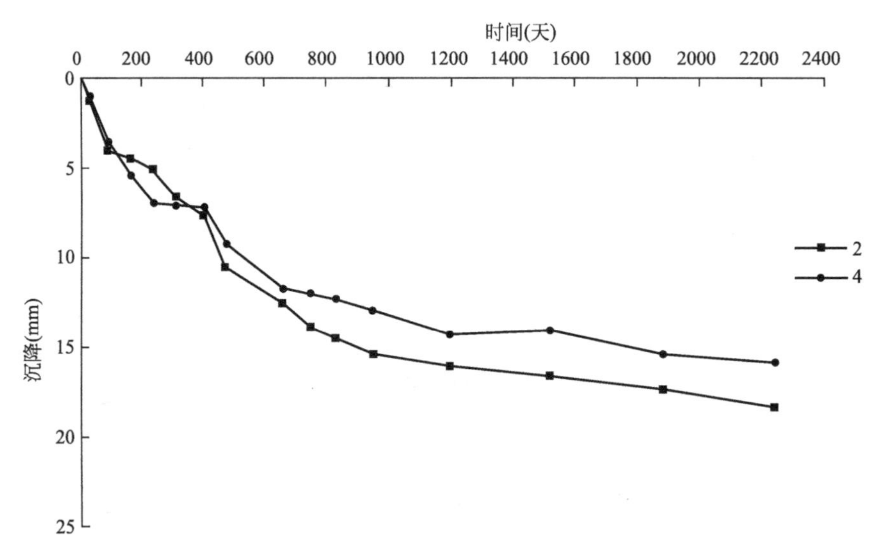

图 11-29 7# 冷却塔观测点沉降过程曲线

8# 锅炉钢架共布设沉降观测点 12 个，共进行 12 次沉降观测，代表性观测点沉降过程曲线见图 11-30。最大累计沉降量为 15.42mm，最小累计沉降量为 6.17mm，平均沉降量为 10.66mm，平均沉降速率为 1.27mm/100 天，最后一次观测最大沉降速率为 2.81mm/100 天。从资料分析 8# 锅炉钢架沉降仍未趋于稳定。

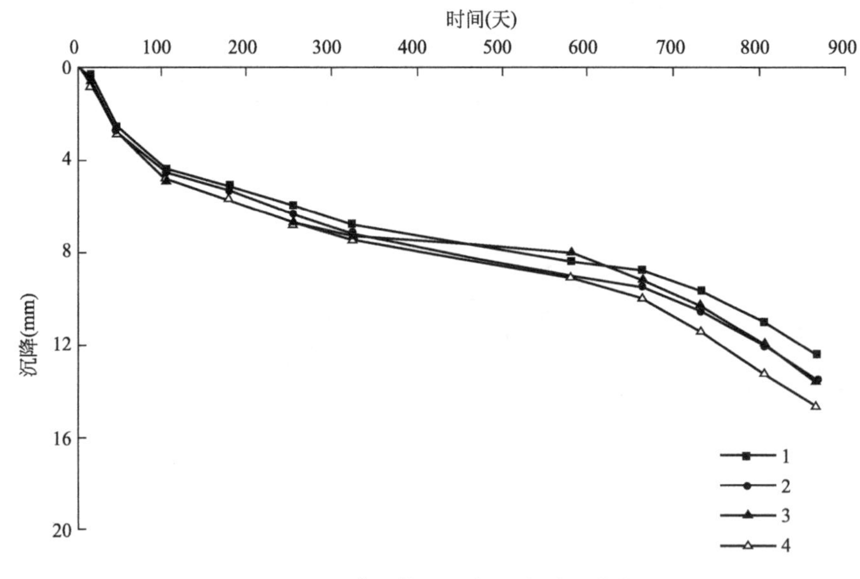

图 11-30 8# 锅炉观测点沉降过程曲线

8# 主厂房钢架共布设沉降观测点 9 个，共进行 9 次沉降观测，代表性观测点沉降过程曲线见图 11-31。最大累计沉降量为 20.64mm，最小累计沉降量为 5.97mm，平均沉降量为 11.16mm，平均沉降速率为 1.49mm/100 天，最后一次最大沉降速率为 2.28mm/100 天，从资料分析 8# 主厂房钢架沉降仍未趋于稳定。

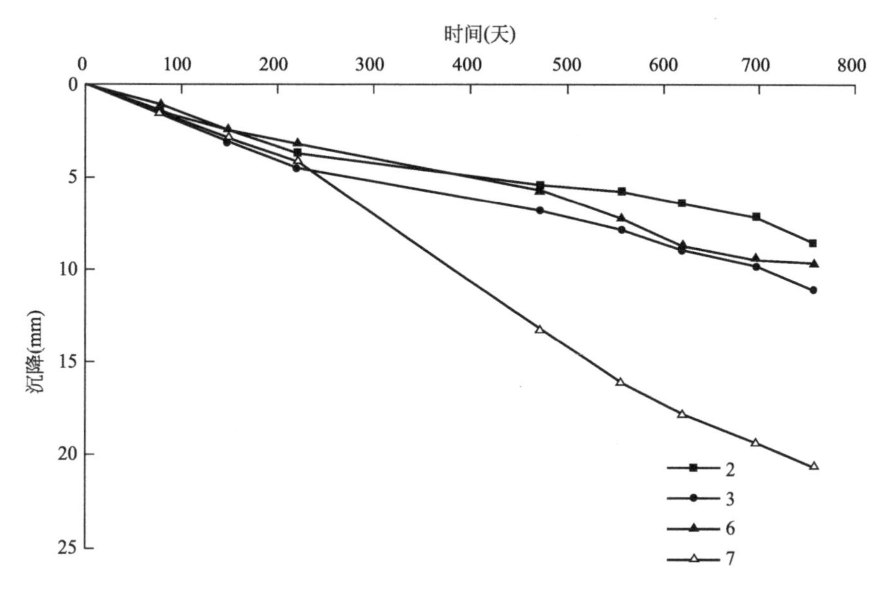

图 11-31 8# 主厂房观测点沉降过程曲线

8# 冷却塔共布设沉降观测点 8 个，共进行 10 次沉降观测，代表性观测点沉降过程曲线见图 11-32。最大累计沉降量为 9.80mm，最小累计沉降量为 5.66mm，平均沉降量为 7.77mm，平均沉降速率为 0.96mm/100 天，最后一次观测最大沉降速率为 3.11mm/100 天。从资料分析 8# 冷却塔沉降仍未趋于稳定。

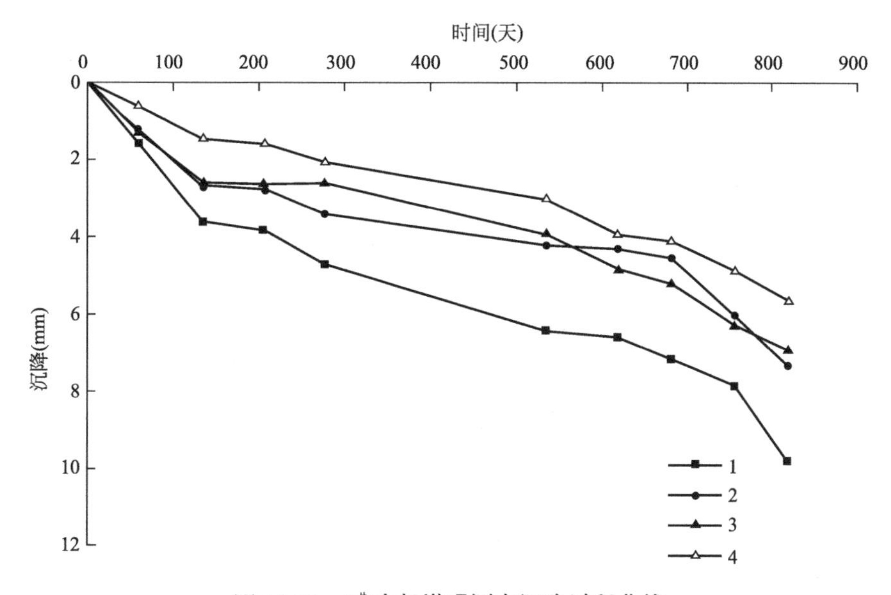

图 11-32 8# 冷却塔观测点沉降过程曲线

从以上沉降观测数据分析，沉降观测时间长的7#锅炉钢架、7#冷却塔变形已趋于稳定，其余建（构）筑物沉降趋势与7#锅炉钢架、7#冷却塔基本类似，平均沉降及差异沉降远小于规范允许沉降不超过150mm的要求，说明地基处理效果明显。

第 12 章 【实录 6】大唐彬长发电厂 2×600MW 工程

12.1 工程概况

大唐彬长发电厂 2×600MW 工程位于陕西省长武县，距长武县城约 20km，银武高速公路从厂区北侧呈近东西向通过。本工程系陕西彬长矿区煤、电、路、水综合性开发项目之一，为典型的坑口电厂，所需燃煤由彬长矿区供给，一期工程建设 2×600MW 机组。该项目是西部大开发的重要项目之一，前期勘察、研究工作包括：1996 年完成可行性研究勘察，2004 年完成可行性研究补充勘察；2007 年 4 月完成初步设计勘察；2007 年 10 月完成施工图勘察和专题试验工作。

本工程本着就地取材的原则，采用含泥量较高、级配差、细颗粒偏多的天然砂砾石垫层用于主厂房等大型建（构）筑物地基处理，提出了总体含泥量应控制在 7%以下，5mm 以下粒径的含量控制在 15%～25%质量要求，换填材料选择的突破为工程节约了大量的地基处理费用。工程于 2009 年 9 月全部建成并投入商业运行（图 12-1），该项目岩土工程勘察与治理曾获 2010 年度电力行业优秀工程勘测二等奖。

图 12-1 大唐彬长发电厂 2×600MW 工程全景

12.2 场地岩土工程条件

工程场地西侧为黄土高塬，东临泾河（图 12-2），主厂区坐落于泾河河谷的Ⅰ级阶地和高漫滩上，呈南北向展布于泾河右岸，地势相对较为平坦、开阔，由西向东向泾河微倾，地面标高为855.8～860.4m。西侧边缘的黄土塬，地形起伏较大，发育冲沟、落水洞、塌落体等，地面标高为884.2～952.1m。

图 12-2 工程场地原始地貌

厂区地层沉积环境和过程较复杂，上部主要为新近堆积回填土及第四系冲洪积地层，岩性主要为黄土状粉土、粉土及圆砾，圆砾层中夹粉土透镜体。下部地层为白垩系志丹群洛河组（K），岩性由含砾砂岩、细砂岩、粉砂岩、泥质砂岩等组成。场地地层情况见表12-1，有关地基土物理力学指标见表12-2。本工程地基主要持力层为粉土和圆砾（见图12-3、图12-4）。

场地地层分布情况表 表 12-1

层号	地层名称	层厚(m)	岩性特征
①$_1$	素填土	0.3～3.4	褐黄色，稍湿，稍密，土质不均，主要岩性为黄土状土，结构疏松，局部混砂粒颗粒，为欠固结土
①	黄土状粉土	0.4～4.7	褐黄色，稍湿—湿，稍密，夹有黄土状粉质黏土、砂层和圆砾层，混有少量砂、圆砾等颗粒
②	粉土	0.6～2.3	褐黄色，湿—很湿—饱和(地下水位附近)，稍密—中密，夹薄层粉砂，混有少量的圆砾等
③	圆砾	1.8～7.8	杂色，稍湿—饱和，稍密—中密，一般粒径5～15mm，最大粒径约80mm，充填物以砂、粉土为主，黏性土较少，局部为砾砂
③$_1$	粉土	0.4～4.4	黄褐色，稍湿—饱和，稍密—中密，土质不均，混较多量砂粒，多以薄层或透镜体形式分布在③层圆砾中
④	砂岩		褐—紫红色，粒状结构，层状构造，强风化一般1.0～3.7m

地基土主要物理力学性质指标表 表12-2

地层编号及岩性名称	天然含水量 w(%)	天然重度 γ (kN/m³)	天然孔隙比 e	塑性指数 I_P	液性指数 I_L	压缩系数 $a_{1\text{-}2}$ (MPa⁻¹)	压缩模量 $E_{s1\text{-}2}$ (MPa)	c (kPa)	φ (°)	标准贯入试验 N(击)	承载力特征值 f_{ak} (kPa)
① 层黄土状粉土	10.1	14.9	1.003	9.7	0	0.23	7.2	26.3	25.4	8.0	120
② 层粉土	14.4	17.1	0.818	9.5	0	0.26	8.7	26.7	29.7	7.1	130
③ 层圆砾	—	20.0	—	—	—	—	(20)		38.0	—	400
③$_1$ 层粉土	24.6	18.3	0.841	8.7	0.74	0.29	6.7	9.0	28.1	7.0	130
④ 砂岩(强风化)	—	21.0	—	—	—	—				—	300
备注	本表依据土工试验、原位测试及野外鉴定综合确定,()内为变形模量 E_0, c、φ 值为直剪(固快)建议值										

图 12-3 粉土及圆砾

图 12-4 圆砾

场地地下水主要富含在圆砾层中，属第四系孔隙潜水，径流条件较好。地下水位的变化主要受大气降水和地表水体的影响，并与泾河水体存在密切的水力联系，地下水埋藏深度4.4～6.9m，相应标高851.3～855.2m，一个水文年份地下水的升降幅度一般为1.0m左右。地下水在干湿交替作用下对混凝土结构具微腐蚀性，对钢筋混凝土结构中钢筋具有弱腐蚀性。

地基土对混凝土结构、钢筋混凝土结构中钢筋为微腐蚀性，对钢结构具中等腐蚀性。

场地属自重湿陷性黄土场地、湿陷等级Ⅱ级（中等），不考虑地震液化问题。

12.3 地基处理方案简介

依据各阶段勘察成果，厂区范围内各地段中分布的①$_1$层回填土很不均匀，属高压缩性、欠固结土，工程性能极差，应予以清除换填；①层黄土状粉土具自重湿陷性，不宜直接作为天然地基持力层；圆砾层的埋深一般为2.2～7.9m，厚度变化大，且圆砾层中夹有软弱夹层——粉土层，该粉土夹层厚度虽然不大，但与圆砾层呈交错状分布。软弱夹层性质、地下水位埋深、基岩埋深以及工程性能对地基处理方案选择起控制作用，经多方案比较后，认为厂区主要建（构）筑物采用短桩和砂砾石垫层方案均是可行方案，相对砂砾石垫层方案更为优越，主要表现在施工速度快、质量容易控制、工程造价低等。对于主厂房、烟囱等主要建筑物，可根据所在地段③层圆砾的埋深及基础埋深直接作为天然地基持力层；对于③层圆砾埋深较大或③层中所夹$③_1$层粉土厚度较大的局部地段，应对夹层（软弱层）进行强度和变形验算，若不满足设计要求，应予以开挖清除，然后采用砂砾石垫层进行地基处理，处理厚度为3～4m。

12.4 砂砾石垫层试验目的和内容

本工程周边地区的砂砾石料大部分产于泾河，分布在河床、高漫滩及阶地，砂砾石料均匀性较差、含泥量偏大。鉴于设计要求垫层地基承载力较高，为保证工程总工期的需要，业主方决定同时进行天然砂砾石和人工级配碎石材料进行试验，人工级配碎石材料作为备用方案。试验的目的是验证天然砂砾石和人工级配碎石垫层换填处理方案的适宜性，试验的内容包括：

（1）选择垫层材料，对砂砾石、碎石料的不均匀系数、含泥量、颗粒级配等提出要求；

（2）进行相对密度试验，确定换填料的最大干密度；

（3）根据试验所采用的垫层材料，确定适宜的压实设备和施工机具；

（4）确定最佳的施工工艺，为设计、施工和质量控制确定合理的技术参数；

（5）进行现场静载荷试验，确定垫层地基的承载力特征值、变形模量等，检验砂砾石、碎石垫层承载力特征值是否能满足不低于600kPa的期望值；

（6）进行循环荷载板试验，确定垫层地基静弹性模量、静剪切模量。

12.5 垫层材料

12.5.1 砂砾石料

工程场地附近及周边天然砂砾石料主要分布在泾河的河床、高漫滩及Ⅰ级阶地，储量基本可满足设计要求，从料场到厂区运距1～2km。一级阶地表层覆盖有1.5～2.5m的黄土状粉土，并夹粉土薄层或透镜体，开采及运输条件一般。

天然砂砾石料均匀性较差，一般分布在河床和高漫滩的砂砾石料粗颗粒（大于5mm的颗粒）含量较高，特别是分布在河床的砂砾石料中粗颗粒含量更高，一般在85%以上，含泥量小于4%。Ⅰ级阶地上的砂砾石料含泥量一般为6%～12%，平均约8%。天然砂砾石颗粒级配曲线见图12-5。因含泥量偏大，开采过程中必须将表层覆土清除干净，砂砾石层中的粉土薄层或透镜体亦必须清除，对含泥量大于10%的砂砾石料不能使用，总体含泥量需控制在7%以内，同时对粒径大于200mm颗粒的应剔除。另外，当细颗粒（小于5mm的颗粒）含量小于15%时需掺合细砂料，使粒径小于5mm的颗粒含量达到15%～25%，且需拌合均匀。

在试验开始前，取3组砂砾石试样进行相对密度试验，最大干密度的试验结果分别为

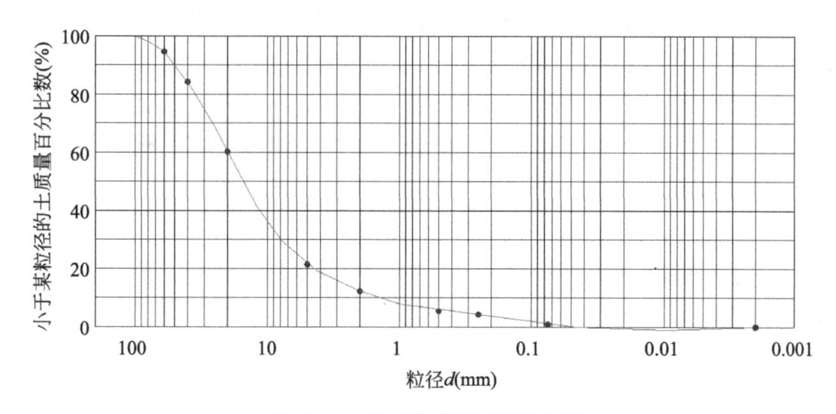

图 12-5 砂砾石颗粒级配曲线

2.11g/cm³、2.30g/cm³、2.32g/cm³，其中最大干密度 2.11g/cm³ 试样取自河床，试验值偏小。

12.5.2 碎石料

工程场地附近及周边无适合做垫层的碎石料，距离最近的碎石料场在乾县附近，碎石为灰—深灰色灰岩，岩石致密、坚硬，可通过 312 国道及乡间道路将石料运至厂区，交通条件较好，运距约 150km。

根据石料场所生产的石料规格，以及人工级配的要求，碎石料掺合配比为：30～70mm 料 50%；20～40mm 料 20%；5mm 料 10%；<5mm（石渣）料 20%。铺填前用铲车掺合，铺填中对粗细颗粒分布不均匀的材料进行人工掺合。由于正式施工时需在短时间内集中大量用料，用铲车进行掺合会带来一些困难与影响，如拌合不均匀、费事费力等，可与石料场协商，按要求级配直接生产混料，同时提前储备石料来满足施工用料需求。取 2 组碎石料试样进行相对密度试验，最大干密度的试验结果为 2.31g/cm³、2.34g/cm³。

12.6 垫层试验施工

12.6.1 场地选择

天然砂砾石垫层试验在 2# 锅炉西北角进行，试坑尺寸约 15m×20m，开挖深度约 3m，坑底标高约 855.2m，坑底地层为③层圆砾。人工碎石垫层试验在 2# 锅炉东北角进行，试坑尺寸约 15m×20m，开挖深度约 3.9m，坑底标高约 854.6m，坑底地层为③层圆砾。

12.6.2 压实机械与工艺

试验采用的压实机械为龙工（上海）机械制造有限公司生产的 QX520B 型振动压路机，自重 20t，振动轮宽度 2.13m，Ⅰ挡振动行驶速度 2.45km/h，振动轮静线压力 450N/cm，激振力（高振）351kN/（低振）200kN，频率 28Hz。

砂砾石和碎石垫层施工工艺相同，具体如下：

① 在试坑内分6层铺填，每层虚铺400mm。碾压前用铲车推平，并由人工平整，每层铺填厚度偏差控制±30mm内。砂砾石垫层含水量按5%～6%控制，如含水量过大需凉晒；碎石垫层含水量按3%～4%控制，洒水需均匀；

② 每层虚铺平整后先平碾1遍，而后振动（高振）碾压6遍，碾压压茬为1/3，振动压路机行驶速度置Ⅰ挡；

③ 每层碾压完成后，测量该层的沉降量、密度、含水量、颗粒级配等指标。密度试验采用灌水法，每层试验9点，颗粒分析采用现场大筛分，每层3组。检测合格后，再进行下一层的铺填碾压。

12.7 垫层检测

12.7.1 测试项目和工作量

垫层施工效果检测采用筛分试验、密度与含水量试验、静载荷试验、循环荷载板试验、超重型动力触探试验等方法，完成工作量见表12-3。

垫层试验检测工作量一览表　　表12-3

序号	测试项目	单位	规格	数量	备注
1	筛分试验	组		36	砂砾石垫层、碎石垫层各18组
2	密度、含水量试验	组		108	砂砾石垫层、碎石垫层各54组
3	静载荷试验	点	压板面积0.50m^2	6	砂砾石垫层、碎石垫层各3点
4	循环荷载板试验	点	压板面积0.25m^2	2	在砂砾石垫层进行
5	超重型动力触探试验	点		12	总进尺20.9m

12.7.2 颗粒级配

天然砂砾石垫层试验第一层至第三层采用河床和河漫滩的砂砾石料，由于细颗粒偏少，第二层和第三层掺合了适量细砂；从第四层开始采用Ⅰ级阶地的砂砾石料，细颗粒含量较高，同时含泥量增高。从试验结果来看，各碾压层的颗粒级配变化较大，均匀性较差，粗颗粒含量（$d>$5mm）为72.4%～86.5%，细颗粒含量（$d<$5mm）为13.5%～27.6%，含泥量为1.6%～4.3%，最大粒径约160mm，不均匀系数C_u为2.91～22.11，曲率系数C_c为1.5～9.8。

碎石垫层材料颗粒级配基本相近，局部因掺合不匀，粗细颗粒变化较大，粗颗粒含量（$d>$5mm）为66.8%～84.9%，细颗粒含量（$d<$5mm）为15.1%～33.2%，含泥量为0.7%～2.9%，最大粒径约100mm，不均匀系数C_u为6.2～26.8，曲率系数C_c为0.7～2.9。

12.7.3 密度与含水量

天然砂砾石垫层密度与含水量试验成果见表12-4。最大干密度按2.30g/cm^{3}考虑，垫层压实系数均不小于 0.97。每层压实系数相差不大，说明每层虚铺 400mm，经 6 遍振动碾压后均可达到基本相同的密实状态。现场实测含水量变化很大，第一层由于采用的是未经凉晒的河床料，因此含水量较大，其余各层含水量为 3.0%～9.0%，在碾压试验中因局部含水量过大产生了橡皮土。特别是当含泥量大，同时含水量也大时极易产生橡皮土，施工时含水量应控制在 5%～6%，不大于 8%。

砂砾石垫层密度、含水量试验成果表　　表 12-4

层号	平均含水量 w(%)	平均干密度 ρ_d(g/cm³)	平均压实系数 λ_c
第一层	9.9	2.32	1.01
第二层	4.8	2.25	0.98
第三层	4.7	2.27	0.98
第四层	6.9	2.28	0.99
第五层	6.3	2.28	0.99
第六层	6.3	2.28	0.99

碎石垫层密度与含水量试验成果见表 12-5。最大干密度按 2.33g/cm³ 考虑，压实系数不小于 0.97。每层压实系数相差不大，说明每层虚铺 400mm，经 6 遍振动碾压后均可达到基本相同的密实状态。现场实测含水量为 2.0%～4.0%，建议施工时含水量控制在 3%～4%。

碎石垫层密度、含水量试验成果表　　表 12-5

层号	平均含水量 w(%)	平均干密度 ρ_d(g/cm³)	平均压实系数 λ_c
第一层	9.9	2.32	1.01
第二层	4.8	2.25	0.98
第三层	4.7	2.27	0.98
第四层	6.9	2.28	0.99
第五层	6.3	2.28	0.99
第六层	6.3	2.28	0.99

12.7.4 静载荷试验

在天然砂砾石垫层、碎石垫层试验区各进行静载荷试验 3 点，采用压板面积为 0.50m²，堆载法提供反力，相对稳定法加荷，试验成果见图 12-6～图 12-11 和表 12-6。

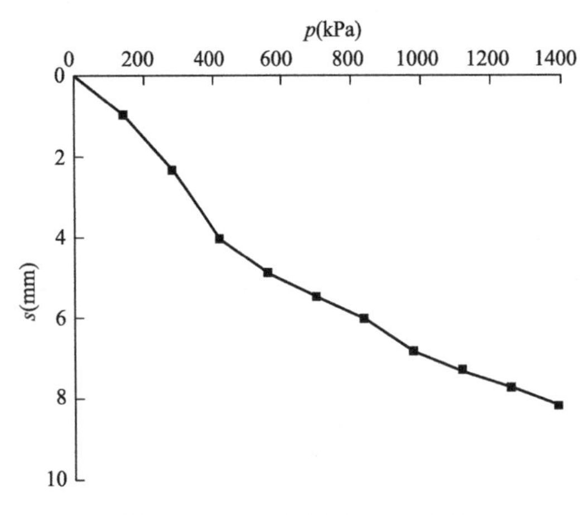

图 12-6　ZA1 试验点 p-s 曲线

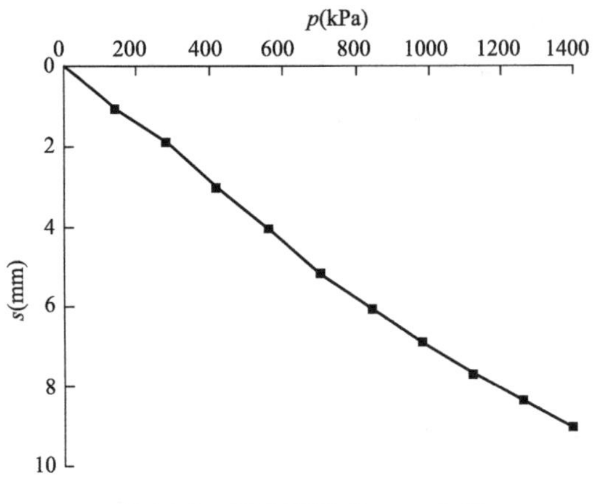

图 12-7　ZA2 试验点 p-s 曲线

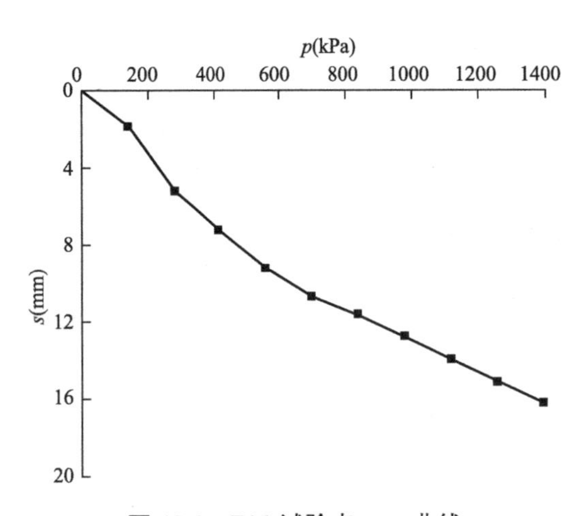

图 12-8　ZA3 试验点 p-s 曲线

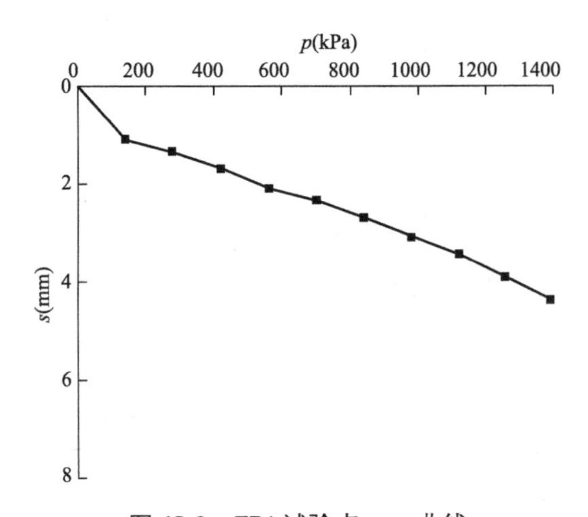

图 12-9　ZB1 试验点 p-s 曲线

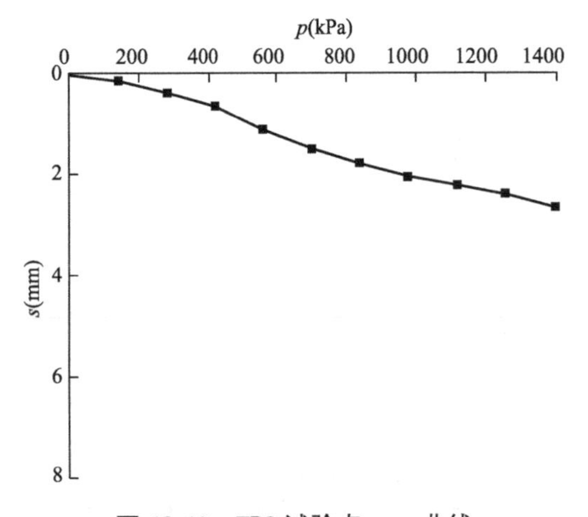

图 12-10　ZB2 试验点 p-s 曲线

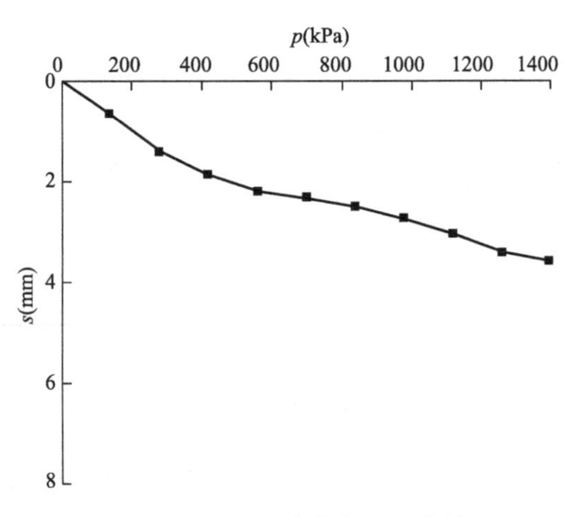

图 12-11　ZB3 试验点 p-s 曲线

静载荷试验成果表　　表 12-6

试验点号	AZ1	AZ2	AZ3	BZ1	BZ2	BZ3
最大试验荷载(kPa)	1400	1400	1400	1400	1400	1400
地基最大沉降量(mm)	8.19	9.05	16.28	4.40	2.63	3.59
$s/d=0.01$ 对应的承载力值(kPa)	1345	1180	475	>1400	>1400	>1400
地基承载力特征值(kPa)	700	700	475	700	700	700
变形模量 E_0(MPa)	97.4	85.5	34.4	184.4	283.5	226.0
载荷试验基床系数 K_v(kN/m³)	18.3×10⁴	15.4×10⁴	6.5×10⁴	38.9×10⁴	48.8×10⁴	47.5×10⁴

静载荷试验最大加载压力均为1400kPa，满足2倍荷载的设计要求，各试验点地基受压尚未进入极限状态。天然砂砾石垫层受颗粒组成和含泥量的影响，按相对变形值确定的承载力特征值差异大，变形不均匀，建议设计按500kPa取值，变形模量设计值取50MPa。碎石垫层为人工级配，总体变形均匀，按最大加载压力确定的承载力特征值为700kPa，变形模量设计值取100MPa。

从静载荷试验结果看，天然砂砾石垫层、碎石垫层均可满足设计要求，但碎石垫层变形小且均匀，地基承载能力高且稳定。因此，工程采用砂砾石料时，施工中需把好砂砾石料质量关，严格按施工工艺和质量控制标准进行施工，加强施工管理、监理，确保垫层的施工质量。需要时，天然砂砾石料中可适当添加人工碎石料，从而改善砂砾石料的级配。

12.7.5 循环荷载板试验

为确定垫层的静弹性模量 E 和静剪切模量 G，在天然砂砾石垫层试验区进行循环荷载试验2点，试验曲线见图12-12、图12-13。

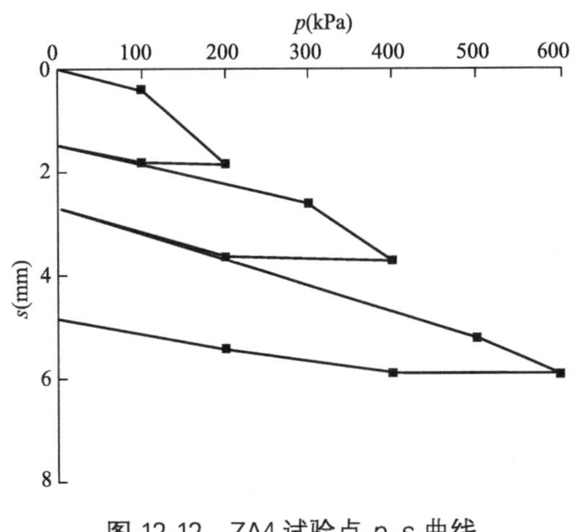

图 12-12　ZA4 试验点 p-s 曲线

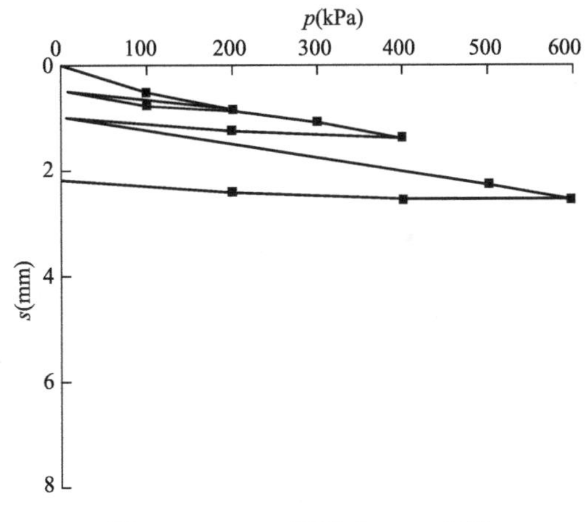

图 12-13　ZA5 试验点 p-s 曲线

根据循环荷载试验成果，砂砾石垫层静弹性模量为 157.0～634.4MPa，经修正分析，静弹性模量可取 220.0MPa；静剪切模量为 61.8～249.7MPa，修正后静剪切模量可取 90.0MPa。

12.7.6 重型动力触探试验

在天然砂砾石垫层、碎石垫层试验区各进行超重型动力触探试验 6 点，天然砂砾石垫层代表性试验曲线见图 12-14、图 12-15，碎石垫层代表性试验曲线见图 12-16、图 12-17。一般上部 0.5m 左右垫层受侧向限制小，锤击数低，向下随垫层侧向限制增大，锤击数即正常。超重型动力触探试验表明：碎石垫层较天然砂砾石垫层密实，工程性能更好且稳定。

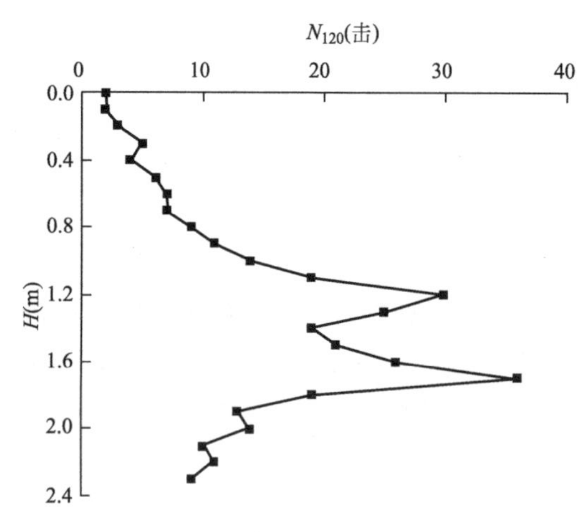

图 12-14　DA5 孔超重型动力触探试验曲线

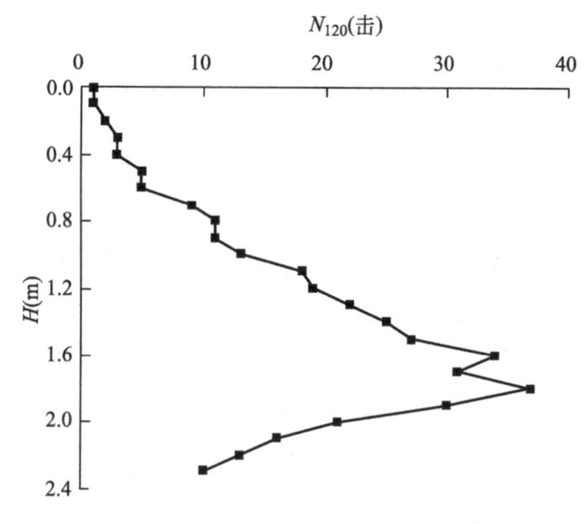

图 12-15　DA6 孔超重型动力触探试验曲线

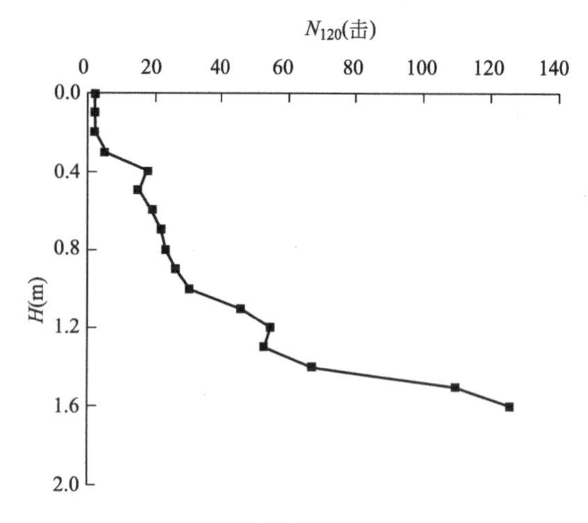

图 12-16　DB3 孔超重型动力触探试验曲线

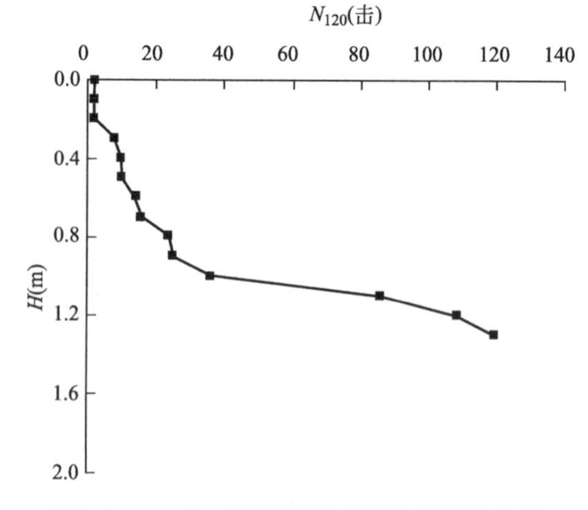

图 12-17　DB4 孔超重型动力触探试验曲线

12.8 工程应用及效果

12.8.1 垫层设计

主厂房建筑区±0.00m 标高为 862.50m，由 1 号锅炉房、1 号汽机房、2 号锅炉房、2 号汽机房、集控楼五部分组成，建筑平面类似“凹”形，轴线长 147.50～187.50m，宽 66.00m。基础为钢筋混凝土独立承台，埋深 5.00～8.00m，地基处理均采用天然级配砂砾石垫层，下卧层为③层圆砾，基础底面以下$③_1$层粉土需挖除，处理面积约 19000m^2。基坑开挖深度 9.00～10.80m，回填厚度 1.00～4.00m 的天然砂砾石垫层，1 号锅炉房局部区域开挖深度更大，砂砾石垫层外放到建筑物外排轴线以外 4.25～8.00m。工程地质剖面及地基处理设计见图 12-18。

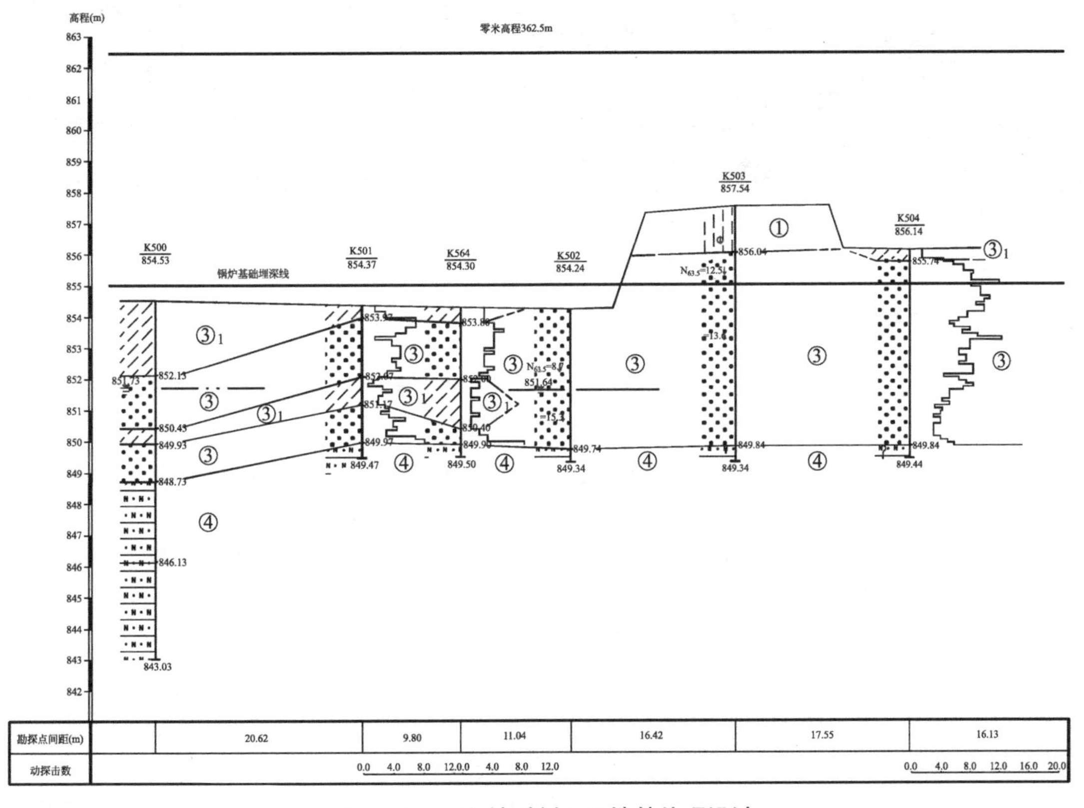

图 12-18 工程地质剖面及地基处理设计

严格控制砂砾石料质量，特别是颗粒级配、含泥量等指标。砂砾石料的总体含泥量控制在 7%以下，含泥量大于 10%的砂砾石料不能使用，地下水位以下含泥量要求不超过 5%。砂砾石垫层按每层虚铺 400mm 控制，表面应整平，砂砾石料含水量按 5%～6%控制，不能大于 8%，避免产生橡皮土，含水量高时需进行晾晒。

砂砾石垫层地基承载力特征值不小于 600kPa，变形模量不小于 60MPa。检测砂砾石最大干密度基准值取 2.30g/cm^3，压实系数不小于 0.97。

12.8.2 垫层施工

砂砾石料采用机械铺填，碾压机械为厦工集团三明重型机器有限公司生产的 YZ520B 型振动压路机，分层回填压实，共分 8～11 层，每层虚铺 400mm，碾压遍数 6 遍，分层压实平均厚度为 364～375mm，每层压实系数自检结果满足设计要求。主厂房区垫层施工见图 12-19、图 12-20。

图 12-19　晾晒砂砾石料

图 12-20　砂砾石垫层施工

12.8.3 垫层检测

主厂房砂砾石垫层地基检测采用静载荷试验、密度和含水量试验、筛分试验等方法，检测数量汇总见表 12-7。检测技术要求为：

（1）现场跟踪检测砂砾石垫层干密度，检测其压实系数是否满足设计要求。每层每 100m^2 检测 1.5 个点，且每个施工面检测数量不少于 6 个检测点；

（2）现场对砂砾石垫层进行跟踪颗粒组成分析，检测其砂砾石料的含泥量是否满足设计要求。按每层检测压实系数点数的 20%取筛分试验点，且每个施工面筛分试验数量不少于 6 个检测点；

（3）砂砾石垫层静载荷试验地基承载力检测采用压板面积为 0.50m^2，最大加载 1200kPa。1 号锅炉房基坑开挖较深，采用分层地基承载力检测，回填至−9.00m 时进行 2 点静载荷试验，回填至−7.50m 时进行 3 点静载荷试验；

（4）静载荷试验地基承载力检测不满足设计要求的区域，需重新返工处理后增加静载荷试验检测点。

本工程砂砾石材料质量不稳定，地基检测中局部区域出现承载力不满足设计要求，后经返工处理，最终达到了设计要求的控制指标。主厂房砂砾石垫层地基检测结果见表 12-8，砂砾石垫层压实系数偏大的原因是在天然砂砾石中又添加了碎石以及现场压实功能较高所致。

主厂房砂砾石垫层地基检测数量汇总表　　表 12-7

检测项目	静载荷试验(点)			密度试验(点)			筛分试验(点)	
	设计数量	增加数量	说明	设计数量	增加数量	说明	设计数量	说明
1 号锅炉房(−9.00m)	2	—	—	423	42	设计数量为按每层每 100m² 取 1.5 个检测点，增加数量为第一次检测不合格，经重新处理后二次补点检测	81	按每层检测压实系数点数的 20% 取筛分试验点
1 号锅炉房(−7.50m)	3	—	—					
1 号汽机房	9	1	9 点检测中 1 点未满足设计要求，返工处理后增加 1 点	745	28		115	
2 号锅炉房	3	2	3 点检测中 1 点未满足设计要求，返工处理后增加 2 点	368	33		64	
2 号汽机房	9	3	9 台检测中 2 点未满足设计要求，返工处理后增加 2 点	712	46		114	
集控楼	2	—	—	231	—		66	
小计	28	6	—	2479	149		440	
合计	34			2628			440	

主厂房砂砾石垫层地基检测结果汇总表　　表 12-8

检测项目	静载荷试验			密度试验		筛分试验		
	最大加载(kPa)	对应沉降量(mm)	变形模量(MPa)	干密度(g/cm³)	压实系数	粗颗粒含量(d>5mm)	细颗粒含量(d<5mm)	含泥量(%)
1 号锅炉房	1200	5.56～11.95	58.3～125.3	2.22～2.37	0.97～1.03	53.5～78.3	21.7～46.5	2.8～7.9
1 号汽机房	1200	7.38～12.75	54.7～94.5	2.25～2.40	0.97～1.04	54.7～78.9	21.1～45.3	2.2～7.8
2 号锅炉房	1200	7.27～11.83	58.9～95.9	2.22～2.39	0.97～1.04	48.2～77.5	22.5～51.8	2.8～7.8
2 号汽机房	1200	8.30～9.67	71.7～83.9	2.22～2.37	0.97～1.03	50.5～80.5	19.5～49.5	2.5～7.8
集控楼	1200	7.95～10.33	67.4～87.7	2.22～2.36	0.97～1.03	55.7～75.1	24.9～44.3	2.2～7.8

12.8.4 变形监测

主厂房共布设沉降观测点 22 个，进行了 6 次观测。A 排柱最大累计沉降量为 4.76mm，最后 1 次最大沉降速率为 1.10mm/100 天。B 排柱 B10 观测点累计沉降量为 3.17mm。C 排柱最大累计沉降量为 10.58mm，最后 1 次最大沉降速率为 0.75mm/100 天。主厂房观测点沉降过程曲线见图 12-21。

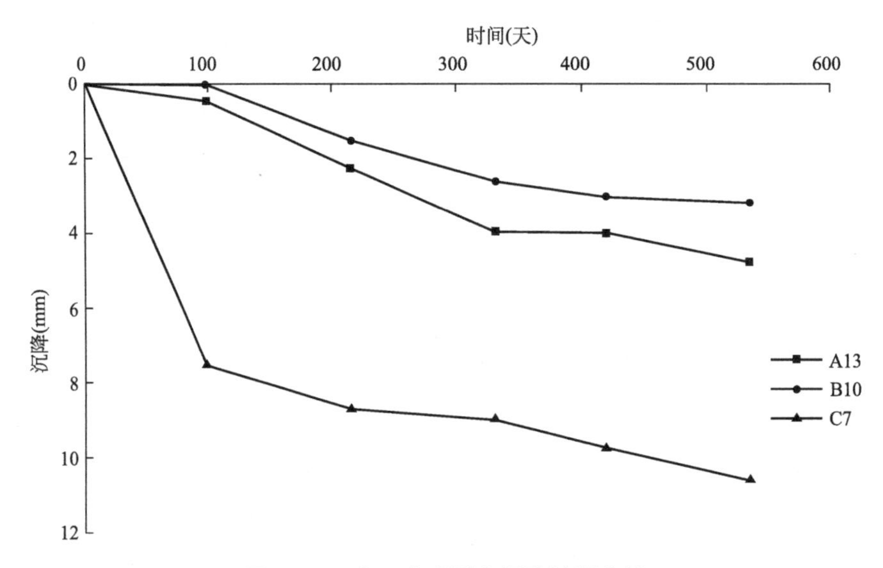

图 12-21　主厂房观测点沉降过程曲线

1# 锅炉共布设沉降观测点 11 个，共进行 7 次观测，最大累计沉降量为 7.45mm，最小累计沉降量为 4.98mm，平均沉降量为 6.25mm，平均沉降速率为 0.91mm/100 天，最后 1 次最大沉降速率为 0.68mm/100 天。1# 锅炉观测点沉降过程曲线见图 12-22。

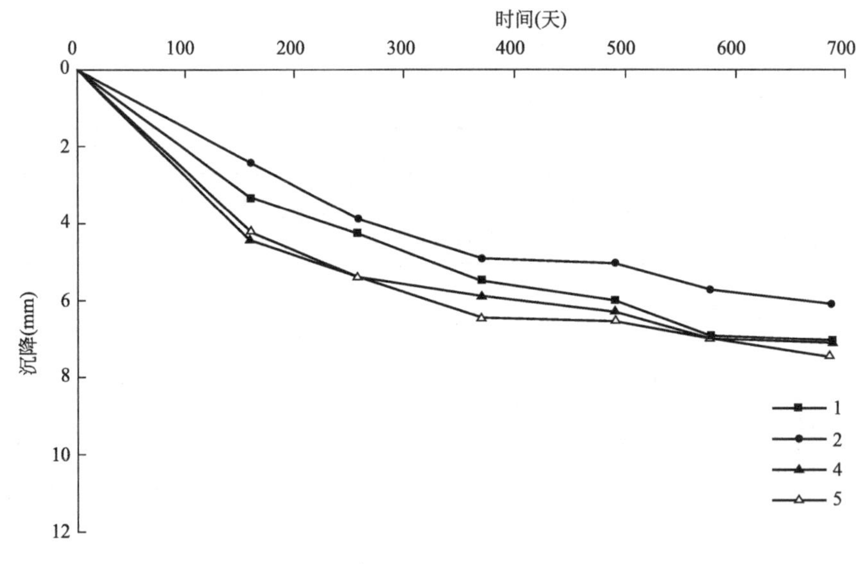

图 12-22　1# 锅炉观测点沉降过程曲线

2# 锅炉共布设沉降观测点 11 个，共进行 6 次观测，最大累计沉降量为 8.19mm，最小累计沉降量为 3.26mm，平均沉降量为 5.93mm，平均沉降速率为 1.12mm/100 天，最后 1 次最大沉降速率为 0.82mm/100 天。2# 锅炉观测点沉降过程曲线见图 12-23。

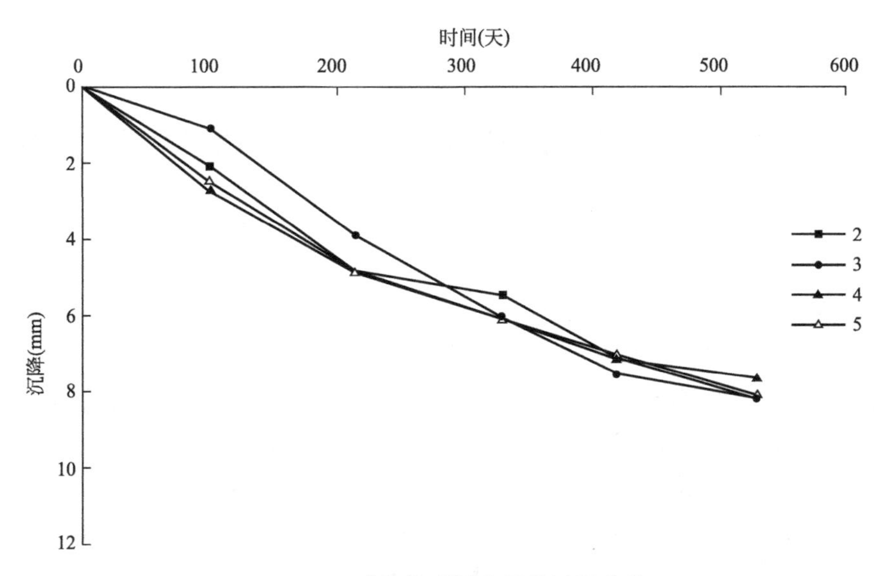

图 12-23　2# 锅炉观测点沉降过程曲线

烟囱共布设沉降观测点 4 个，进行 7 次观测，最大累计沉降量为 12.76mm，最小累计沉降量为 10.44mm，平均沉降量为 11.24mm，平均沉降速率为 1.86mm/100 天，最后 1 次最大沉降速率为 0.97mm/100 天。烟囱观测点沉降过程曲线见图 12-24。

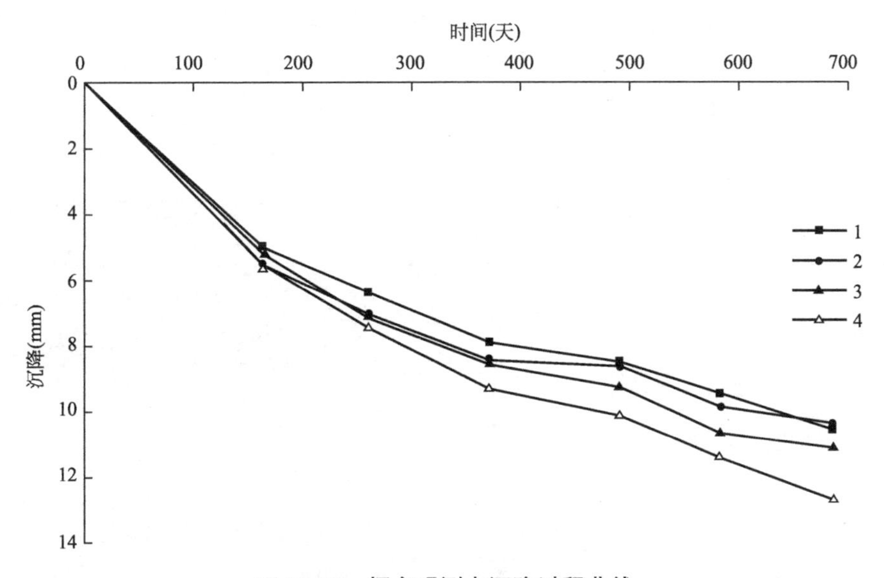

图 12-24　烟囱观测点沉降过程曲线

从以上沉降观测数据分析，地基沉降变形小且趋于稳定，预计最终沉降量远小于规范允许沉降不超过 150mm 的要求，说明本工程地基处理采用砂砾石垫层是成功的。

第 13 章 【实录 7】新疆神火 4×350MW 动力站工程

13.1 工程概况

新疆神火 4×350MW 动力站工程位于新疆维吾尔自治区昌吉回族自治州的吉木萨尔县境内，厂址地处吉木萨尔县准东煤电煤化工产业带五彩湾煤电煤化工园区，距离吉木萨尔县城正北约 140km，隶属五彩湾，厂址紧邻 G216 国道东侧，交通较为便利。该工程为新建工程，工程占地面积 43.86hm^2，静态总投资额 48.82 亿元，场地布置有主厂房、锅炉房、烟囱及冷却塔等高、大、重型建（构）筑物（图 13-1），其中烟囱高度 210m，2 座冷却塔零米直径为 152m，塔高 165m。

工程建设场地地处戈壁荒漠区，上部地层为典型的内陆粗颗粒盐渍土，还存在烧变岩和工程性能变化大的泥岩、泥质砂岩等，地质条件复杂。本工程在盐渍土分布地段开展了盐渍地基土现场浸水载荷试验和室内试验，进而评价盐渍土的溶陷系数、溶陷等级和浸水后的地基承载力；依据影响盐渍土溶陷的因素和粗颗粒盐渍土结构骨架特点，对盐渍土进行级配改良，掺入大骨料进行回填碾压试验，取得了砂砾石垫层地基的施工和设计参数，对厂区建筑物地基处理和基坑回填进行了优化。工程于 2012 年开工建设，至 2014 年底实现 4 台机组全部投入运行，该项目曾于 2015 年获陕西省优秀工程勘察二等奖。

图 13-1　新疆神火 4×350MW 动力站工程全景

13.2 场地岩土工程条件

厂区地貌单元较为单一，地表呈戈壁荒漠景观，植被不发育（图 13-2）。场地内除去残留的小山丘，地形较为平坦开阔，地面高程为 560～570m，总的地势为西北高东南低。区内主要分布有砂土、碎石土和基岩两套地层，场地地层情况见表 13-1，有关地基土物理力学指标见表 13-2。本工程地基主要持力层为②层角砾（图 13-3）。

图 13-2 工程场地原始地貌

场地地层分布情况表 表 13-1

层号		地层名称	层厚(m)	岩性特征
①$_1$		填土	0.2～0.5	灰色、青灰色、褐黄色为主，干燥，松散，厚度小，主要分布于通往煤矿的简易道路。为角砾、卵石回填
①		粉砂	0.4～2.6	褐黄色，干燥，松散，分布于整个场地地表，土质不均匀，含有砾
②$_1$		角砾	0.5～2.4	灰色、青灰色、褐黄色为主，干燥—稍湿，中密，颗粒多呈次棱角状、棱角状，局部与砾砂呈互层状。此层易溶盐含量高，呈层状分布，局部略有盐渍胶结现象，土层中可见盐斑、盐晶发育
②		角砾	0.6～11.2	灰色、青灰色、褐黄色为主，干燥—稍湿，中密—密实，颗粒多呈次棱角状、棱角状，局部与砾砂呈互层状。局部略有盐渍胶结现象，呈层状分布，土层中可见盐斑、盐晶发育
③		粉砂	0.3～7.4	褐黄色—灰黄色，局部为褐红色，干燥—稍湿，密实，局部夹粉土、粉质黏土透镜体，此层主要呈透镜体分布于角砾与基岩之间
④	④$_1$	泥岩	2.7～7.5	灰黄色、棕红色，泥质结构，水平层理构造，陡倾节理裂隙发育，组织结构大部分被破坏，遇水力学性质有所降低
	④$_2$	砂岩	>2	灰黄色、棕红色、青灰色，碎屑结构，钙质胶结，水平、陡倾节理裂隙发育

地基土主要物理力学性质指标表　　表 13-2

地层编号及岩性名称	天然含水量 w(%)	天然重度 γ (kN/m³)	天然孔隙比 e	塑性指数 I_P	液性指数 I_L	压缩系数 a_{1-2} (MPa⁻¹)	压缩模量 E_{s1-2} (MPa)	c (kPa)	φ (°)	重型动力触探试验 $N_{63.5}$(击)	承载力特征值 f_{ak} (kPa)
②$_1$ 层角砾	5.0	20.0	—	—	—	—	(10)	—	35.0	33.2	160(饱和)
②层角砾	5.5	20.5	—	—	—	—	(22)	—	38.0	35.9	300
③层粉砂	6.0	18.8	0.67	10.6	0.09	0.014	15.0	22.9	30.4	30.7	280
④$_1$ 层泥岩	5.3	24.4	—	—	—	—	(30.5)	—	—	33.8	300
④$_2$ 层砂岩	5.9	24.3	—	—	—	—	(37.5)	—	—	34.6	>600
备注	本表依据土工试验、原位测试及野外鉴定综合确定，()内为变形模量 E_0，c、φ 值为直剪(固快)建议值										

图 13-3　场地角砾地层剖面

工程场地地基土中易溶盐含量在 0.30%～2.58%，为盐渍土场地，盐类成分主要为亚硫酸盐、硫酸盐。易溶盐在地层中呈层状、窝状形式分布（图 13-3）。根据试验资料可知，地基土中 Na_2SO_4 含量为 0.00%～0.37%，可不考虑盐胀对建（构）筑的影响，但遇水后，随着易溶盐的溶解，地基土会出现明显的沉降变形，因此必须对盐渍土场地的溶陷性进行定量评价。

本工程根据地基土中易溶盐的分布特征、电厂建（构）筑物基础埋深以及变形敏感性等，对②$_1$ 层角砾和②层角砾进行了现场浸水载荷试验，对地基土的溶陷特性进行了量化评价，试验成果见表 13-3、表 13-4。②$_1$ 层角砾中存在层状、窝状易溶盐，总体含量高，平均溶陷系数为 0.017，为溶陷性土层；②层角砾埋深大，易溶盐含量随着地层深度加深出现明显降低（图 13-4），现场测试平均溶陷系数为 0.00192，为不溶陷土层。

②$_1$ 层角砾浸水溶陷试验结果表　　表 13-3

试验点号	T②1-1	T②1-2
浸水沉降量 Δs(mm)	16.70	23.69
浸水深度 h_s(mm)	1300	1100
溶陷系数 $\delta=\dfrac{\Delta s}{h_s}$	0.0128	0.0215
平均溶陷系数	0.017	

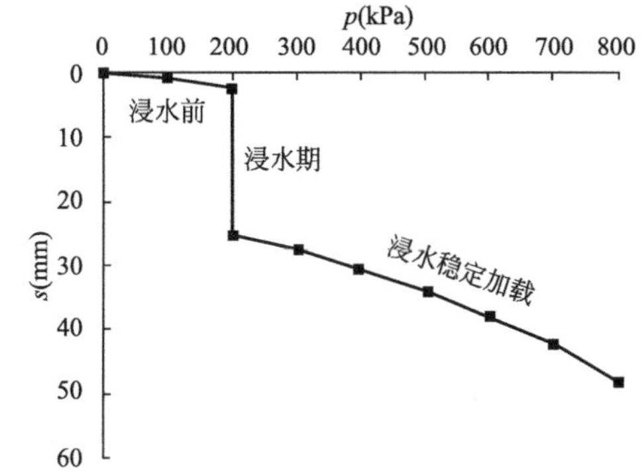

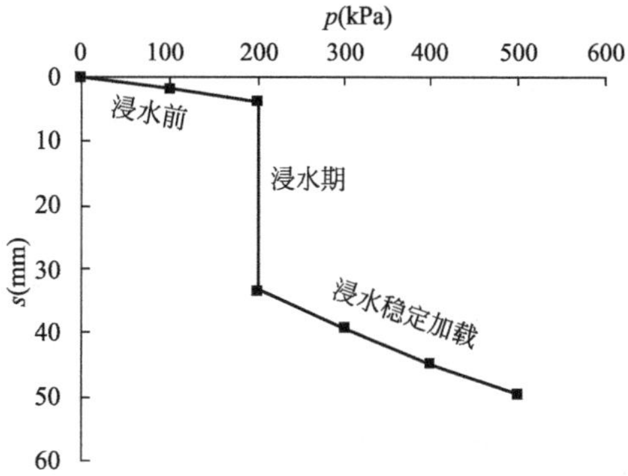

②层角砾浸水溶陷试验结果　　表 13-4

试验点号	T②-2	T②-3
浸水沉降量 Δs(mm)	5.61	6.51
浸水深度 h_s(mm)	3000	3300
溶陷系数 $\delta=\dfrac{\Delta s}{h_s}$	0.00187	0.00197
平均溶陷系数	0.00192	

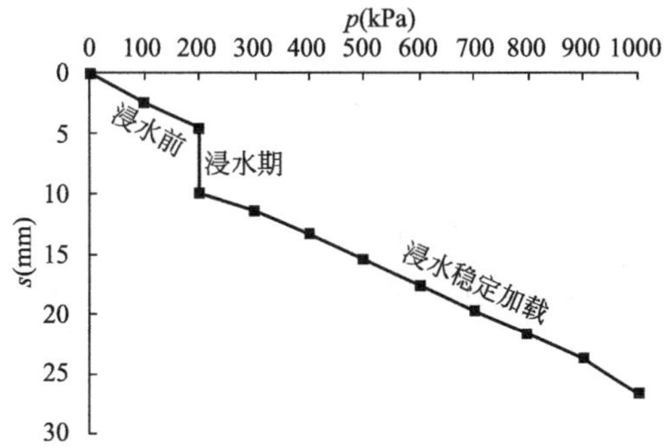

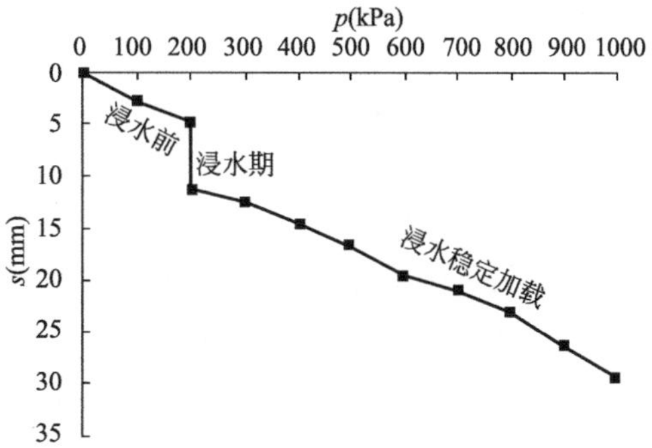

地下水属第四系孔隙潜水，主要接受大气降水补给，侧向径流排泄，水位埋深大于 50m。地基土对混凝土结构具有强腐蚀，对钢筋混凝土结构中的钢筋具有中等腐蚀，对钢结构具中等腐蚀。

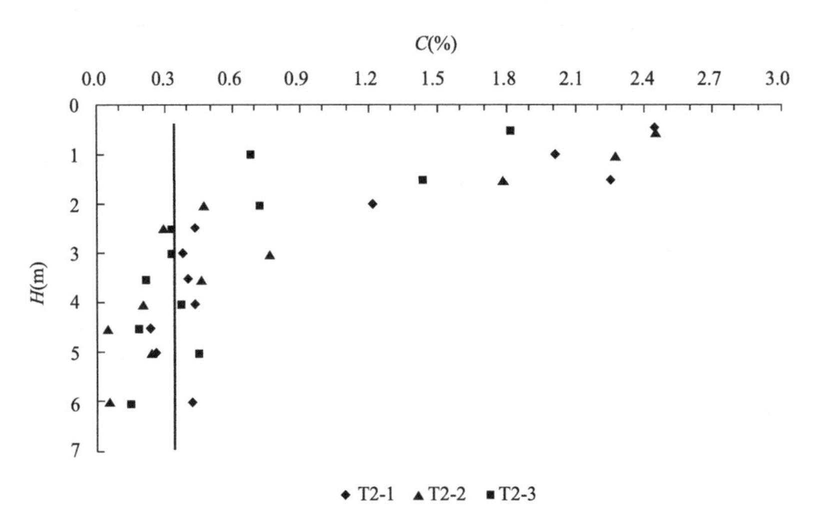

图 13-4 场地易溶盐含量随地层深度变化

13.3 地基处理方案简介

厂区地基土由冲洪积地层和基岩组成，①$_1$ 层填土、①层粉砂分布不均匀，承载力低，②$_1$ 层角砾具有溶陷性，不宜做地基持力层；②层及以下地层强度大、承载性能好，是良好的天然地基，因此根据建（构）筑物基础埋深及变形特性，可采用天然地基和换填垫层两种方案。其中变电构架、间接空冷塔等地段，需要进行换填处理。

本工程厂区附近建筑材料缺乏，块石料和砂砾石料在吉木萨尔县附近均有分布，但运距大、费用高。考虑到基坑开挖土方及场地回填工程量大，同时还要解决主厂房、锅炉房区基坑由－6.0m～－7.0m 回填至－2.5m～－3.0m 作为辅机基础地基的砂砾石材料，如何解决料源问题，就地取材是否可行，应通过现场回填碾压试验研究，确定角砾层作为回填料的适宜性及相关设计施工参数。

13.4 砂砾石垫层试验目的和内容

砂砾石垫层试验的目的是正确评价场地上部角砾层及混合料回填碾压的实际效果，确定设计、施工所需的参数和施工质量控制标准，为场地、基坑回填及部分建（构）筑物地基处理设计、施工提供可靠的依据。试验的内容包括：

(1) 选择换填材料及配合比，对换填料的不均匀系数及颗粒级配等提出要求；

(2) 进行相对密度试验，确定换填料的最大干密度；

(3) 通过试验，推荐适宜的压实设备及施工机具；

(4) 确定最佳施工工艺，提供设计、施工控制参数；

(5) 对回填料易溶盐、密度进行测试；

(6) 进行现场浸水载荷试验，确定换填地基的溶陷性、承载性能等。

13.5 砂砾石材料

换填砂砾石材料的选择，包括如下两个方案：

方案一：为降低工程投资，便于施工，换填料选用场地施工开挖的上部角砾层，初步设计阶段颗分资料可知，角砾层颗粒级配良好，颗粒级配曲线光滑，粗颗粒含量（大于 5mm 的颗粒含量）在 40%左右（表 13-5）。但因角砾层含盐量高，遇水地基土承载性能不一定能满足要求；

方案二：以场地开挖角砾料和外购粗骨料（>3cm）按 7∶3 混合，增加骨架颗粒含量，进行级配改良（表 13-5），然后确定其溶陷变形和承载性能。

换填料室内试验成果表 表 13-5

试坑编号	界限粒径 d_{60}	中间粒径 d_{30}	有效粒径 d_{10}	平均不均匀系数 C_u	平均曲率系数 C_c
N1	4.38	0.70	0.19	23.49	0.606
N2	7.29	0.97	0.21	35.42	0.616
备注	N1 为场地料直接作为换填料;N2 场地料与外购骨料混合料作为换填料				

换填材料确定后，对角砾料和混合料进行了 4 组相对密度试验，结果显示，角砾料最大干密度 2.14g/cm^3，最小干密度 1.53g/cm^3；混合料最大干密度 2.24g/cm^3，最小干密度 1.78g/cm^3。

13.6 砂砾石垫层试验施工

13.6.1 场地选择

试验场地位于厂区西侧的煤场区域，分两片试验区，一片为场地料回填碾压试验区，以 N1 表示；另一片为混合料回填碾压试验区，以 N2 表示。试坑面积均为 12m×24m，开挖深度 2.5m，坑底地层为②层角砾，见图 13-5。

13.6.2 压实机械与工艺

采用的压实机械为徐州 XS222J-11 型振动压路机，工作质量 22t，振动行驶速度 2km/h（1 档），激振力（高振）为 374kN，见图 13-6。

图 13-5 试验场地与试坑

图 13-6 回填碾压施工

施工工艺如下：

① 根据确定的试验场地，现场定位并放出开挖线，基底标高以上 0.3m 厚的土层由人工开挖，基坑开挖至基底标高并验收合格后，立即进行垫层的施工；

② 在试验基坑内分 6 层铺填，每层虚铺 400mm，含水量控制在 5%左右；

③ 每层虚铺后平碾 1 遍，而后振动（高振）碾压 6 遍，碾的摆幅宽度为 2/3 碾宽，即压茬 1/3 碾宽，机械行驶速度控制在 2km/h 以内；

④ 每层碾压完成后，测定该层的密度、易溶盐含量、含水率、颗粒级配等指标。测试数量为：密度、含水率每层均取 6 个点，易溶盐和颗粒级配每层各取 1 个点。检测合格后，再进行下一层的铺填碾压。

13.7 砂砾石垫层检测

13.7.1 测试项目和工作量

砂砾石垫层施工效果检测采用筛分试验、密度和含水量试验、易溶盐分析以及浸水载荷试验等方法，测试项目和完成工作量见表 13-6。

砂砾石垫层测试工作量一览表　　表 13-6

序号	测试项目	单位	规格	数量	备注
1	相对密度试验	组		4	角砾料和混合料各 2 组，确定换填料最大干密度
2	筛分试验	件		12	N1、N2 区各 6 件
3	密度与含水量试验	组		72	N1、N2 区各 36 组
4	易溶盐分析	件		12	N1、N2 区各 6 件
5	浸水载荷试验	点	压板面积 0.50m^2	6	N1、N2 区各 3 点

13.7.2 颗粒级配

从筛分试验结果可知：

(1) 现场角砾料的粗颗粒（大于 5mm 的颗粒含量）含量接近 40%，不均匀系数 C_u 最大值为 24.18，最小值为 22.32，平均值为 23.49。曲率系数 C_c 最大值为 0.647，最小值为 0.579，平均值为 0.606。典型颗粒级配曲线见图 13-7。

(2) 混合料的粗颗粒（大于 5mm 的颗粒含量）含量在 50%左右，不均匀系数 C_u 最大值为 38.67，最小值为 31.52，平均值为 35.42。曲率系数 C_c 最大值为 0.737，最小值为 0.534，平均值为 0.616。典型颗粒级配曲线见图 13-8，地基土级配一般，在施工过程中应严格管控混合料的配合比及搅拌均匀性。

13.7.3 密度与含水量

密度、含水量试验成果见表 13-7。测试结果表明：现场角砾料的最大干密度为 2.14g/cm^3，

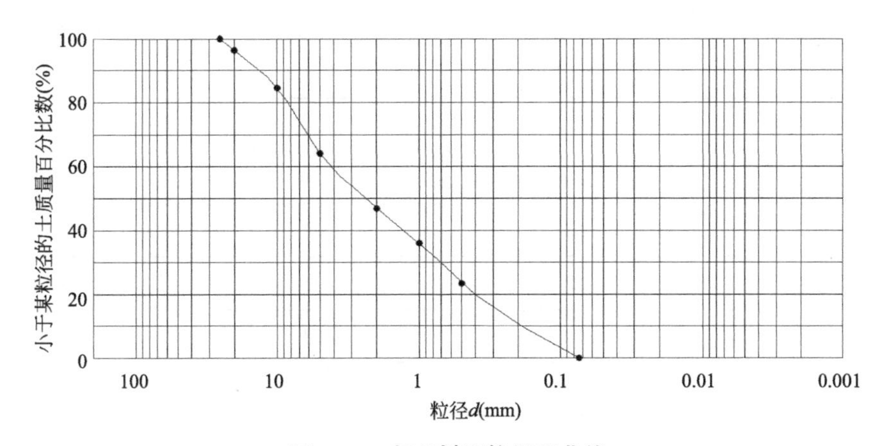

图 13-7 角砾料颗粒级配曲线

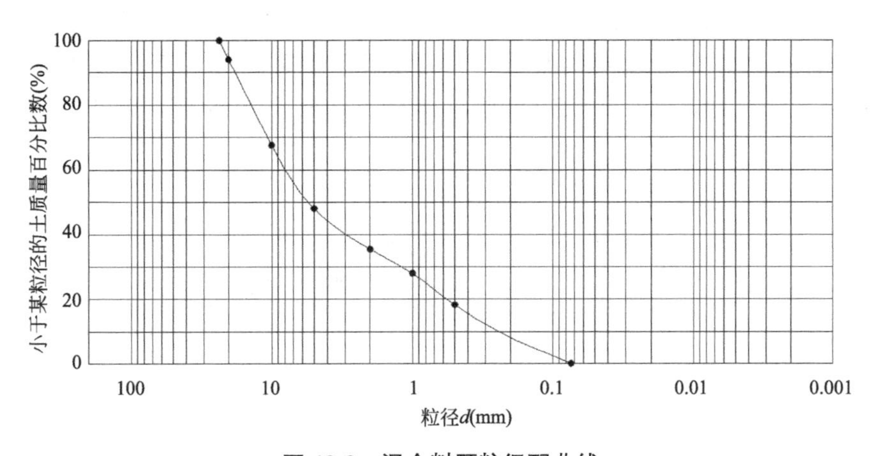

图 13-8 混合料颗粒级配曲线

压实系数为 0.91～1.05，平均压实系数为 0.96；混合料的最大干密度为 2.24g/cm^3，压实系数为 0.93～1.03，平均压实系数约为 0.98。

各碾压层密度、含水量试验成果 表 13-7

层号		平均含水量 w(%)	平均干密度 ρ_d(g/cm^3)	平均压实系数 λ_c
N1	第一层	4.48	2.09	0.97
	第二层	4.75	2.04	0.95
	第三层	4.32	2.03	0.95
	第四层	5.07	2.01	0.94
	第五层	4.73	2.06	0.96
	第六层	5.42	2.05	0.96

续表

层号		平均含水量 w(%)	平均干密度 ρ_d(g/cm^3)	平均压实系数 λ_c
N2	第一层	4.91	2.21	0.99
	第二层	4.98	2.19	0.98
	第三层	5.01	2.21	0.99
	第四层	5.23	2.16	0.97
	第五层	4.77	2.21	0.99
	第六层	5.12	2.20	0.98

13.7.4 易溶盐含量

对两片试验区分层取样，进行了易溶盐分析（图 13-9）。结果显示：砂砾石材料经过搅拌碾压后，原始地层中的易溶盐成层性已明显破坏，而且从表层至深部易溶盐含量从高到低的规律已经消失。但总体显示，易溶盐含量均大于 0.3%，属盐渍土。

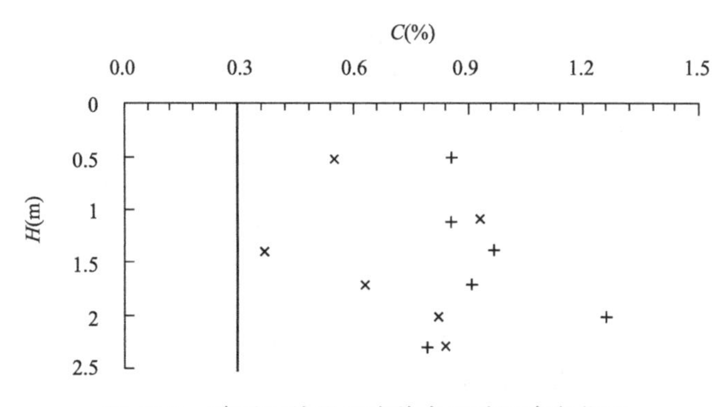

图 13-9 砂砾石垫层易溶盐含量随深度变化图

13.7.5 砂砾石垫层的溶陷性

对场地角砾料换填垫层进行了浸水载荷试验，测试换填处理后地基的溶陷性（图 13-10、图 13-11）。浸水载荷试验采用压板面积为 0.50m^2 的圆形板，堆载法提供反力，试验成果见表 13-8 和表 13-9。该试验是在加压至 200kPa 并维持压力不变，待垫层变形稳定后，加水并保持 30cm 水头，至承压板变形稳定，测得地基土的溶陷系数。由试验测得地基土的溶陷系数为 0.0075，为非溶陷性地基土。由此可知，原状场地角砾料作为垫层回填处理后，改变原有地层颗粒间级配特征和易溶盐分布形态，使得地基土更加密实、易溶盐不存在层状、窝状特征，地基土遇水变形减弱。

图 13-10 外运解决试验用水

图 13-11 浸水载荷试验

场地角砾料换填后的浸水溶陷试验结果 表 13-8

试验点号	N1-2
浸水沉降量 Δs(mm)	12.81
浸水深度 h_s(mm)	1700
溶陷系数 $\delta=\dfrac{\Delta s}{h_s}$	0.0075

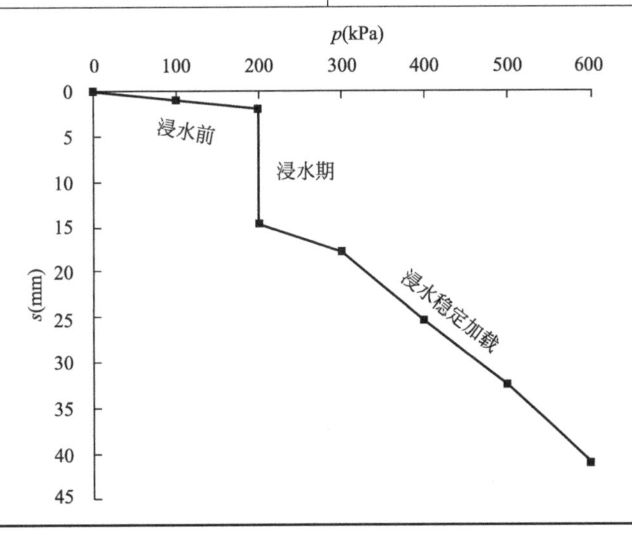

场地角砾料换填后的试验点 N1-2 浸水溶陷载荷试验数据表 表 13-9

	荷载(kPa)	本级沉降(mm)	累计沉降(mm)	本级时间(min)	累计时间(min)
加载	100	0.89	0.89	150	150
	200	0.99	1.88	150	300
	200	11.92	14.69	8310	8610
	300	3.09	17.78	480	9090
	400	7.48	25.26	720	9810
	500	7.12	32.38	480	10290

续表

	600	8.79	41.17	660	10950
卸载	400	—0.45	40.72	60	11010
	200	—0.95	39.77	60	11070
	0	—1.91	37.86	780	11850

13.7.6 砂砾石垫层的地基承载力

砂砾石垫层地基承载力均采用静载荷试验进行确定，采用压板面积为 0.50m² 的圆形板，堆载法提供反力，相对稳定法加荷，试验成果见图 13-12～图 13-16 和表 7-10、表 7-11。试验最大加载压力为 800～1000kPa，均未进入荷载极限状态。综合考虑按 $s/d=0.010$ 和 $s/d=0.015$ 两种确定地基承载力的方式，并结合地基土的含盐特征、骨架颗粒含量等因素，建议：①场地角砾料垫层的地基承载力特征值为 170kPa，变形模量为 10MPa；②混合料垫层的地基承载力特征值为 300kPa，变形模量为 20MPa；③混合料垫层可以适用于厂区各类建（构）筑物地基处理，场地角砾料垫层可以作为附属建筑物地基处理或基坑回填。

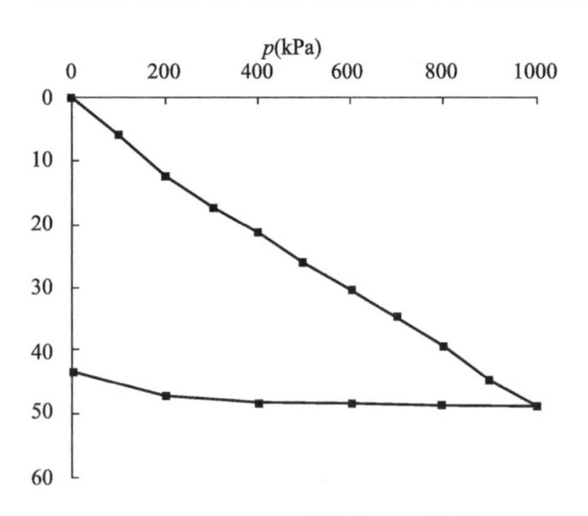

图 13-12　N1-1 试验点 p-s 曲线

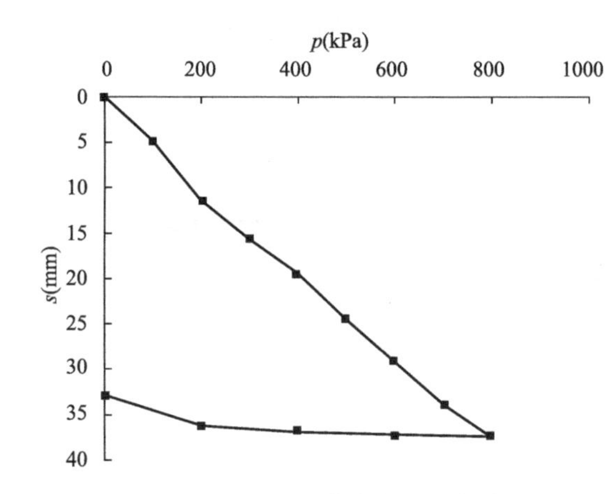

图 13-13　N1-3 试验点 p-s 曲线

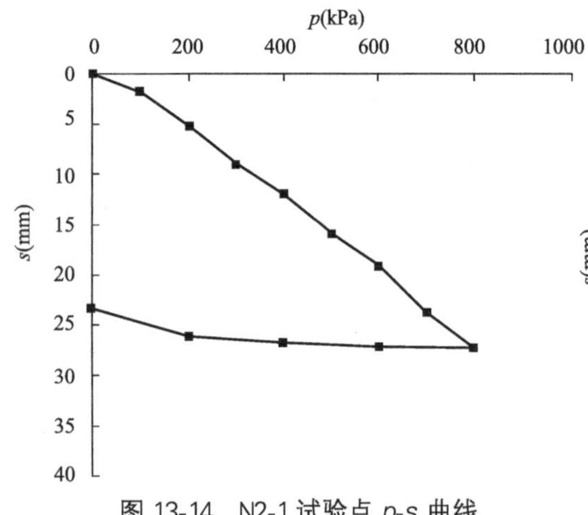

图 13-14　N2-1 试验点 p-s 曲线

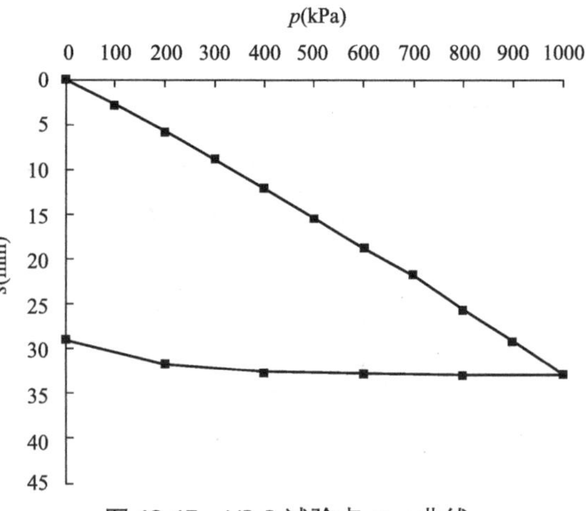

图 13-15　N2-2 试验点 p-s 曲线

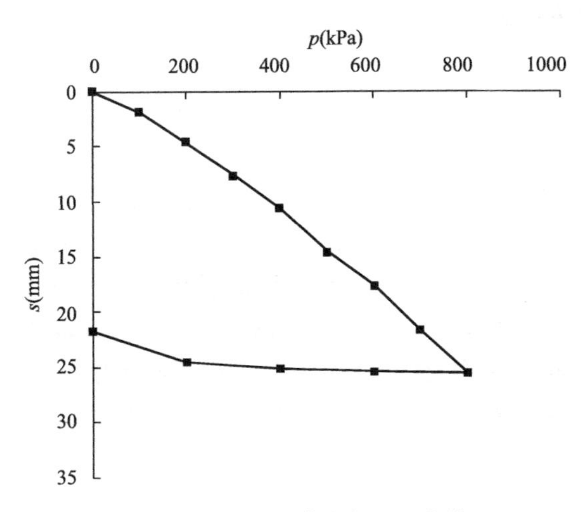

图 13-16 N2-3 试验点 p-s 曲线

静载荷试验成果 表 13-10

试验点号	N1-1	N1-3
最大试验荷载(kPa)	1000	800
地基最大沉降量(mm)	48.84	37.45
最大回弹量(mm)	5.29	4.48
回弹率(%)	10.8	11.9
s/d=0.010 对应的承载力值(kPa)	133	150
s/d=0.015 对应的承载力值(kPa)	190	213
变形模量 E_0(MPa)	9.7	10.9
推荐地基承载力特征值(kPa)	170	
推荐变形模量 E_0(MPa)	10	

静载荷试验成果 表 13-11

试验点号	N2-1	N2-2	N2-3
最大试验荷载(kPa)	800	1000	800
地基最大沉降量(mm)	27.35	33.00	25.62
最大回弹量(mm)	4.05	5.00	4.00
回弹率(%)	14.8	15.2	15.6
s/d=0.01 对应的承载力值(kPa)	278	275	315
s/d=0.015 对应的承载力值(kPa)	400	395	398
变形模量 E_0(MPa)	20.2	19.9	22.9
推荐地基承载力特征值(kPa)	300		
推荐变形模量 E_0(MPa)	20		

13.8 工程应用及效果

13.8.1 地基方案设计

本工程设计整平标高为 567.60m，锅炉房基础埋深为 6.0m、汽机房基础埋深为 5.0～6.0m、间冷塔基础埋深为 4.5m，其他附属建（构）筑物基础埋深为 2.5～4.5m。根据主厂房地段和附属建（构）筑物地段代表性地层剖面（图 13-17、图 13-18）可知，各建（构）筑物基底以基岩和角砾为主，基岩是良好的持力层，埋深较浅的②$_1$ 层角砾具有溶陷性，不能作为建（构）筑物的持力层，②层角砾承载力较低，不能满足主厂房、间冷塔等荷重较大建（构）筑物对承载力的要求，需要进行地基处理。

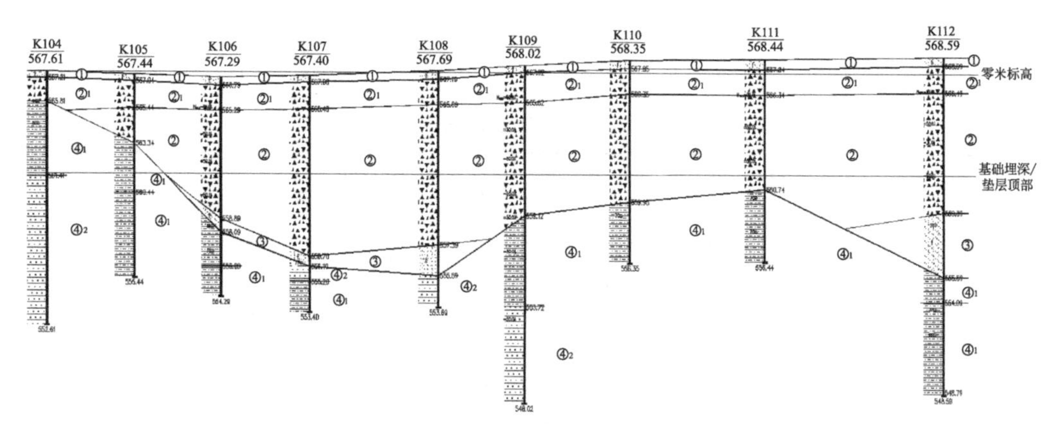

图 13-17 主厂房地段代表性地层剖面

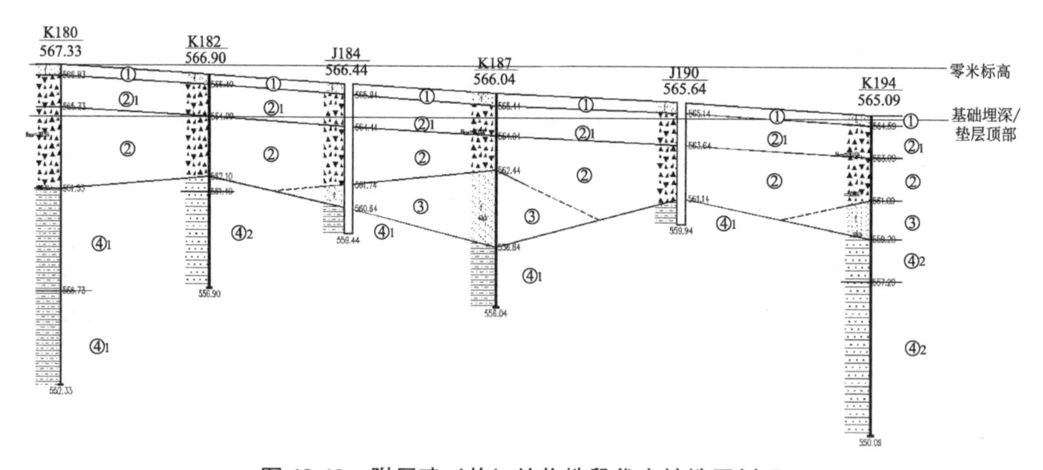

图 13-18 附属建（构）筑物地段代表性地层剖面

在地基设计时，采用了如下方案：主厂房、间冷塔、烟囱等采用天然地基或局部混合料换填地基方案，最大换填厚度不超过 5m；其他附属建（构）筑物采用天然地基、混合料换填或场地料换填的方案。

13.8.2 砂砾石垫层施工

1. 基坑开挖与验槽

（1）基础埋深在5.0m以内的基坑开挖时，应采用放坡开挖，角砾层放坡坡率可取1∶0.50～1∶0.75，基岩层放坡坡率可取1∶0.50；基础埋深为5m或大于5m的建（构）筑物，基坑采用放坡开挖时，角砾层放坡坡率可取1∶0.75～1∶1.00，基岩层放坡坡率可取1∶0.50～1∶0.75；基槽如无法进行放坡开挖时，应进行支护；

（2）基坑开挖至设计标高前应预留0.3～0.5m厚保护土层，辅以人工开挖，避免对基底的扰动；

（3）基坑开挖工作完成后，应会同建设、监理、设计和地质工代进行验槽，合格后方可进行下一步施工。

2. 砂砾石填料

（1）采用混合料作为地基回填料，混合料应选用场地开挖的角砾料（清除表层50cm厚粉砂层，大于2mm颗粒含量超过70%）和外运骨料（粒径3～5cm）按7∶3比例混合，并拌合均匀；

（2）施工时应对每批骨料进行洗盐和筛分试验，并满足设计要求；

（3）开挖的角砾料要求对碎块进行破碎，碎块粒径不宜大于5cm或对角砾中混有的砾岩碎块、砂岩碎块进行清除。

3. 垫层施工及质量控制

（1）碾压机械采用工作质量不小于22t振动压路机施工；

（2）垫层按每层虚铺厚度400mm，表面应整平，每层铺填厚度允许偏差为±50mm；

（3）砂砾石料含水量控制在5%左右；

（4）碾压顺序：每层虚铺后平碾（不振动）1遍，而后振动（高振）碾压6遍，碾的摆幅宽度为2/3碾宽，即压茬1/3碾宽，机械行驶速度控制在2km/h以内；

（5）基坑边沿部位应专门用夯锤等小型压实机压实，以保证整个垫层的密实性；

（6）工程施工结束后，对垫层的碾压质量进行检测，混合料的最大干密度为2.24g/cm^3，要求压实系数不小于0.97，地基承载力特征值不小于400kPa。

13.8.3 变形监测

本工程对包括汽机房、锅炉房、冷却塔及其他附属建（构）筑物共布设352个点进行了施工期的变形监测，下面选择了几个荷重大、对变形敏感，且局部为砂砾石换填地基的建（构）筑物的变形进行效果分析。

1. 锅炉房

3号锅炉房共布设沉降观测点12个，施工期共进行15次沉降观测（图13-19）。开始时间为2012年7月，统计截止时间为2014年7月。监测结果显示：12个监测点中，最大累计沉降量为7.2mm，最小累计沉降量为5.6mm。最后一期沉降基本平稳，平均沉降速率为0.29mm/100天。从变形资料分析，3号锅炉房沉降趋于稳定。

2. 汽机房

3号汽机房共布设沉降观测点12个，施工期共进行13次沉降观测（图13-20）。开始

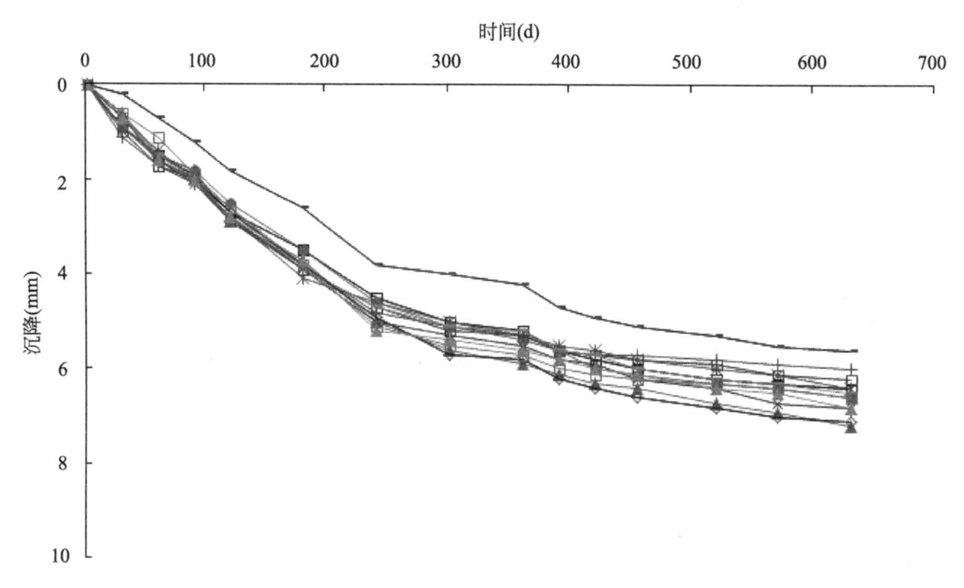

图 13-19　3 号锅炉房施工期沉降变形曲线

时间为 2013 年 2 月，统计截止时间为 2014 年 9 月。监测结果显示：12 个监测点中，最大累计沉降量为 14.1mm，最小累计沉降量为 3.9mm。从沉降变形曲线可知，在第 10 次监测中，11、12 监测点出现了跳跃性变动，变化时间为 2013 年 11 月份，但后期变形平稳，未出现加剧变形的态势，考虑到不是雨季影响，应该与环境误差有关；最后一期沉降基本平稳，平均沉降速率为 0.1mm/100 天。从变形资料分析，3 号汽机房沉降变形稳定。

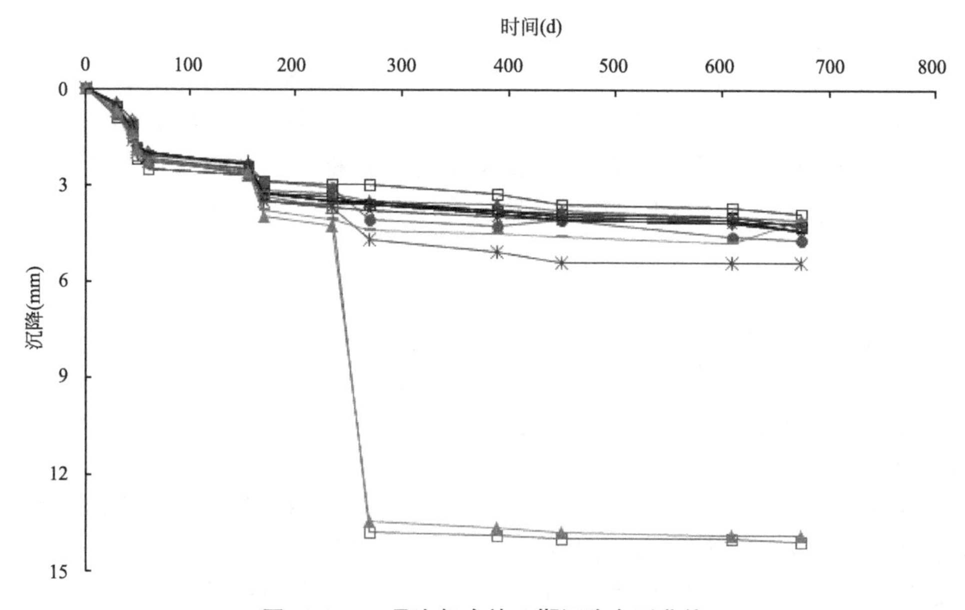

图 13-20　3 号汽机房施工期沉降变形曲线

3. 冷却塔

冷却塔共布设沉降观测点 10 个，施工期共进行 9 次沉降观测（图 13-21）。开始时间为 2012 年 6 月，统计截止时间为 2013 年 6 月。监测结果显示：10 个监测点中，最大累计沉降量为 18mm，最小累计沉降量为 16.3mm。由曲线可知，从第 5 次监测开始，冷却塔各监测点变形速率有加速趋势，与冷却塔施工高度增加、荷重加大有关。至最后一期沉降速率未见明显减缓趋势，需继续进行变形监测。

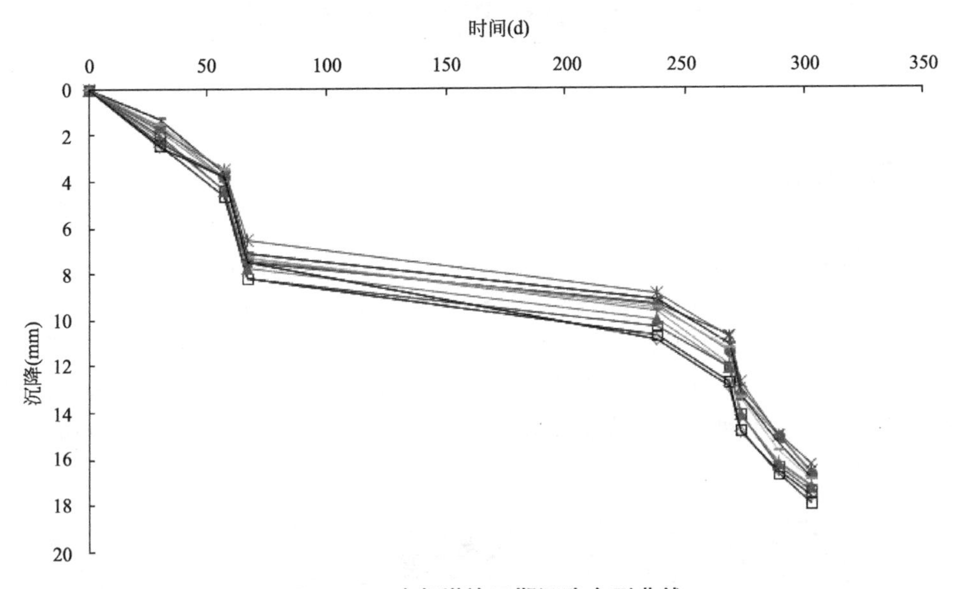

图 13-21 冷却塔施工期沉降变形曲线

第 14 章 【实录 8】新疆国信准东 2×660MW 煤电项目工程

14.1 工程概况

新疆国信准东 2×660MW 煤电项目工程位于新疆维吾尔自治区昌吉回族自治州的奇台县境内，厂址地处奇台县正北偏东约 120km 处的准东煤电煤化工产业园区内，距离奇台县城正北偏东约 130km，西距 S228 省道约 14km，交通较为便利。该工程为新建工程，工程占地面积 57.5hm^2，静态总投资额 48.39 亿元，场地布置有主厂房、锅炉房、烟囱及冷却塔等高、大、重型建（构）筑物（图 14-1），其中烟囱高度 240m，2 座冷却塔出口直径为 86m，塔高 165m。

图 14-1 新疆国信准东 2×660MW 煤电项目工程全景

工程建设场地地处将军庙戈壁，上部土层的易溶盐含量较高，是典型的内陆型粗颗粒盐渍土，存在遇水易溶盐溶解和潜蚀作用致使地基土沉陷变形的可能，工程中开展了浸水溶陷试验研究。依据影响盐渍土溶陷的因素和粗颗粒盐渍土结构骨架特点，对盐渍土进行级配改良，掺入大骨料进行回填碾压试验，取得了砂砾石垫层地基的施工和设计参数，对厂区建（构）筑物地基处理和基坑回填进行了优化。工程于 2014 年 6 月正式开工建设，至 2017 年 12 月 1# 机通过 168 小时整套试运行并投入商业运行。

14.2 场地岩土工程条件

厂区地貌单元较为单一，属山前冲洪积平原区，区内植被稀少，地表呈荒地景观(图 14-2)。工程场地地形较为平坦开阔，地面高程为 714.42～722.46m，总的地势呈北高东低、南西低并由北东向南西微倾态势。区内主要分布有角砾和基岩两套地层，场地地层情况见表 14-1，有关地基土物理力学指标见表 14-2。本工程地基主要持力层为①层角砾(见图 14-3)。

图 14-2 工程场地原始地貌

场地地层分布情况表　　表 14-1

层号	地层名称	层厚(m)	岩性特征
$①_1$	角砾	0.4～2.5	灰色、青灰色、黄褐色为主，干—稍湿，稍密—中密，以中密为主，该层广泛分布于地表
①	角砾	0.5～6.3	灰色、青灰色、黄褐色为主，干—稍湿，中密—密实，一般粒径 10～30mm，颗粒多呈次棱角状或少量亚圆形，局部呈半胶结状
$②_1$	砾岩	0.4～5.0	强风化。以青灰色、褐红色为主，钙质胶结。母岩组织结构已基本破坏，岩芯成碎块状
$②_2$	砾岩	0.5～6.4	中等风化。以青灰色、灰黄色、褐红色为主，钙质胶结。岩芯较完整，呈短柱状
$③_1$	泥岩	0.3～7.4	强风化。褐黄色—灰黄色，局部为褐红色，泥质结构，水平层理构造，节理裂隙发育，表面局部为全风化
$③_2$	泥岩	＞5	中等风化。以棕红色为主，岩芯呈长柱状。泥质结构，水平层理构造，节理裂隙较发育

地基土主要物理力学性质指标表　　表 14-2

地层编号及岩性名称	天然含水量 w (%)	天然重度 γ (kN/m^3)	变形模量 E_0 (MPa)	c (kPa)	φ (°)	重型动力触探试验锤击数 $N_{63.5}$ (击)	地基承载力特征值 f_{ak} (kPa)
①$_1$ 层角砾	5.0	20.0	9	—	35	13～>50	150(饱和)
①层角砾	5.5	20.5	18	—	38	18～>50	250
②$_1$ 层砾岩	—	22.0	—	5	40	>50	400
②$_2$ 层砾岩	—	24.0	—	300	42	>50	>800
③$_1$ 层泥岩	—	21.0	—	35	27	>50	350
③$_2$ 层泥岩	—	23.2	—	200	30	>50	>600

图 14-3　场地角砾地层剖面

场地地基土中易溶盐含量为 0.10%～1.45%，属盐渍土场地，盐类成分主要为氯盐和硫酸盐的复合型盐渍土。根据试验资料可知，地基土中 Na_2SO_4 含量为 0.01%～0.25%，可不考虑盐胀对建（构）筑物的影响。但遇水后，随着易溶盐的溶解，地基土可能会出现较明显的沉降变形，因此有必要对盐渍土场地的溶陷性进行定量评价。

本工程根据地基土中易溶盐的分布特征、电厂建（构）筑物基础埋深以及变形敏感性等，在角砾层中选择 3 个试验点进行了现场浸水载荷试验，对地基土的溶陷特性进行了量化评价。试验成果见表 14-3、表 14-4。角砾层中易溶盐含量总体较低且离散（图 14-4），地基土密实，遇水工况下，地基土溶陷变形量和溶陷系数均较低，为非溶陷性场地。但遇水后地基土承载力较低，需进行处理。

角砾层浸水溶陷试验结果　　表 14-3

试验点号	R1	R2
浸水沉降量 Δs(mm)	18.8	10.65
浸水厚度 h_s(mm)	4000	4700

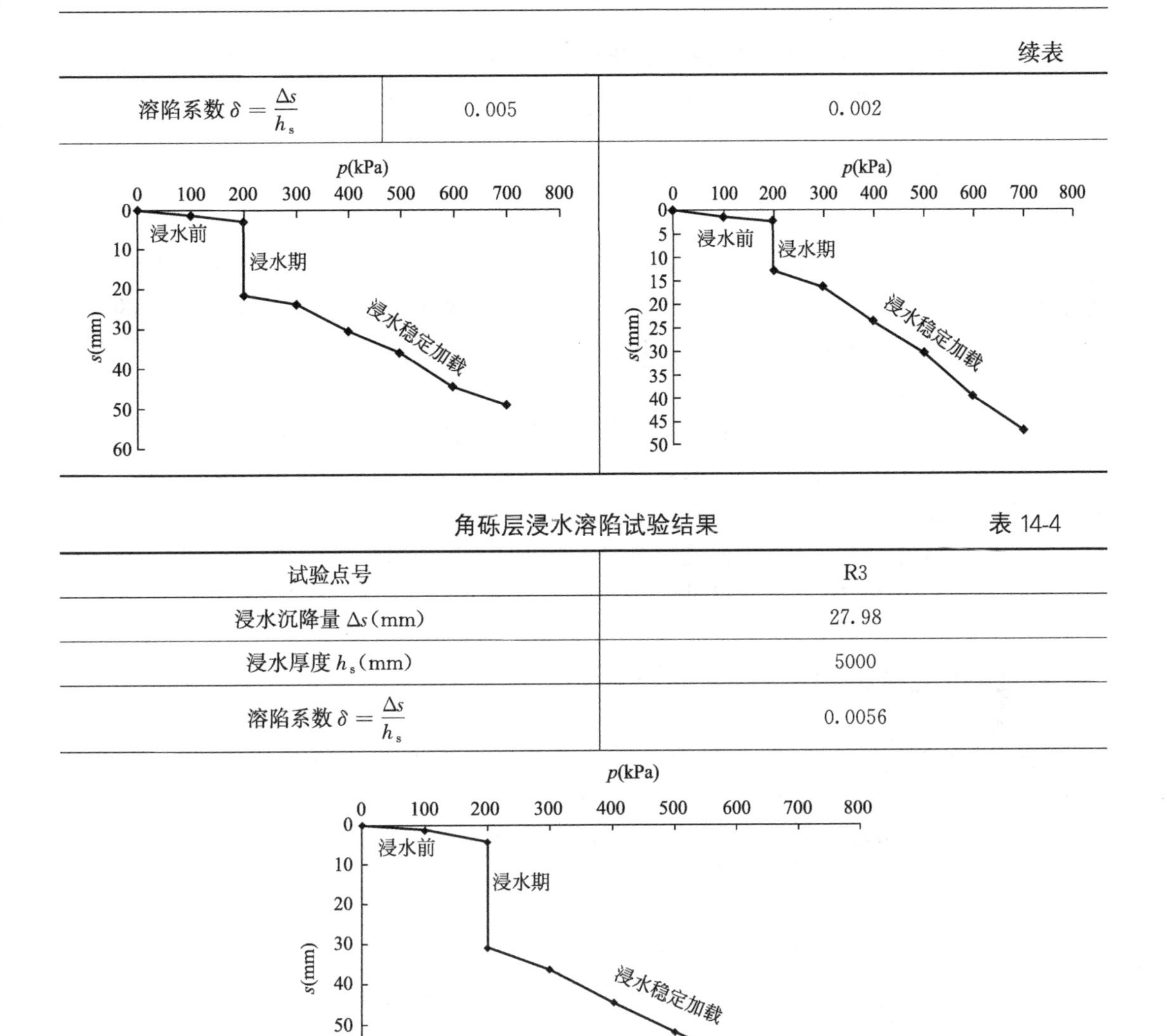

续表

溶陷系数 $\delta=\frac{\Delta s}{h_s}$	0.005	0.002

角砾层浸水溶陷试验结果 表 14-4

试验点号	R3
浸水沉降量 Δs(mm)	27.98
浸水厚度 h_s(mm)	5000
溶陷系数 $\delta=\frac{\Delta s}{h_s}$	0.0056

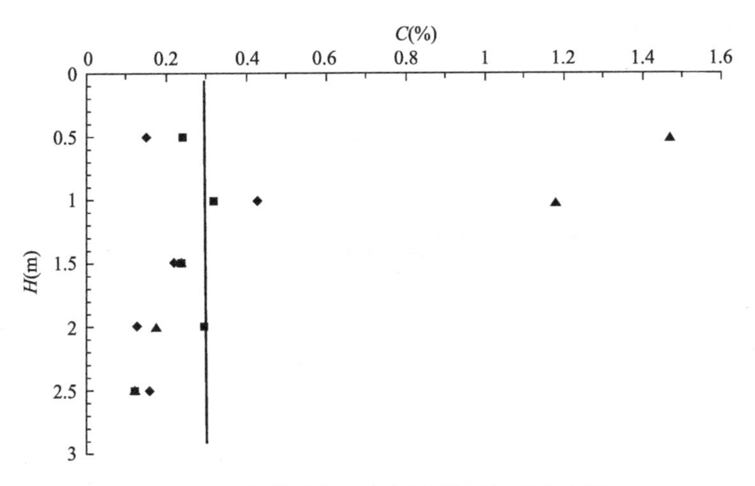

图 14-4 场地易溶盐含量随地层深度变化图

场地地下水类型为潜水，主要接受大气降水和冰雪融水补给，侧向径流和地表蒸发排泄，水位埋深大于30m。地基土对混凝土结构、混凝土结构中的钢筋及钢结构均为中等腐蚀性。

14.3 地基处理方案简介

厂区地基土由冲洪积地层和基岩组成，$①_1$ 层角砾易溶盐含量较高、分布不均匀，且遇水承载力低，不能直接做持力层。①层及以下地层强度大、承载性能好，是良好的天然地基。因此，根据厂区地层分布特征、建（构）筑物基础埋深与变形特性，可采用天然地基和砂砾石垫层地基处理两种方案。

厂区附近建筑材料缺乏，块石料和砂砾石料在奇台县城、木垒县城及五彩湾附近均有分布，但运距大、费用高。考虑到基坑开挖土方及回填工程量大，同时还要解决主厂房、锅炉房区基坑由－6.0m～－7.0m 回填至－2.5m～－3.0m 作为辅机基础地基的砂砾石材料，如何解决料源问题，就地取材是否可行，需通过现场回填碾压浸水试验研究，确定角砾层作为回填料的适宜性及相关设计施工参数。

14.4 砂石垫层试验目的和内容

砂砾石垫层试验的目的是正确评价场地上部角砾层及混合料回填碾压的实际效果，确定设计、施工所需的参数和施工质量控制标准，为场地、基坑回填及部分建（构）筑物地基处理设计、施工提供可靠的依据。试验的内容包括：

（1）选择换填材料及配合比，对换填料的不均匀系数及颗粒级配等提出要求；

（2）进行相对密度试验，确定换填料的最大干密度；

（3）通过试验，推荐适宜的压实设备及施工机具；

（4）确定最佳施工工艺，提供设计、施工控制参数；

（5）对回填料易溶盐、密度进行测试；

（6）进行现场浸水载荷试验，确定换填地基的承载性能等。

14.5 砂砾石垫层材料

换填材料的选择，包括如下两个方案：

方案一：为降低工程投资，便于施工，换填料选用场地施工开挖的上部角砾层。由施工图设计阶段颗粒分析资料可知，场地角砾料粗颗粒（大于 5mm 的颗粒）含量小于40%，缺少骨架颗粒。虽然角砾层颗粒级配曲线光滑，但地基土级配一般（表 14-5）。

换填料室内试验成果表　　表 14-5

试坑编号	界限粒径 d_{60}	中间粒径 d_{30}	有效粒径 d_{10}	平均不均匀系数 C_u	平均曲率系数 C_c
N1	4.27	0.77	0.33	13.01	0.42
N2	16.4	2.23	0.29	56.64	1.08
备注	N1 为场地角砾料直接作为换填料；N2 为场地角砾料与外购骨料混合作为换填料				

方案二：以场地开挖角砾料和外购粗骨料（>3cm，见图 14-5）按 7∶3 混合，增加骨架颗粒含量，进行地基土级配改良（表 14-5），然后确定其承载力和变形性能。

图 14-5 外购粗骨料

14.6 砂砾石垫层试验施工

14.6.1 场地选择

试验场地位于场地东北侧的煤场区域，分两片试验区，试坑面积均为 12m×30m，见图 14-6。开挖深度 2.5m，坑底地层为角砾，见图 14-7。

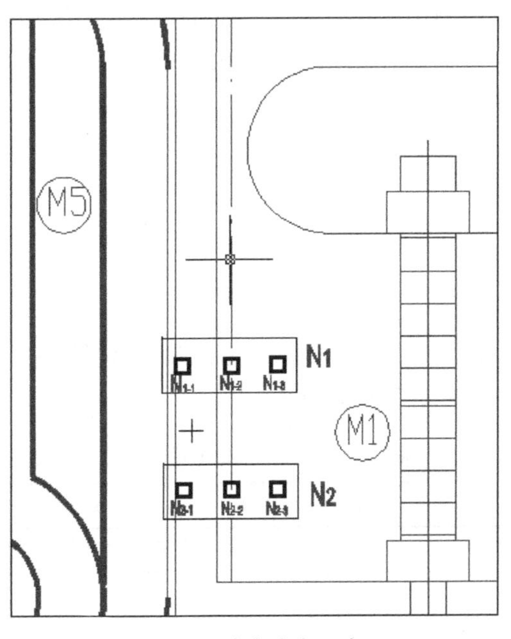

图 14-6 试坑分布示意图

14.6.2 压实机械与工艺

采用的压实机械为徐工集团工程机械股份有限公司生产的 XS202J-II 型振动压路机，工作质量 20t，振动行驶速度 2km/h（1 档），激振力（高振）为 353kN，频率为 28Hz，见图 14-8。

图 14-7 试验场地与试坑

图 14-8 回填碾压施工

施工工艺如下：

(1) 根据确定的试验场地，现场定位并放出开挖线，基底标高以上 0.3m 厚的土层由人工开挖，基坑开挖至基底标高并验收合格后，立即进行垫层的施工；

(2) 在试验基坑内分 6 层铺填，每层虚铺 400mm，含水量控制在 5%左右；

(3) 每层虚铺后平碾 1 遍，而后振动（高振）碾压 6 遍，碾的摆幅宽度为 2/3 碾宽，即压茬 1/3 碾宽，机械行驶速度控制在 2km/h 以内；

(4) 每层碾压完成后，测定该层的密度、易溶盐含量、含水率、颗粒级配等指标。测试数量为：密度、含水率每层均取 6 个点，易溶盐和颗粒级配每层各取 1 个点。检测合格后，再进行下一层的铺填碾压。

14.7 砂砾石垫层检测

14.7.1 测试项目和工作量

砂砾石垫层施工效果检测采用筛分试验、密度和含水量试验、易溶盐分析以及浸水载荷试验等方法，测试项目和完成工作量见表 14-6。

砂砾石垫层测试工作量一览表　　表 14-6

序号	测试项目	单位	规格	数量	备注
1	相对密度试验	组		4	角砾料和混合料各 2 组，确定换填料最大干密度
2	筛分试验	件		4	N1、N2 区各 2 件
3	密度与含水量试验	组		72	N1、N2 区各 36 组

续表

序号	测试项目	单位	规格	数量	备注
4	易溶盐分析	件		22	N1、N2 区各 11 件
5	浸水载荷试验	点	压板面积 0.50m^2	6	N1、N2 区各 3 点

14.7.2 颗粒级配

从筛分试验结果可知：

(1) 现场角砾料的粗颗粒（大于 5mm 的颗粒）含量均小于 40%，不均匀系数 C_u 平均值为 13.01，曲率系数 C_c 平均值为 0.42。说明场地料作为换填料，由于骨架颗粒中较大粒径颗粒缺少，虽然颗粒级配曲线光滑，但总体上地基土级配一般。现场角砾料典型颗粒级配曲线见图 14-9。

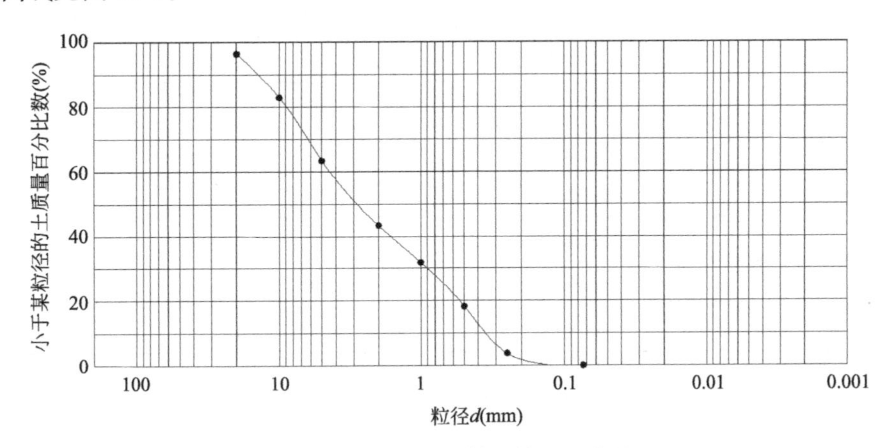

图 14-9 现场角砾料颗粒级配曲线

(2) 混合料的粗颗粒（大于 5mm 的颗粒）含量均大于 60%，不均匀系数 C_u 平均值为 56.64，曲率系数 C_c 平均值为 1.08。说明混合料作为换填料，地基土级配连续，属于级配良好的地基土，在施工过程中应严格管控混合料的配合比及搅拌均匀性。混合料典型颗粒级配曲线见图 14-10。

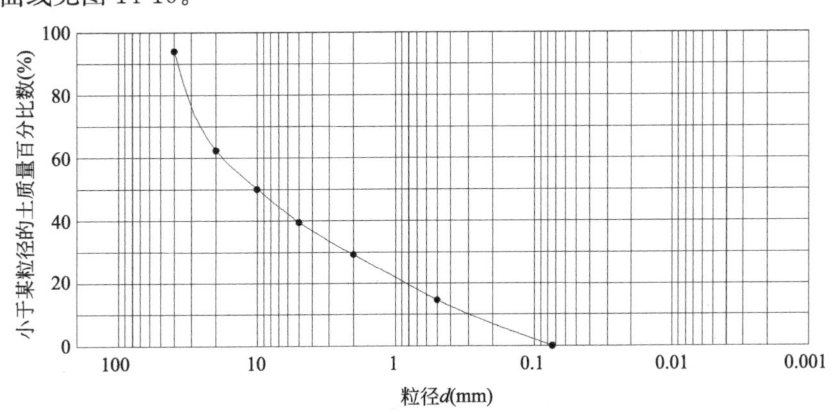

图 14-10 混合料颗粒级配曲线

14.7.3 密度与含水量

密度与含水量试验成果见表 14-7。测试结果表明：现场角砾料的最大干密度为 1.95g/cm^3，压实系数为 0.92～1.00，平均压实系数为 0.97；混合料的最大干密度为 2.11g/cm^3，压实系数为 0.96～0.99，平均压实系数为 0.98。

各碾压层密度、含水量试验成果　　表 14-7

层号		平均含水量 w(%)	平均干密度 ρ_d(g/cm^3)	平均压实系数 λc
N1	第一层	6.14	1.98	1.00
	第二层	5.70	1.93	0.99
	第三层	5.35	1.85	0.95
	第四层	6.63	1.80	0.92
	第五层	6.47	1.88	0.96
	第六层	5.77	1.92	0.98
N2	第一层	4.10	2.09	0.99
	第二层	5.03	2.02	0.96
	第三层	5.31	2.05	0.97
	第四层	3.95	2.06	0.98
	第五层	4.38	2.06	0.98
	第六层	4.85	2.06	0.98

14.7.4 易溶盐含量

对两片试验区分层取样，进行了易溶盐分析（图 14-11）。结果显示：砂砾石材料经过搅拌碾压后，原始地层中的易溶盐成层性已明显破坏，而且从表层至深部易溶盐含量从高到低的规律已经消失。但总体显示，易溶盐含量均大于 0.3%，属盐渍土。

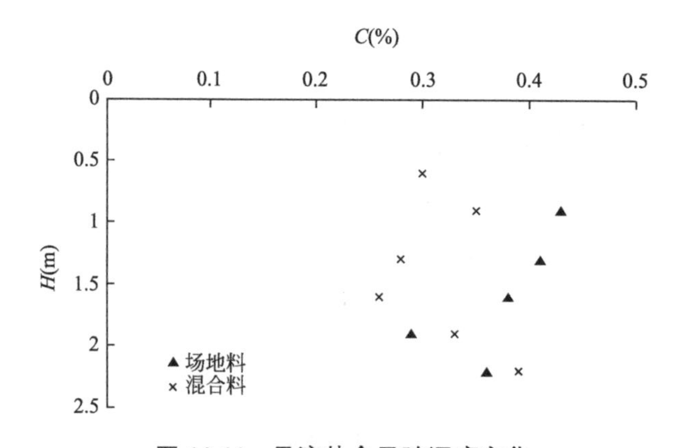

图 14-11　易溶盐含量随深度变化

14.7.5 砂砾石垫层的溶陷性

对两个试验区换填垫层进行了浸水载荷试验，测试了换填处理后地基土遇水变形特征。浸水载荷试验采用压板面积为 0.50m^2 的圆形板，堆载法提供反力，试验成果见表 14-8～表 14-11。浸水载荷试验是加压至 200kPa 并维持压力不变，待垫层变形稳定后，加水并保持 30cm 水头，至承压板变形稳定，测得地基土的溶陷系数。由试验测得场地角砾料垫层地基和混合料垫层地基的溶陷系数分别为 0.006 和 0.0014，均为非溶陷性地基土。由此可知，不管哪种换填材料，垫层换填处理后，改变了原有地层颗粒间级配特征和易溶盐分布形态，使得地基土更加密实，易溶盐均匀分布于地基土中，地基遇水变形减弱。

场地角砾料换填后的浸水溶陷试验结果　　表 14-8

试验点号	N1-1
浸水沉降量 Δs(mm)	10.62
浸水深度 h_s(mm)	1800
溶陷系数 $\delta=\frac{\Delta s}{h_s}$	0.006

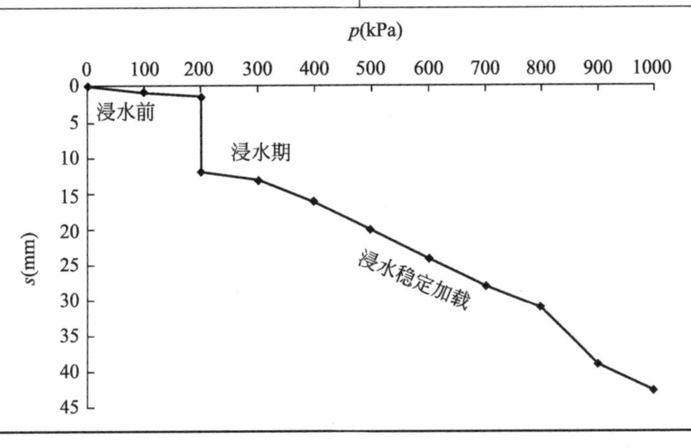

场地角砾料换填后的试验点 N1-1 浸水溶陷载荷试验数据表　　表 14-9

	荷载(kPa)	本级沉降(mm)	累计沉降(mm)	本级时间(min)	累计时间(min)
加载	100	0.80	0.80	120	120
	200	0.61	1.41	150	270
	200	10.62	12.03	8700	8970
	300	1.15	13.18	240	9210
	400	3.02	16.20	330	9540
	500	3.80	20.00	450	9990
	600	4.22	24.22	510	10500
	700	3.97	28.19	570	11070
	800	2.88	31.07	420	11490
	900	8.05	39.12	960	12450
	1000	3.59	42.71	480	12930

续表

卸载	800	−0.13	42.58	60	12990
	600	−0.21	42.37	60	13050
	400	−0.42	41.95	60	13110
	200	−0.85	41.10	60	13170
	0	−3.70	37.40	780	13950

混合料换填后的浸水溶陷试验结果　　表 14-10

试验点号	N2-1
浸水沉降量 Δs(mm)	2.62
浸水深度 h_s(mm)	1900
溶陷系数 $\delta=\frac{\Delta s}{h_s}$	0.0014

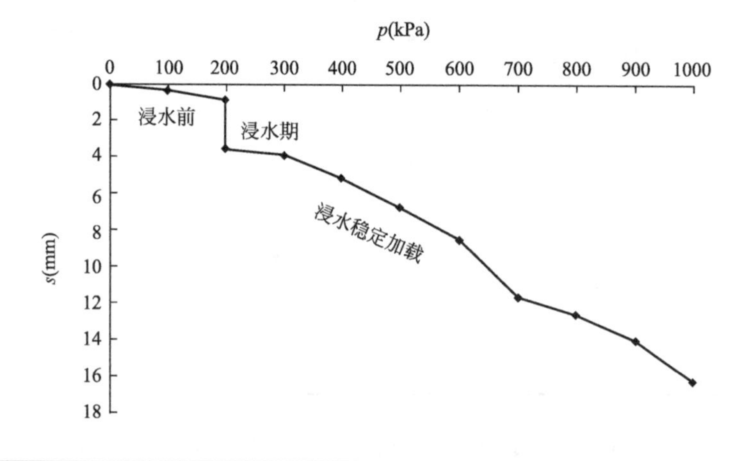

混合料换填后的试验点 N2-1 浸水溶陷载荷试验数据表　　表 14-11

	荷载(kPa)	本级沉降(mm)	累计沉降(mm)	本级时间(min)	累计时间(min)
加载	100	0.40	0.40	150	150
	200	0.57	0.97	150	300
	200	2.62	3.59	8700	9000
	300	0.35	3.94	150	9150
	400	1.28	5.22	150	9300
	500	1.54	6.76	210	9510

续表

加载	600	1.71	8.47	300	9810
	700	3.21	11.68	270	10080
	800	0.89	12.57	240	10320
	900	1.51	14.08	360	10680
	1000	2.21	16.29	540	11220
卸载	800	−0.13	16.16	60	11280
	600	−0.17	15.99	60	11340
	400	−0.27	15.72	60	11400
	200	−0.53	15.19	60	11460
	0	−2.82	12.37	780	12240

14.7.6 砂砾石垫层的地基承载力

砂砾石垫层地基承载力均采用载荷试验进行确定，采用压板面积为 0.50m^2 的圆形板，堆载法提供反力，采用相对稳定法加荷，试验成果见图 14-12～图 14-15 和表 14-12、表 14-13。两种砂砾石垫层的最大加载压力均为 1000kPa，试验未进入荷载极限状态。按照 $s/d=0.010$ 确定地基承载力的方式，并结合地基土的含盐特征、骨架颗粒含量等因素，建议：①场地角砾料换填垫层的地基承载力特征值为 180kPa，变形模量为 13MPa；②混合料换填垫层的地基承载力特征值为 350kPa，变形模量为 28MPa；③混合料换填垫层可以适用于厂区各类建（构）筑物地基处理，场地料换填垫层可以作为附属建筑物地基处理或基坑回填。

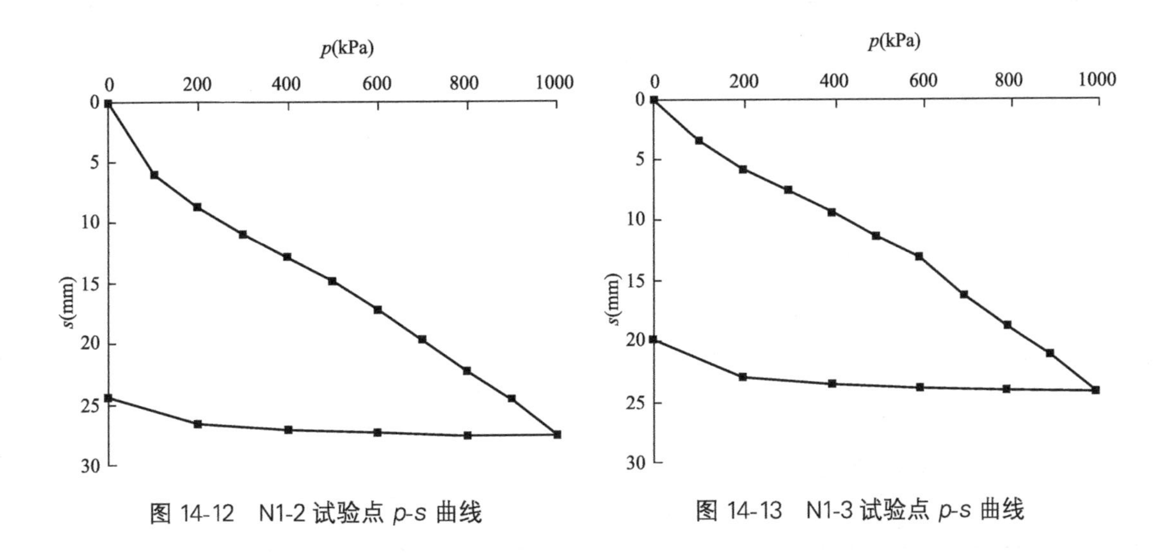

图 14-12　N1-2 试验点 p-s 曲线

图 14-13　N1-3 试验点 p-s 曲线

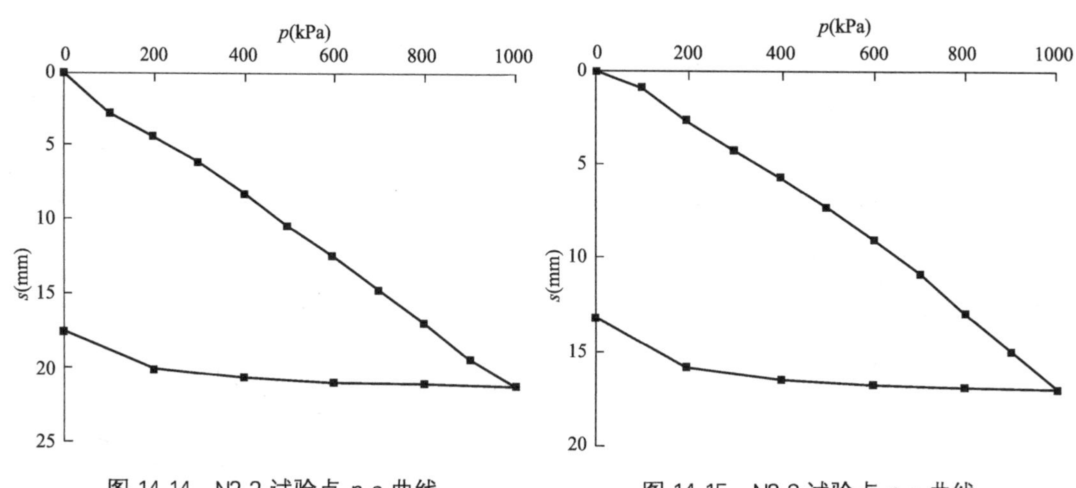

图 14-14　N2-2 试验点 *p-s* 曲线

图 14-15　N2-3 试验点 *p-s* 曲线

静载荷试验成果　　表 14-12

试验点号	N1-2	N1-3
最大试验荷载(kPa)	1000	1000
地基最大沉降量(mm)	27.71	24.46
最大回弹量(mm)	3.33	4.35
回弹率(%)	12.1	17.8
s/d=0.010 对应的承载力值(kPa)	177	316
变形模量 E_0(MPa)	12.9	23
推荐地基承载力特征值(kPa)	180	
推荐变形模量 E_0(MPa)	13	

静载荷试验成果　　表 14-13

试验点号	N2-2	N2-3
最大试验荷载(kPa)	1000	1000
地基最大沉降量(mm)	21.24	16.99
最大回弹量(mm)	3.68	3.83
回弹率(%)	17.3	22.5
s/d=0.01 对应的承载力值(kPa)	390	500
变形模量 E_0(MPa)	28.4	36.4
推荐地基承载力特征值(kPa)	350	
推荐变形模量 E_0(MPa)	28	

14.8 工程应用及效果

14.8.1 地基方案设计

本工程设计整平标高为 719.9m，锅炉房、汽机房基础埋深为 5.0～7.0m，附属建（构）筑物中材料库、辅机冷却水泵房等基础埋深为 2.5～3.5m。根据建（构）筑物基础埋深、地层分布等可知，锅炉房、汽机房、烟囱等建（构）筑物基础埋深大，基底地层主要为基岩，可采用天然地基，材料库等附属建（构）筑物基础埋深较浅，基底存局部存在①$_1$ 层角砾（图 14-16），难以满足变形要求，需要进行地基处理。主厂房、锅炉房区基坑由－6.0m～－7.0m 采用砂砾石回填至－2.5m～－3.0m，压实的砂砾石作为辅机基础的地基。

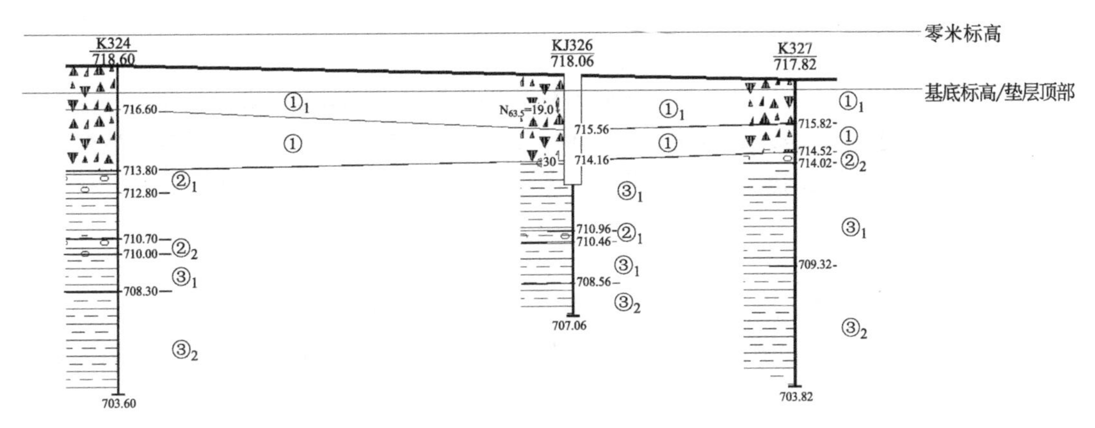

图 14-16 附属建（构）筑物地段代表性地层剖面

14.8.2 砂砾石垫层施工

1. 基坑开挖与验槽

（1）基础埋深在 5.0m 以内的基坑开挖时，应采用放坡开挖，角砾层放坡坡率可取 1∶0.50～1∶0.75，基岩层放坡坡率可取 1∶0.50；基础埋深为 5m 或大于 5m 的建（构）筑物，基坑采用放坡开挖时，角砾层放坡坡率可取 1∶0.75～1∶1.00，基岩层放坡坡率可取 1∶0.50～1∶0.75；基槽如无法进行放坡开挖时，应进行支护；

（2）基坑开挖至设计标高前应预留 0.3m 厚保护土层，辅以人工开挖，避免对基底的扰动；

（3）基坑开挖工作完成后，应会同建设、监理、设计和地质工代进行验槽，合格后方可进行下一步施工。

2. 砂砾石填料

（1）采用混合料作为地基回填料，混合料选用场地开挖的角砾料（清除表层 50cm 厚粉砂层，大于 2mm 颗粒含量超过 70%）和外运骨料（粒径 3～5cm）按 7∶3 比例混合，并拌合均匀；

（2）施工时应对每批骨料进行筛分试验，结果要满足设计要求；

（3）开挖的角砾料要求对碎块进行破碎，碎块粒径不宜大于5cm或对角砾中混有的砾岩碎块、砂岩碎块进行清除。

3. 垫层施工及质量控制

（1）碾压机械采用工作质量不小于20t振动压路机；

（2）垫层按每层虚铺厚度400mm，表面应整平，每层铺填厚度允许偏差为±50mm；

（3）含水量控制在5%左右；

（4）碾压顺序：每层虚铺后平碾（不振动）一遍，而后振动（高振）碾压6遍，碾的摆幅宽度为2/3碾宽，即压茬1/3碾宽，机械行驶速度控制在2km/h以内；

（5）基坑边沿部位应专门用夯锤等小型压实机压实，以保证整个垫层的密实性；

（6）工程碾压施工结束后，应对碾压层的质量进行检测。混合料的最大干密度为2.11g/cm^3，压实系数不小于0.97，地基承载力特征值350kPa。

14.8.3 变形监测

本工程投运以来，主厂房、锅炉房内辅机运行正常，辅机基础砂砾石地基未发生沉降变形问题。对包括主厂房及其他附属建（构）筑物地段的338个点进行了施工期变形监测，本节主要选择了基础埋深浅，采用混合料换填地基的建（构）筑物的变形进行效果分析。

1. 材料库

材料库共布设沉降观测点4个，施工期共进行10次沉降观测（图14-17）。开始时间为2015年7月，统计截止时间为2018年1月。监测结果显示：4个监测点中，最大累计沉降量为7.48mm，最小累计沉降量为4.33mm。最后一期平均沉降速率为0.029mm/天。从变形资料分析，材料库的变形速率还没完全收敛，但变形量满足变形稳定要求。

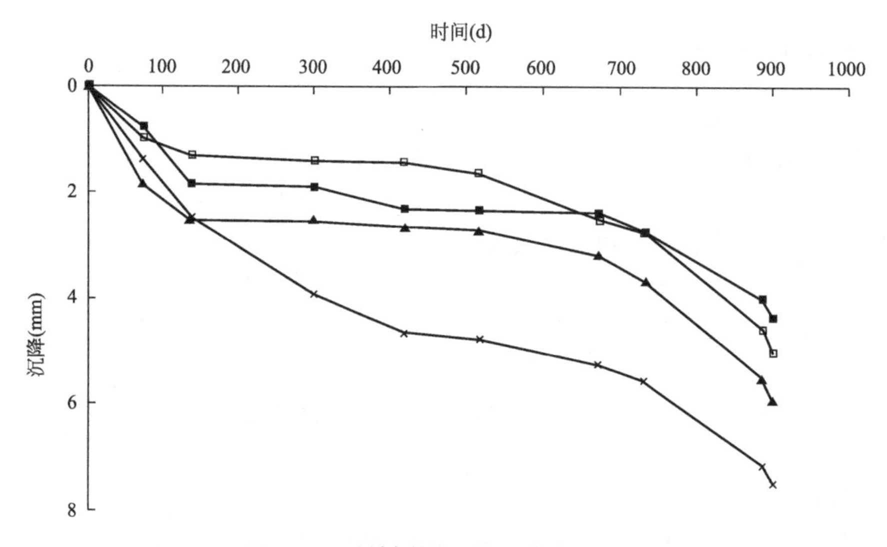

图14-17 材料库施工期沉降变形曲线

2. 锅炉补给水处理室

锅炉补给水处理室共布设沉降观测点5个，施工期共进行7次沉降观测（图14-18）。

开始时间为 2016 年 5 月，统计截止时间为 2018 年 1 月。监测结果显示：5 个监测点中，最大累计沉降量为 5.68mm，最小累计沉降量为 3.27mm。最后一期平均沉降速率为 1.25mm/100 天。从变形资料分析，锅炉补给水处理室的变形速率已基本收敛，变形量满足变形稳定要求。

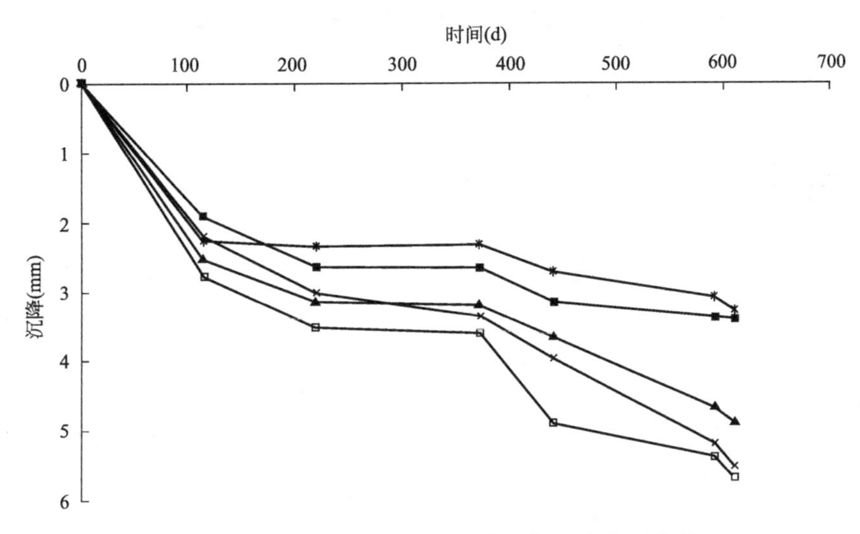

图 14-18 锅炉补给水处理室施工期沉降变形曲线

3. 浆液循环水泵房

浆液循环水泵房共布设沉降观测点 5 个（其中 2 号观测点后期损坏），施工期共进行 7 次沉降观测（图 14-19）。开始时间为 2016 年 5 月，统计截止时间为 2018 年 1 月。监测结果显示：5 个监测点中，最大累计沉降量为 3.95mm，最小累计沉降量为 2.68mm。最后一期平均沉降速率为 0.9mm/100 天。从变形资料分析，浆液循环水泵房的变形速率还没完全收敛，但变形量很小，满足变形稳定要求。

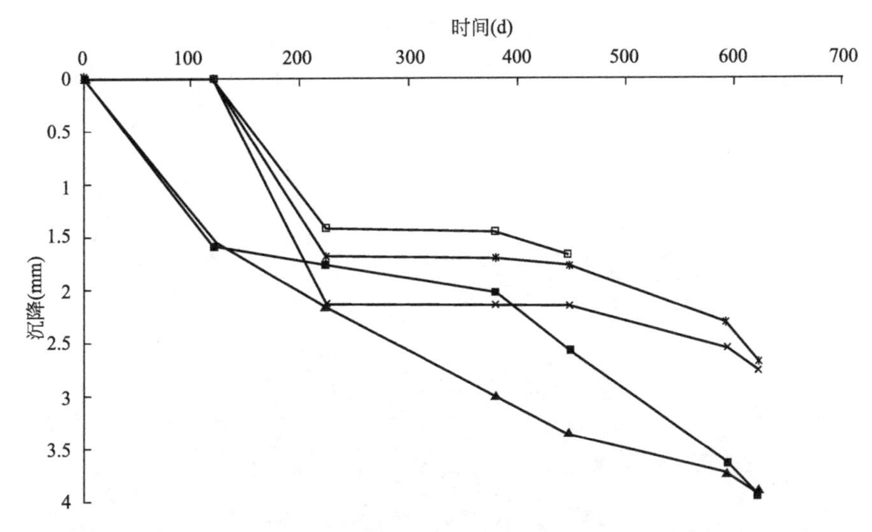

图 14-19 浆液循环水泵房施工期沉降变形曲线

第 15 章 【实录 9】印尼国华穆印煤电项目 2×150MW 发电工程

15.1 工程概况

国华印尼穆印电厂位于印度尼西亚南苏门答腊省 MAURA ENIM 县城北西方向约 37km 处的 Dangkau 村，距离北东方向的 PRABUMULIH 特区约 23km，厂址坐落在 S. Lemating 河上游的右岸，与联营煤矿相距约 5km。电厂一期工程建设 2×150MW 机组，并留有扩建余地。

本工程是具典型意义的“煤电一体化”开发建设项目，为北京国华电力有限责任公司充分利用当地的煤炭资源，在穆印县境内同步建设煤矿及燃煤坑口电站，采用 BOO 模式（Build—Own—Operate，即建设—拥有—经营）。由于是中国公司在印尼的建设项目，业主对勘察和设计提出了更高的要求，需不断地优化技术方案，节约工程投资。厂区不同成因的高塑性黏性土层垂向及平面分布均匀性很差，地基需考虑不均匀变形问题，地基基础方案选择受到当地条件的制约，复杂环境、复杂地层结构条件下采用砂砾石垫层地基处理在印尼工程应用中的突破和创新，取得了良好的经济和社会效益。岩土工程勘察和试验工作始于 2007 年，终于 2009 年。一期工程两台机组于 2009 年 07 月开工建设，2011 年 11 月正式投产（图 15-1），项目的建成对印尼当地经济建设具有十分重要的意义。该项目曾获 2013 年度陕西省优秀工程勘察二等奖。

图 15-1 印尼国华穆印煤电项目 2×150MW 发电工程全景

15.2 场地岩土工程条件

厂区及周边属于丘陵地貌，原始地形起伏较大，地面高程 18.5～36.8m，最大高差约 18.3m。工程场地位于区域范围内地势最高的缓丘上，内有 5 条深切冲沟分布，植被主要为橡胶树，树木根系较为发育，见图 15-2。

图 15-2 工程场地原始地貌

根据区域地质资料，厂区位于 DRIUMBE MUANG 背斜的北翼，在场地范围内南北方向的倾角为 3°～5°，倾向北北东。工程场地主要分布的地层为素填土和上第三系中新统（N1）的 Muaraenim 沼泽相或三角洲相沉积建造，主要由凝灰质黏土、粉土、粉砂及褐煤组成，其厚度巨大。据已有资料，其厚度约为 200～700m，整合覆盖于始新统的 Air Benakat 地层之上。从地质时代来看，该地层属于第三系泥砂岩建造，但其成岩很差，微胶结或无胶结，局部为半成岩状态，故勘察工作中基本按照土的分类方法对其进行了归类和研究。勘探深度 50m 深度范围内分为 5 大层，各层中还分布夹层，场地地层情况见表 15-1，有关地基土物理力学指标见表 15-2。

场地地层分布情况表　　表 15-1

层号	地层名称	层厚(m)	岩性特征
①	粉质黏土	0.5～2.0	黄褐色，稍湿—湿，可塑—硬塑，土质不均，混杂大量角砾及砂砾
②	粉质黏土	0.4～3.0	棕红色—灰白色，湿，可塑—硬塑，土质不均，混杂多量砂砾
$②_1$	粉砂	0.5～5.5	灰白色—棕红色，湿—饱和，松散，砂质不纯，混有大量粉粒及黏粒
$②_2$	粉质黏土	0.4～5.5	棕红色—灰白色，湿—饱和，软塑—可塑，土质较均匀，混杂少量砂砾

续表

层号	地层名称	层厚(m)	岩性特征
③	黏土	0.3～12.8	灰色，湿—饱和，硬塑为主，局部可塑，个别层位有半胶结现象，土质较均匀，有粉土及粉砂薄夹层
③$_1$	粉土	0.4～10.4	灰色，湿—饱和，中密—密实为主，局部为稍密，土质不均，有多层粉砂和黏土的薄夹层
③$_3$	煤岩	0.1～1.2	灰褐色—黑色，稍湿，成分为碳质材料(煤)及黏土，或粉土，生物结构，可见植物木纹理，遇水或日光暴晒易开裂成碎块
③$_4$	黏土	0.3～12.8	灰色，湿—饱和，硬塑为主，局部可塑，个别层位有半胶结现象，土质较均匀，有粉土及粉砂薄夹层
④	黏土	0.5～8.6	灰色，湿—饱和，硬塑—坚硬为主，局部可塑，个别层位有半胶结现象，土质较均匀，有粉土及粉砂薄夹层
④$_1$	粉土	0.5～9.1	灰色，湿—饱和，中密—密实为主，局部为稍密，土质不均，有多层粉砂和黏土的薄夹层
④$_2$	粉砂	0.7～8.4	灰色—灰白色，湿—饱和，松散—稍密，局部稍密或中密，砂质不纯
④$_3$	煤岩	0.4～2.1	灰褐色—黑色，稍湿，成分为碳质材料(煤)及黏土，或粉土，生物结构，可见植物木纹理，遇水或日光暴晒易开裂成碎块
⑤	黏土	1.6～5.9	灰色，湿—饱和，硬塑—坚硬，土质较均匀
⑤$_1$	粉土	1.0～3.6	灰色，湿—饱和，中密，土质不均，有多层粉砂和黏土的薄夹层

地基土主要物理力学性质指标　　表 15-2

指标		②粉质黏土	②$_1$粉砂	②$_2$粉质黏土	③黏土	③$_1$粉土	③$_4$黏土	④黏土	④$_1$粉土	④$_2$粉砂	⑤黏土	⑤$_1$粉土
天然含水量 w(%)		30.9	23.4	47.8	45.5	35.5	49.3	42.9	38.7	42.6	46.1	38.8
天然重度 γ(kN/m^3)		18.4	19.5	16.9	16.8	18.5	16.7	17.1	16.7	17.3	16.7	17.9
比重 G_s		2.66	2.66	2.63	2.64	2.59	2.64	2.60	2.62	2.59	2.65	2.67
孔隙比 e		0.904	0.680	1.292	1.294	0.904	1.367	1.180	1.178	1.133	1.333	1.125
饱和度 s_r(%)		90.1	91.3	95.8	91.9	99.7	94.1	93.5	86.5	95.2	92.3	91.9
液限 w_L(%)		86.8		107.0	88.4	63.4	101.7	81.9	72.0		87.1	66.8
塑限 w_p(%)		29.1		40.3	34.7	28.0	34.9	31.0	32.8		37.8	32.8
塑性指数 I_P		57.7		66.7	53.8	35.4	66.8	50.9	39.3		49.4	34.0
液性指数 I_L		0.03		0.12	0.23	0.22	0.22	0.24	0.19		0.19	0.02
渗透系数 k_v 10^{-6}(cm/s)		9.32	11.50	2.54	2.57	5.00	1.58	2.27	1.97	27.3	0.43	1.00#
抗剪强度(直剪固快)	c(kPa)	30.1*	30.3*	40.4*	37.4*	35.9*	41.2*	29.5*		25.0		
	φ(°)	24.4*	24.1*	19.0*	24.5*	21.7*	13.0*	25.3*		32.1		

续表

指标		②粉质黏土	②$_1$粉砂	②$_2$粉质黏土	③黏土	③$_1$粉土	③$_4$黏土	④黏土	④$_1$粉土	④$_2$粉砂	⑤黏土	⑤$_1$粉土
抗剪强度（快剪）	c (kPa)	79.0	88.0	66.6		54.9	56.7	66.0	32.0	55.7	40.0	
	φ(°)	15.9	6.9	15.0		5.9	24.1	13.7	18.8	11.7	25.9	
压缩系数 a_{1-2}(MPa^{-1})				0.260	0.190	0.185	0.231	0.291	0.191	0.387	0.118	0.193
压缩模量 E_{s1-2}(MPa)		12.0	10.0	8.3	14.2	10.9	13.0	11.2	11.7	7.60	25.2	11.0
无侧限抗压强度 Q_u(kPa)		226.7		146.0	174.9	109.0	130.5	101.7	87.0			
灵敏度 S_t		1.85		1.60	1.51	1.60	1.73	1.53	1.40			

注：表中带 * 为标准值。

凝灰质黏土是厂区主要的地层（图 15-3、图 15-4），其工程性能特殊，物理力学指标不同于常规细粒土。根据土工试验结果，作为主要持力层和下卧层的③层黏性土，具有高含水量、高饱和度、高塑性（液限、塑限）及高孔隙比，同时具有力学强度和压缩性差异大的特点，其工程性能和国内的红黏土有一定的相似性，物理力学指标对比见表 15-3。

图 15-3 试坑揭露地层

图 15-4 钻孔揭露地层

中国境内红黏土和印尼凝灰质黏土主要物理力学指标对比 表 15-3

类别	分布	含水量 w(%)	饱和度 S_r(%)	液限 w_L(%)	塑限 w_P(%)	塑性指数 I_p	孔隙比 e	压缩模量 E_{s1-2} (MPa)	无侧限抗压强度 q_u (kPa)
红黏土	主要分布在中国南方	30～60	>95	50～100	25～55	25～30	1.1～1.7	6.0～16.0	200～400
灰色凝灰质黏土	主要分布在印尼苏门答腊岛	34～58	75～100	29～112	31～82	10～72	1.0～1.8	9.0～42.0	60～363

厂区自上而下有潜水和多层微承压水分布。表层残积土中一般有潜水（上层滞水）分布，②$_1$ 层粉砂为含水层，但其厚度很小、渗透性一般，且分布范围小。下部地下水为第三系粉砂层中赋存的承压水，根据工程地质勘探资料和现场调查，埋深在 40m 以下。

潜水地下水位埋深为 1.30～7.55m，年变幅约 2m。地下水对混凝土结构具弱腐蚀性，对钢筋混凝土结构中的钢筋具微腐蚀性。土对混凝土结构具弱腐蚀性，对钢筋混凝土结构中的钢筋具微腐蚀性。

15.3　地基处理方案简介

通过对地基土工程性能进行详细的分析和研究，认为虽然灰色黏性土的时代较早（第三系），但其成岩性很差，地层含水量高，地基承载力偏低，工程性能差且不均匀。根据总平面布置方案，主厂房、锅炉、烟囱区域地形起伏大，中部有一小冲沟分布，按照确定的零米标高和建（构）筑物基础埋深，局部区域基础底面距③层持力层一定距离，这样电厂主要建（构）筑物无法采用天然地基，而需要采用人工地基。

结合场地条件分析，可采用的地基基础方案有预制桩、钻孔灌注桩和砂砾石垫层换填处理等。其中，预制桩通桩难度大，在本场地使用需要采取引孔等技术措施；钻孔灌注桩在印尼国内当时没有过工程实践，无合格的施工单位来满足技术要求，若采用该方案需要从国内调遣设备，造价高昂。砂砾石垫层虽然在印尼也无工程实践可参考，但该方案在熟悉其技术条件的中方人员在场的情况下，无需使用大型的特殊机械，费用较低，为可以实施的方案，主厂房至烟囱区域砂砾石垫层与桩基础经济指标比较见表 15-4。工程中按照设计要求开展了砂砾石垫层现场原体试验。

主厂房至烟囱区域砂砾石垫层与桩基础经济指标比较　　表 15-4

项目	砂砾石垫层	桩基础
处理参数	4m 厚	桩长 28m(ϕ800 灌注桩)
工程量(m^3)	84045	16881(1200 根)
单价(元/m^3)	330	2870
总价(万元)	2773	4845

15.4　砂砾石垫层试验目的和内容

砂砾石垫层试验的目的是验证换填处理方案的适宜性，试验的内容包括：

（1）选择最佳的回填材料，对砂砾石料的不均匀系数、含泥量、颗粒级配、强度等提出要求；

（2）通过相对密度试验确定砂砾石材料的最大干密度；

（3）根据试验所采用的换填材料，确定适宜的压实设备和施工机具；

（4）确定最佳的施工工艺，为设计、施工和质量控制确定合理的技术参数；

（5）进行现场静载荷试验，确定砂砾石垫层的地基承载力特征值、变形模量、基床反力系数等。

15.5　砂砾石垫层材料

在试验开始前期，对建筑用砂砾石进行了调查。建设项目场地周边可用的建筑材料非常缺乏，附近河段可开采的主要为粉细砂，且含泥量高，可用于建筑的很少，天然级配的砂砾石就更为少见。位于厂区以西约 120km 处 LAHAT 附近的河流中出产天然砂砾石（圆砾），成分为灰岩、石英砂岩及部分硬质火山岩（安山岩），级配较好，含泥量小于 5%，储量丰富，岩石抗压强度平均值为 54.5MPa，材料能满足砂砾石垫层的要求，见图 15-5、图 15-6。取砂砾石 3 组进行击实试验和相对密度试验，击实试验确定的最大干密度为 2.09～2.13 g/cm^3，平均值为 2.11g/cm^3。相对密度试验确定的最大干密度为 2.15～2.19g/cm^3，平均值 2.18g/cm^3，最小干密度范围值为 1.68～1.79g/cm^3，平均值为 1.76 g/cm^3。

图 15-5　天然砂砾石

图 15-6　筛选后的 20～50mm 卵石料

15.6　砂砾石垫层试验施工

15.6.1　场地选择

试验场地位置由建设、设计、施工与试验单位现场确定。试坑尺寸 25m×30m，开挖深度 2.5m，基底标高约 20.0m，地层为②层粉质黏土，见图 15-7。

图 15-7　试验场地

15.6.2 压实机械与工艺

试验采用的机械为 INGERSOLL-RAND 公司生产的 SD-100D 型振动压路机，自重 10t，激振力为 245kN/165kN，频率 30Hz，额定功率 92kW。

确定的施工工艺如下：

① 根据确定的试验场地，现场定位并放出开挖线，基底标高以上 0.3m 厚的土层由人工开挖，基坑开挖至基底标高并验收合格后，立即进行垫层的施工；

② 在试验基坑内分 6 层铺填，每层虚铺 400mm，含水量控制在 5%～8%，铺填过程需避免粗颗粒集中；

③ 每层平碾 1 遍，而后振动碾压 6 遍，碾压压茬为 1/3，机械行驶速度 2.0km/h；

④ 每层碾压完成后，测定该层的密度、含水量、颗粒级配等指标。测试数量为每层取 6 点，检测合格后再进行下一层铺填碾压。

15.7 砂砾石垫层检测

15.7.1 测试项目和工作量

砂砾石垫层施工效果检测采用筛分试验、密度与含水量试验、静载荷试验等方法，完成工作量见表 15-5。

砂砾石垫层试验检测工作量一览表　　表 15-5

序号	测试项目	单位	规格	数量	备注
1	筛分试验	组		6	
2	密度与含水量试验	组		33	密度试验采用灌水法
3	静载荷试验	点	压板面积 0.50m^2	3	

15.7.2 颗粒级配

从现场进行的筛分试验结果看，垫层材料颗粒级配基本相近，砂砾石料的粗颗粒含量（$d>5$mm）为 60%～75%，细颗粒含量（$d<5$mm）为 25%～40%。不均匀系数 C_u 最大值为 48.5，最小值为 38.1，平均值为 44.2。曲率系数 C_c 最大值为 3.5，最小值为 0.2，平均值为 2.3，代表性颗粒级配曲线见图 15-8。

15.7.3 密度与含水量

密度与含水量试验成果见表 15-6。实测平均干密度为 2.30g/cm^3，压实系数一般在 1.0 以上，现场试验干密度大于室内确定的最大干密度主要原因是现场的压实功率较大。现场实测含水量为 3.8%～7.9%，平均含水量为 5.6%。

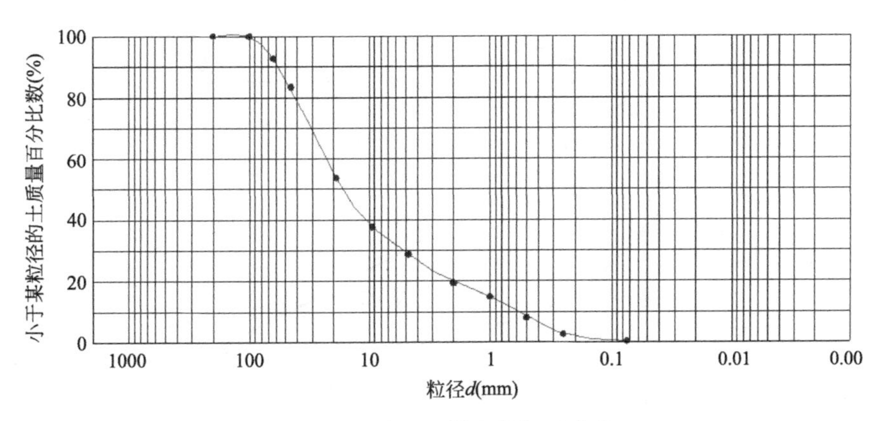

图 15-8 砂砾石料颗粒级配曲线

各碾压层密度、含水量试验成果表　　表 15-6

层号	平均含水量 w(%)	平均干密度 ρ_d(g/cm^3)	平均压实系数 λ_c
第一层	5.9	2.30	1.06
第二层	4.6	2.18	1.00
第三层	5.4	2.26	1.04
第四层	6.8	2.33	1.07
第五层	5.4	2.35	1.08
第六层	5.9	2.35	1.08

15.7.4 静载荷试验

静载荷试验采用面积为 0.50m^2 的圆板，堆载法提供反力。试验采用相对稳定法加荷，加荷等级为 100kPa，试验最大压力 1200kPa，试验成果见图 15-9～图 15-11 和表 15-7，从 3 个点的试验结果看均未进入极限状态。

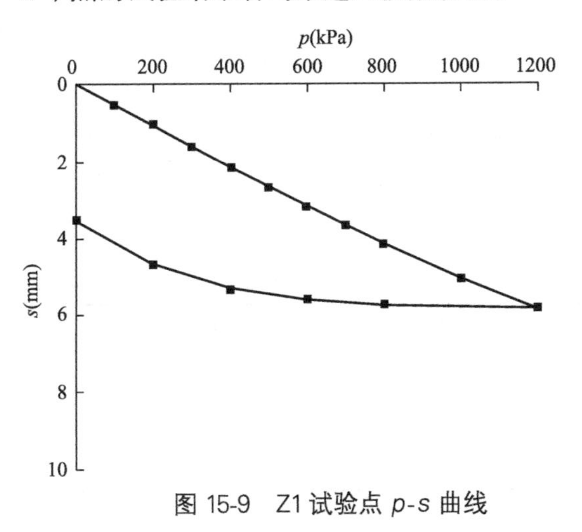

图 15-9 Z1 试验点 p-s 曲线

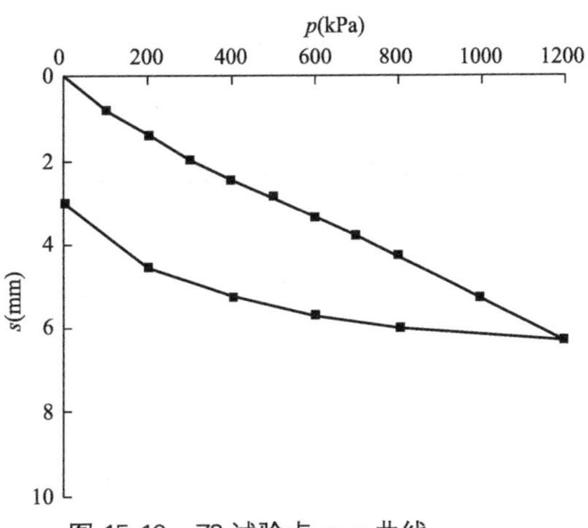

图 15-10 Z2 试验点 p-s 曲线

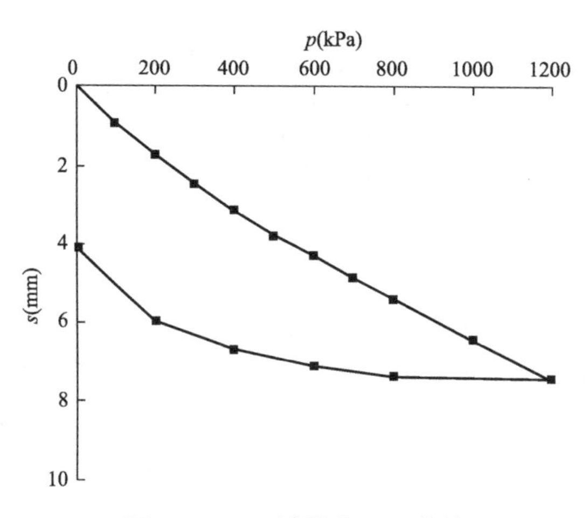

图 15-11　Z3 试验点 p-s 曲线

静载荷试验成果　　表 15-7

试验点号	Z1	Z2	Z3
最大试验荷载(kPa)	1200	1200	1200
地基最大沉降(mm)	5.86	6.31	7.52
最大回弹量(mm)	2.33	3.16	3.33
回弹率(%)	39.8	50.1	44.3
s/d=0.01 对应的承载力值(kPa)	>1200	>1200	>1200
地基承载力特征值(kPa)	600	600	600
变形模量 E_0(MPa)	97.1	91.4	70.8
载荷试验基床系数 K_v(kN/m^3)	13.0×10^4	17.3×10^4	18.6×10^4

15.8　工程应用及效果

15.8.1　砂砾石垫层设计

通过分析论证，电厂主要建（构）筑物地基处理采用砂砾石垫层换填方案，总平面设计将主要建（构）筑物布置在地形相对较高的位置，避免换填厚度过大，砂砾石垫层处理设计见表 15-8。

主要建（构）筑物砂砾石垫层处理汇总表　　表 15-8

建筑地段	砂砾石垫层厚度(m)	垫层下卧层
烟囱	7.0	③
主厂房	4.0	③、③$_1$、④、④$_1$
锅炉	≥4.0	③、③$_1$、④、④$_1$、⑤

续表

建筑地段	砂砾石垫层厚度(m)	垫层下卧层
集中控制楼	≥3.0	③$_4$、④、④$_1$、⑤
汽机大平台	2.0～4.0	③、③$_1$、④、④$_1$
汽机基座	≥6.0	③
碎煤机室	2.5	③$_4$、④、④$_1$、⑤
5# 转运站	≥2.0	③$_4$、④、④$_1$、⑤

以烟囱地基处理为例，±0.00m 标高相当于 MSL 标高 26.0m，基础埋深 6m，则基底标高为 20.0m。烟囱地段自然地面标高为 18.37～19.61m，上部土层工程性能差，设计砂砾石垫层厚度 7.0m，即垫层底面标高为 13.0m，垫层底面超出基础边 4.0m。砂砾石垫层的施工要求按每层虚铺厚度 400mm，含水量 5%～8%，基准最大干密度 2.25g/cm^3，压实系数不小于 0.97，地基承载力特征值不小于 500kPa。

15.8.2 砂砾石垫层施工

基坑采用大开挖至设计标高（用机械进行大开挖时，在基坑底部预留 500mm 厚的原状土采用人工开挖），将持力层上部的软弱土层全部清除，开挖完成后，经地质工代验槽，并经施工监理确认后进行砂砾石垫层施工。在基坑开挖深度内出现地下水时，基坑内还需要采取有效的降、排水措施，避免基坑内积水。砂砾石每层虚铺厚度 400mm，铺填完成后先平碾 1 遍，而后振动碾压 6 遍，碾压压茬为 1/3，机械行驶速度 2.0km/h。施工结束后，经对垫层的质量进行检测，满足设计要求。图 15-12 为烟囱地基基础施工。

图 15-12 烟囱地基基础施工

15.8.3 变形监测

电厂建设从施工开始就安排了沉降观测工作，沉降观测过程曲线见图 15-13～图 15-15。从建（构）筑物沉降结果来看，沉降变形情况为：1# 锅炉在投入运行 8 个月后沉降最大值为 93.71mm，沉降差符合要求；烟囱沉降最大值为 94.10mm，沉降均匀；化验楼沉降最大值为 119.05mm，沉降均匀；其余建筑物沉降变形小。虽然建（构）筑物变形尚未稳定，但总体表现为后期沉降减缓，预测建（构）筑物沉降量和沉降差可控制在变形允许值150～200mm 范围内。

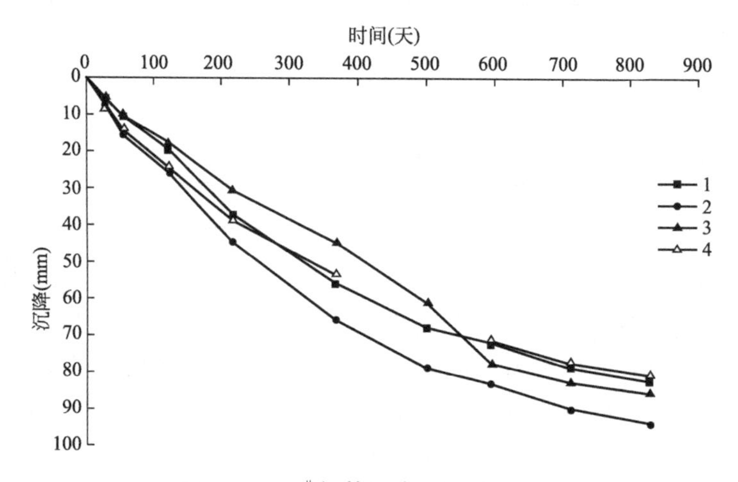

图 15-13　1# 锅炉沉降观测过程曲线

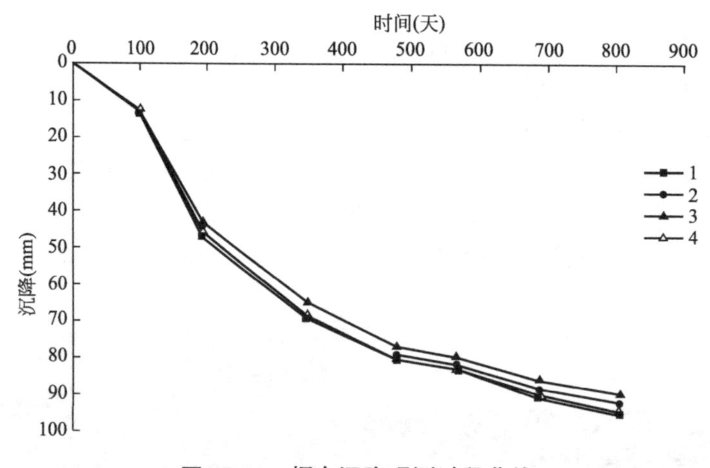

图 15-14　烟囱沉降观测过程曲线

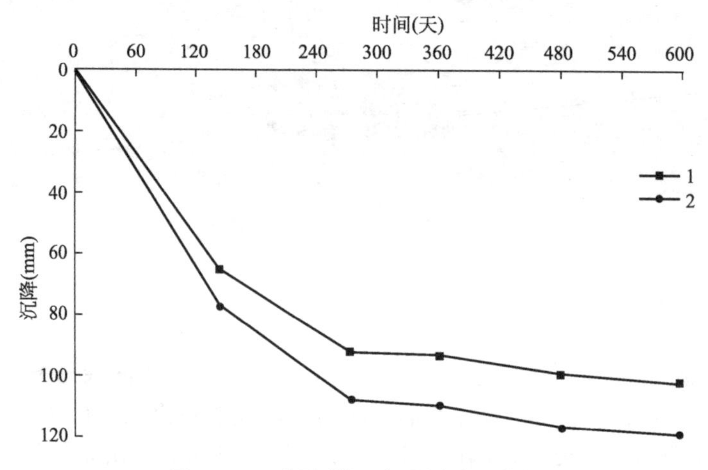

图 15-15　化验楼沉降观测过程曲线

本工程采用砂砾石垫层地基处理的建（构）筑物与其他同类工程相比沉降变形总体较大，分析主要为下卧层高塑性黏性土的变形。

15.8.4 总结

印尼凝灰质黏性土具有含水量高、孔隙比大和高塑性等特殊的工程性能。对厂区地基基础方案的全面、综合论证，总平面的优化布置和适时调整，使得砂砾石垫层处理方案得以在本场地得到实施，降低了工程造价，加快了工程进度。建（构）筑物沉降观测分析表明，沉降量和沉降差可控制在规定的范围内，地基处理总体是成功的。

附录 A　砂砾石垫层地基试验大纲编制要点

A.1　前言

A.1.1　工程概况

拟建工程地理位置，交通情况，主要城市、铁路、公路、河流等与工程场地的关系（附地理位置示意图）；拟建工程的工程概况，介绍工程规模、投资方、勘察和设计单位。

A.1.2　试验目的与任务

试验的主要目的与任务通常包括：砂砾石垫层换填处理方案的适宜性；确定适宜的施工机具；确定最佳的回填材料；确定砂砾垫层承载力特征值；准确评价砂砾石垫层地基处理的实际效果，确定设计、施工及质量控制标准等参数。

A.1.3　试验依据及遵循的技术标准

（1）《砂砾石垫层试验任务书》；
（2）《岩土工程勘察报告》；
（3）《建筑地基处理技术规范》JGJ 79；
（4）《电力工程地基处理技术规程》DL/T 5024；
（5）《建筑地基检测技术规范》JGJ 340；
（6）《建筑地基基础设计规范》GB 50007；
（7）《地基动力特性测试规范》GB/T 50269；
（8）《土工试验方法标准》GB/T 50123；
……

A.2　试验条件及要求

A.2.1　场地岩土工程条件

场地地形地貌，地层岩性，地基土的主要物理力学性质指标，地下水埋藏条件，岩土工程主要评价结论等。

A.2.2　地基处理方案简介

根据场地岩土工程勘察资料，分析建（构）筑物基础持力层能否满足天然地基的要求，设计单位和咨询机构（项目审查单位）对地基基处方案的意见，砂砾石料的类型、来源和地基处理的适宜性分析，砂砾垫层厚度，拟处理的建（构）筑物类型，垫层地基承载力特征值要求等。

A. 2. 3　试验任务要求

确定砂砾石料分布范围、可开采厚度、颗粒级配及含泥量，可开采储量及运距等；砂砾石垫层地基不同单层虚铺厚度方案，压实系数和垫层地基承载力要求，要求的测试内容和指标。

A. 3　试验内容及工作量

试验内容包括：垫层材料选择与室内试验，垫层碾压试验，垫层地基检测。按表 3-1 列出试验工作量。

A. 4　试验方案设计

试验场地位置和整个工程项目布置的关系，试验设计参数，试坑开挖及垫层碾压施工工艺，试验工作流程，试验成果要求等。

A. 5　垫层地基检测内容

垫层压实程度检测，颗分试验，密度与含水量试验，静载荷试验，循环荷载板试验，模型基础动力参数测试，基础抗滑试验，波速测试，动力触探试验等。

A. 6　试验仪器设备

砂砾石垫层试验配置的施工设备和主要检测仪器设备。检测用计量器具必须在计量检定或校准周期的有效期内。仪器设备性能应符合相应检测方法的技术要求。

A. 7　试验组织及进度

试验场地平整，道路修筑，供水供电需求；试坑开挖、降排水和基坑加固处理；人员组织及试验时间计划安排。

A. 8　安全技术措施

施工现场所有设备、设施、安全装置、工具配件以及个人劳保用品，施工区域警示牌，带电设备配备有可靠的防漏电安全保护装置，试验设备的运输、装卸、吊装安全，载荷试验台设置安全标志和防护设施，工程应急措施等。

附件

附件 1　砂砾石垫层试验任务书
附件 2　试验场地平面位置示意图
附件 3　砂砾石料颗粒级配曲线
附件 4　试验工作量一览表
附件 5　试验时间计划图表
……

附录B　砂砾石垫层地基试验报告编制要点

B.1　前言

工程概况，任务来源及要求，试验目的，垫层试验完成工作量，试验工作的有关说明。

B.2　试验要求和技术依据

B.2.1　试验要求

砂砾石垫层试验的内容及依据《砂砾石垫层试验任务书》和《砂砾石垫层试验大纲》。

B.2.2　试验所依据的技术标准和文件

列出试验执行的规程、规范、有关文件及参考资料。

(1)《砂砾石垫层试验任务书》;

(2)《砂砾石垫层试验大纲》;

(3)《岩土工程勘察报告》;

(4)《建筑地基处理技术规范》JGJ 79;

(5)《电力工程地基处理技术规程》DL/T 5024;

(6)《建筑地基检测技术规范》JGJ 340;

(7)《建筑地基基础设计规范》GB 50007;

(8)《地基动力特性测试规范》GB/T 50269;

(9)《土工试验方法标准》GB/T 50123;

……

B.3　场地岩土工程条件

B.3.1　地形地貌

简介工程场地的地貌单元及地形，不良地质作用及地表附着物描述。

B.3.2　地层岩性

各层岩土的岩性描述及分布特征介绍。

B.3.3 地基土主要物理力学性质

主要物理力学性质指标及地基承载力特征值。

B.3.4 地下水埋藏条件

简要描述地下水类型、水位埋深及升降幅度。

B.3.5 岩土工程主要评价结论

主要岩土工程问题的评价结论。

B.4 地基处理方案简介

垫层地基方案的介绍。设计单位和咨询机构（项目审查单位）对地基基处方案的意见，砂砾石料的类型、来源和地基处理的适宜性分析，砂砾垫层厚度，拟处理的建（构）筑物类型，垫层地基承载力特征值要求等。

B.5 试验设计和施工

B.5.1 试验方案及流程

垫层试验采用的材料，单层虚铺厚度及振动碾压遍数，试验流程等。

B.5.2 试验场地选择

试验场地的位置（图 B-1），坐标、标高，试坑面积、深度及试坑底土层。

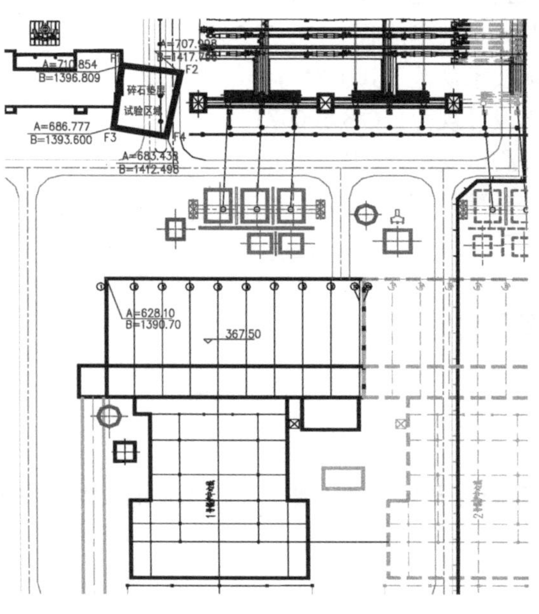

图 B-1 试坑位置示意图

B.5.3　垫层材料

（1）料场选定：料场位置，储量、开采及运输条件。

（2）颗粒组成：砂砾石料和人工碎石料混料（不过筛）颗粒级配、含泥量、不均匀性等，粗、细颗粒的比例，不均匀系数和曲率系数，颗粒级配曲线。人工混料配比比例及拌合要求。

（3）相对密度：垫层材料的最大干密度（即最大干密度基准值），以及与实际碾压效果的关系。

B.5.4　碾压机械与工艺

碾压机械生产厂家，主要参数等，碾压工艺要求。

B.5.5　碾压施工

垫层碾压施工起始时间，实际铺填层数、虚铺总厚度及压实后厚度。

B.6　试验效果检测

B.6.1　垫层压实程度

压实程度实测值，垫层的压密性和均匀性等。

B.6.2　颗粒级配

垫层材料的粗、细颗粒比例，含泥量，不均匀系数和曲率系数，颗粒级配曲线和颗粒分析试验成果统计。

B.6.3　密度与含水量

垫层密度、含水量试验方法及成果统计，压实系数及压实性和均匀性分析。

B.6.4　静载荷试验

静载荷试验点平面位置，采用的承压板面积，试验仪器设备介绍，最大加载，分级情况，沉降观测、稳定标准，以及试验成果图表。

B.6.5　循环载荷板试验

循环荷载板试验平面位置，采用的承压板面积，试验仪器设备介绍，最大加载，沉降观测、稳定标准及试验成果。

B.6.6　模型基础动力参数测试

试验过程及原理简介，通过室内分析取得模型基础竖向、水平向与扭转振动幅频变化曲线。

B.6.7 基础抗滑试验

绘制水平剪力与垂直压力关系曲线，对水平剪力与垂直压力关系曲线，按库伦定理进行线性回归。

B.6.8 波速测试

试验过程简介，剪切波和压缩波波速。

B.6.9 动力触探试验

统计动力触探试验成果，绘制试验锤击数随深度变化曲线，确定垫层施工检测基准锤击数。

B.7 试验成果综合评价

B.7.1 垫层承载力

根据最大加载及是否进入极限状态，确定垫层地基的承载力特征值。

B.7.2 垫层变形模量

按垫层地基承载力特征值计算变形模量。

B.7.3 垫层基床反力系数

根据静载荷试验成果计算垫层地基的基床反力系数。

B.7.4 垫层静弹性模量与静剪切模量

根据循环荷载板试验成果，计算静弹性模量和静剪切模量，并修正分析计算结果。

B.7.5 垫层动弹性模量与动剪切模量

根据波速测试结果，计算动弹性模量、动剪切模量及动泊松比。

B.7.6 垫层动力参数

根据竖向、水平向与扭转振动幅频变化曲线，确定地基动力参数。

B.7.7 地基与基础的摩擦系数

根据对水平剪力与垂直压力关系曲线的线性回归结果，确定砂砾石垫层地基与混凝土基础的摩擦系数。

B.8 结论与建议

与砂砾石垫层地基原体试验内容相对应的检测结论和建议。

附件及附图表

报告一般包括以下附件及附图：

附件1　砂砾石垫层试验任务书

附件2　砂砾石垫层试验大纲

附件3　评审意见、会议纪要

附件4　砂砾石料相对密度、颗分试验报告

附件5　模型基础动力参数测试报告

附件6　波速测试报告

……

附图1　试验场地平面位置示意图

附图2　试验检测点平面位置示意图

附图3　试验颗粒级配曲线

附图4　试验颗粒级配曲线包线

附图5　静载荷试验曲线

附图6　动力触探试验曲线

……

附录C 砂砾石垫层地基检测报告编制要点

C.1 前言

C.1.1 工程概况

拟建工程地理位置，交通情况，工程规模，建设、勘察、设计监理和施工单位。

C.1.2 检测依据及目的

委托单位，设计要求，检测目的（如检验砂砾石垫层地基承载力、变形模量及地基整体均匀性是否达到设计要求等）。

C.1.3 检测所依据的技术标准和文件

列出检测执行的规程、规范和有关文件、资料。

(1)《地基检测任务委托书》;

(2)《垫层检测大纲》;

(3)《岩土工程勘察报告》;

(4)《地基处理技术要求》;

(5)《建筑地基处理技术规范》JGJ 79;

(6)《电力工程地基处理技术规程》DL/T 5024;

(7)《建筑地基检测技术规范》JGJ 340;

(8)《建筑地基基础设计规范》GB 50007;

(9)《土工试验方法标准》GB/T 50123;

……

C.1.4 检测方案及日期

各建筑地段地基设计参数和质量控制要求，各检测区位置、检测内容及设计要求、检测点布置及检测点的标高、场地标高、地基设计标高等关键技术要点。检测方法及工作量，检测日期。

C.2 场地岩土工程条件

场地地层岩性，地基土的主要物理力学性质指标，地下水埋藏条件等。

C.3 砂砾石垫层设计参数和要求

建（构）筑物类型，砂砾石料的类型、来源，砂砾垫层厚度，压实机械和施工工艺，质量控制和垫层地基承载力特征值、变形模量和压实系数等技术要求。

C.4 砂砾石垫层施工

施工方案和时间，施工机械，施工工艺，施工记录和施工过程质量检验（自检）情况。

C.5 检测方法与结果

密度和含水量试验、动力触探试验、静载荷试验、波速试验等检测方法，检测仪器设备，检测过程叙述。

检测数据，实测与计算分析曲线、表格和汇总结果。

C.6 检测结论

与检测内容相对应的检测结论。

附件及附图表

检测报告一般包括以下附件及附图：

附件1 地基检测任务或委托书

附件2 砂砾石垫层检测大纲

附件3 密度和含水量试验报告

附件4 波速测试报告

……

附图1 检测点平面位置示意图

附图2 颗粒级配曲线

附图3 静载荷试验曲线

附图4 动力触探试验曲线

……

参考文献

[1] 郭庆国.粗粒土的工程特性及应用 [M].郑州：黄河水利出版社，1998.

[2] 马凌云.砂石垫层料的工程特性及施工中应注意的问题 [J].西北水电，2003，2：13-15.

[3] 冯忠居，张永清.粗粒土路基的压实试验 [J].长安大学学报（自然科学版），2004（03）：9-12.

[4] 程纪敏.影响压实的因素及施工控制 [J].黑龙江交通科技，2006（01）：44-47.

[5] 梁旭，蔡袁强，王立忠等.轴对称荷载下软基砂石垫层沉降性状分析 [J].工业建筑，2001，31（7）：24-28.

[6] 周小文，龚壁卫，丁红顺等.砾石垫层-混凝土接触面力学特性单剪试验研究 [J].岩土工程学报，2005，27（8）：876-880.

[7] 吴迈，赵欣，王恩远.换填垫层设计方法研究 [J].河北工业大学学报，2007，36（4）：93-96.

[8] 胡孝平，陈巍，李宗森.MATLAB在换填法垫层厚度优化设计中的应用 [J].水利与建筑工程学报，2008，6（2）.

[9] 郭秋生，李欣.关于换填垫层厚度计算的探讨 [J].工业建筑，2008，38（sup.）：729-730.

[10] 李传勋，唐文栋.换土垫层法在桥梁浅基础设计中简化计算 [J].安徽建筑，2007，3：107-108.

[11] 王国强，钟轩明，单灿灿等.修正后的换土垫层厚度简化计算法 [J].合肥工业大学学报（自然科学版），2008，31（6）：905-908.

[12] 刘稚媛.砂垫层减震性能研究 [D].河北工业大学，硕士学位论文，2003.1.

[13] 赵少伟.砌体结构基础下砂垫层隔震性能试验研究 [D].河北工业大学，硕士学位论文，2004.1.

[14] 邹颖娴.砂砾石垫层的隔震性能研究 [D].西安建筑科技大学，硕士学位论文，2006.6.

[15] 李惠芳."换碎石垫层法"解决软弱地基上多层楼房的设计 [J].西北地质，1999（02）：52-54.

[16] 周宗勇.饱和黄土地基上砂石垫层设计 [J].山西建筑，1999，4：4-6.

[17] 王明芳.砂石垫层在软弱地基及膨胀土地基处理中的应用 [J].皖西学院学报，2005（02）：84-85.

[18] 黄质宏，蒙军.用碎石垫层处理岩溶区某商住楼软弱地基 [J].岩土工程界，2004（03）：40-42.

[19] 王德斌，常娟娟，银西达，黄质宏.碎石垫层处理软弱地基及其质量控制 [J].贵州大学学报（自然科学版），2010，27（05）：109-112.

[20] 吴国信.某高层建筑考虑砂石垫层处理地基与筏板基础共同作用的工程实践 [J].福建建筑，2010（05）：76-78.

[21] 叶洪东，吴东云，杜海金，刘乃仲.粗粒级配碎石垫层处理高层建筑地基工程实例 [J].煤矿设计，1999（05）：36-38.

[22] 李小华，潘云丹.冻胀土地基碎石垫层的应用 [J].黑龙江科技信息，2009（18）：289.

[23] 张玉平，罗文忠.寒冷地区渠道砂砾石垫层的设计 [J].水利技术监督，2009，17（04）.

[24] 砂砾石碾压垫层的工程性能与应用研究.西北电力设计院，2009.

[25] 垫层地基试验勘测导则.西北电力设计院，2010.

[26] 刘志伟.砂砾石碾压垫层的工程性能试验与研究 [D].西安建筑科技大学，硕士学位论文，2006.

[27] 董双田，刘志伟.粗颗粒土中非典型黄土勘察评价与地基方案优化 [J].中国科技信息，2015

(15)：147-149.

[28] 刘志伟，申汝涛，陈汉西，龚其银. 陕西秦华发电 2×600MW 工程非典型黄土勘察评价与地基处理实录 [J]. 陕西建筑，2019 (07)：148-154.

[29] 刘志伟，牛志强，鄢治华. 印尼凝灰质黏性土工程特性及地基方案优化 [J]. 电力勘测设计，2015 (S1)：59-63.

[30] 刘志伟，程东幸，张希宏. 粗颗粒盐渍土回填碾压试验研究 [J]. 工程勘察，2012，40 (06)：18-21.

[31] 刘志伟，张希宏. 砂砾石垫层的施工工艺试验研究 [J]. 工程勘察，2011，39 (06)：28-31.

[32] 刘志伟，高志芳. 砂砾石垫层地基的强度与变形特征试验研究 [J]. 电力勘测设计，2010 (06)：11-15.

[33] 刘志伟. 现场抗滑试验确定基底与砂砾石垫层地基的摩擦系数 [J]. 西部探矿工程，2010，22 (11)：15-17.

[34] 刘志伟，杨生彬. 碎石垫层在百万千瓦级机组主厂房地基处理中的应用 [J]. 电力勘测设计，2010 (02)：12-15.

[35] 高峰，王娜，史秀平. 压实机理及压实机械的发展 [J]. 建设机械技术与管理，2016，29 (09)：47-52.

[36] 万汉驰. 中国压实机械行业发展研究报告 [J]. 建设机械技术与管理，2018，31 (06)：15-23.

[37] 张泉. 压实机械的分类及工作特点 [J]. 黑龙江科技信息，2015 (17)：32.

[38] 李冰，焦生杰. 振动压路机与振动压实技术 [M]. 北京：人民交通出版社，2001.

[39] 中华人民共和国国家标准. 岩土工程勘察规范 GB 50021—2001 (2009 年版) [S]. 北京：中国建筑工业出版社，2009.

[40] 中华人民共和国国家标准. 建筑地基基础设计规范 GB 50007—2011 [S]. 北京：中国建筑工业出版社，2012.

[41] 中华人民共和国国家标准. 建筑边坡工程技术规范 GB 50330－2013 [S]. 北京：中国建筑工业出版社，2014.

[42] 中华人民共和国国家标准. 地基动力特性测试规范 GB/T 50269—2015 [S]. 北京：中国计划出版社，2016.

[43] 中华人民共和国国家标准. 土工试验方法标准 GB/T 50123—2019 [S]. 北京：中国计划出版社，2019.

[44] 中华人民共和国国家标准. 岩土工程基本术语标准 GB/T 50279—2014 [S]. 北京：中国计划出版社，2015.

[45] 中华人民共和国行业标准. 碾压式土石坝设计规范 SL 274—2001 [S]. 北京：中国水利水电出版社，2002.

[46] 中华人民共和国国家标准. 水工建筑物抗震设计标准 GB 51247—2018 [S]. 北京：中国计划出版社，2018.

[47] 中华人民共和国行业标准. 建筑地基处理技术规范 JGJ 79—2012 [S]. 北京：中国建筑工业出版社，2013.

[48] 中华人民共和国电力行业标准. 电力工程地基处理技术规程 DL/T 5024—2005 [S]. 北京：中国电力出版社，2005.

[49] 中华人民共和国行业标准. 建筑变形测量规范 JGJ 8—2007 [S]. 北京：中国建筑工业出版社，2008.

[50] 中华人民共和国行业标准. 建筑地基检测技术规范 JGJ 340—2015 [S]. 北京：中国建筑工业出

版社，2015.

[51] 中国电力工程顾问集团有限公司，中国能源建设集团规划设计有限公司. 电力工程设计手册. 岩土工程勘察设计 [M]. 北京：中国电力出版社，2019.6.

[52] 韩晓雷. 地基与基础 [M]. 北京：中国建筑工业出版社，2003.

[53] 葛勇，张宝生. 建筑材料 [M]. 北京：中国建材工业出版社，1996.

[54] 叶书麟，韩杰，叶观宝. 地基处理与托换技术（第二版）[M]. 北京：中国建筑工业出版社，1995.

[55] 阎明礼. 地基处理技术 [M]. 北京：中国环境科学出版社，1996.

[56] 甘肃平凉电厂工程冷却塔砂砾石垫层碾压试验报告 [R]. 西北电力设计院，1998.

[57] 内蒙古国华准格尔发电厂二期扩建工程冷却塔砂砾石垫层碾压试验报告 [R]. 西北电力设计院，2000.

[58] 华能济宁电厂 2×135MW 扩建工程冷却塔砂砾石垫层碾压试验报告 [R]. 西北电力设计院，2002.

[59] 宁夏石嘴山电厂（4×300MW）扩建砂砾石垫层碾压试验报告 [R]. 西北电力设计院，2001.

[60] 山西兆光发电有限责任公司 2×300MW 机组建设工程脱硫岛碎石垫层碾压试验报告 [R]. 西北电力设计院，2004.

[61] 山西兆光发电有限责任公司 2×300MW 机组建设工程汽车卸煤沟碎石垫层碾压试验报告 [R]. 西北电力设计院，2004.

[62] 宁夏宁东马莲台电厂（4×330MW）工程砂砾石垫层碾压试验报告 [R]. 西北电力设计院，2004.

[63] 国电石嘴山发电厂（2×330MW）技改工程砂砾石垫层碾压试验报告 [R]. 西北电力设计院，2004.

[64] 陕西省府谷电厂一期（2×600MW）工程碎石和砂砾石碾压垫层试验报告 [R]. 西北电力设计院，2005

[65] 山西霍州第二发电厂（2×300MW）工程初步设计阶段岩土工程勘测报告 [R]. 西北电力设计院，2003.

[66] 山西柳林发电厂二期（2×600MW）工程施工图设计阶段岩土工程勘察报告 [R]. 西北电力设计院，2005.

[67] 神华阳光发电有限责任公司扩建（2×135MW）煤矸石发电工程施工图岩土工程勘察报告 [R]. 西北电力设计院，2004.

[68] 华能段寨煤电一体化项目电厂一期 2×1000MW 工程砂砾石垫层碾压试验报告 [R]. 西北电力设计院，2009.

[69] 华电国际邹县电厂四期 2×1000MW 工程建筑地基处理方案专题报告 [R]. 西北电力设计院，2004.08.

[70] 华电国际邹县电厂四期 2×1000MW 工程主厂房、灰库地段岩土工程勘察报告 [R]. 西北电力设计院，2004.09.

[71] 华电国际邹县电厂四期 2×1000MW 工程碎石碾压垫层试验报告 [R]. 西北电力设计院，2004.12.

[72] 华电国际邹县电厂四期 2×1000MW 工程烟囱地基处理图 60-F11147Z-T0401 [R]. 西北电力设计院，2005.02.

[73] 华电国际邹县电厂四期 2×1000MW 工程主厂房、烟囱地段碎石垫层载荷试验检测报告 [R]. 西北电力设计院，2005.04.

［74］华电国际邹县电厂四期 2×1000MW 工程冷却塔地段碎石垫层载荷试验检测报告［R］. 西北电力设计院，2006.02.

［75］华电国际邹县电厂四期 2×1000MW 工程沉降观测记录（电子版）［R］. 山东电力建设第一工程公司，2009.07.

［76］华电国际邹县电厂四期 2×1000MW 工程沉降观测记录（电子版）［R］. 山东电力建设第三工程公司，2009.07.

［77］安徽铜陵发电厂六期“以大代小”改扩建 2×1000MW 机组工程碎石垫层碾压试验报告［R］. 西北电力设计院，2008.09.

［78］安徽铜陵发电厂六期“以大代小”改扩建 2×1000MW 机组工程主厂房烟囱及 5# 冷却塔地段岩土工程勘察报告［R］. 西北电力设计院，2009.03.

［79］安徽铜陵发电厂六期“以大代小”改扩建 2×1000MW 机组工程 5# 自然通风冷却塔开挖及地基处理施工图 60-F51965S-S5110［R］. 西北电力设计院，2009.02.

［80］安徽铜陵发电厂六期“以大代小”改扩建 2×1000MW 机组工程 5# 冷却塔碎石垫层浅层平板载荷试验报告［R］. 中勘冶金勘察设计研究院有限责任公司神能分公司，2009.07.

［81］安徽铜陵发电厂六期“以大代小”改扩建 2×1000MW 机组工程沉降观测报告，西北电力设计院［R］. 2011.07.

［82］华能沁北电厂一期工程预初步设计阶段砂砾石碾压试验报告［R］. 西北电力设计院，1995.11.

［83］华能沁北电厂二期工程施工图设计阶段岩土工程勘察报告［R］. 西北电力设计院，2005.03.

［84］华能沁北电厂三期（2×1000MW）工程施工图设计阶段岩土工程勘察报告［R］. 西北电力设计院，2008.08.

［85］华能沁北电厂三期工程施工图设计阶段主厂房地基处理图纸 F1833S-T030201［R］. 西北电力设计院，2008.11.

［86］华能沁北发电厂一期工程（2×600MW）超临界燃煤发电机组沉降观测资料［R］. 西北电力设计院，2008.07.

［87］华能沁北发电厂二期工程（2×600MW）超临界燃煤发电机组工程沉降观测报告［R］. 西北电力设计院，2009.05.

［88］陕西国华锦界煤电工程初步设计阶段碎石垫层碾压试验报告［R］. 西北电力设计院，2003.05.

［89］陕西国华锦界煤电工程施工图设计阶段主厂房、烟囱、炉后地段岩土工程勘察报告［R］. 西北电力设计院，2003.11.

［90］陕西国华锦界煤电工程 3#、4# 机主厂房基础开挖及地基处理图 60-F2541S-T0301［R］. 西北电力设计院，2004.02.

［91］陕西国华锦界煤电工程沉降观测报告［R］. 西北电力设计院，2008.09.

［92］陕西国华锦界煤电工程沉降观测报告［R］. 西北电力设计院，2014.03.

［93］陕西秦华发电有限责任公司 2×600MW 机组工程碎石垫层碾压试验报告［R］. 西北电力设计院，2008.09.

［94］陕西秦华发电有限责任公司 2×600MW 机组工程主厂房区、冷却塔区岩土工程勘察报告［R］. 西北电力设计院，2008.12.

［95］陕西秦华发电有限责任公司 2×600MW 机组工程主厂房区域地基处理图 60-F1044S-T030201［R］. 西北电力设计院，2009.06.

［96］陕西秦华发电有限责任公司 2×600MW 机组工程间接空冷塔地基处理施工图 60-F1044S-S5108［R］. 西北电力设计院，2009.06.

［97］陕西秦华发电有限责任公司 2×600MW 机组工程 7#、8# 机主厂房碎石垫层检测报告［R］. 洛

阳市建工桩基检测有限公司，2009.12.
[98] 陕西秦华发电有限责任公司 2×600MW 机组工程 7#、8# 机冷却塔碎石垫层检测报告 [R]. 洛阳市建工桩基检测有限公司，2010.04.
[99] 陕西秦华发电有限责任公司 2×600MW 机组工程 7# 机沉降观测报告 [R]. 西北电力设计院，2012.02.
[100] 陕西秦华发电有限责任公司 2×600MW 机组工程 8# 机沉降观测报告 [R]. 西北电力设计院，2013.02.
[101] 陕西秦华发电有限责任公司 2×600MW 机组工程 7＃机组及公用系统建（构）筑物变形观测技术报告 [R]. 西北综合勘察设计研究院，2016.12.
[102] 大唐彬长发电厂 2×600MW 新建工程施工图设计阶段砂砾石、碎石垫层碾压试验报告 [R]. 西北电力设计院，2007.07.
[103] 大唐彬长发电厂 2×600MW 新建工程施工图设计阶段岩土工程勘察报告 [R]. 西北电力设计院，2007.09.
[104] 大唐彬长发电厂 2×600MW 新建工程主厂房砂砾石垫层地基检测报告 [R]. 西北电力设计院，2008.06.
[105] 大唐彬长发电厂 2×600MW 新建工程沉降观测报告 [R]. 西北电力设计院，2010.04.
[106] 新疆神火 4×350MW 动力站工程施工图设计阶段岩土工程勘察报告 [R]. 西北电力设计院，2011.07.
[107] 新疆神火 4×350MW 动力站工程盐渍地基土试验研究专题报告 [R]. 西北电力设计院，2011.08.
[108] 新疆神火 4×350MW 动力站工程回填土碾压试验研究专题报告 [R]. 西北电力设计院，2011.08.
[109] 新疆神火 4×350MW 动力站工程施工图总说明及卷册目录（结构部分）[R]. 西北电力设计院，2012.05.
[110] 新疆国信准东 2×660MW 煤电项目工程施工图设计阶段岩土工程勘察报告 [R]. 西北电力设计院，2013.10.
[111] 新疆国信准东 2×660MW 煤电项目工程厂区盐渍地基土浸水载荷试验专题报告 [R]. 西北电力设计院，2013.10.
[112] 新疆国信准东 2×660MW 煤电项目工程回填土碾压浸水载荷试验研究专题报告 [R]. 西北电力设计院，2013.11.
[113] 新疆国信准东 2×660MW 煤电项目工程设计总说明（结构部分）[R]. 西北电力设计院，2013.12.
[114] 印尼国华穆印煤电项目施工图设计阶段厂区岩土工程勘察报告 [R]. 西北电力设计院，2008.09.
[115] 印尼国华穆印煤电项目地基处理方案选择及优化专题报告 [R]. 西北电力设计院，2008.03.
[116] 印尼国华穆印煤电项目砂砾石垫层碾压试验报告 [R]. 西北电力设计院，2008.07.
[117] 印尼国华穆印煤电项目建筑物沉降观测分析报告 [R]. 西北电力设计院，2012.07.
[118] 工程地质手册编写组. 工程地质手册（第二版）[M]. 北京：中国建筑工业出版社，1984.
[119] 工程地质手册编写委员会. 工程地质手册（第三版）[M]. 北京：中国建筑工业出版社，1994.
[120] 岩土工程手册编写委员会. 岩土工程手册 [M]. 北京：中国建筑工业出版社，1995.
[121] 地基处理手册编写委员会. 地基处理手册 [M]. 北京：中国建筑工业出版社，1994.
[122] 林宗元. 岩土工程试验监测手册 [M]. 沈阳：辽宁科学技术出版社，1994.

[123] 钱家欢，殷宗泽.土工原理与计算（第二版）[M].北京：中国水利水电出版社，2000.
[124] Joseph E. Bowles，P. E.，S. E. Foundation analysis and design，4th edition，Printed in Singapore，1988.
[125] N. N. SOM，S. C. DAS. Professor of civil engineering jadavpur university，kolkata，Theory and Practice of Foundation Design，New Delhi，Prentice/Hall of India Private Limited，2003.